U0416336

国家"十二五"规划重点图书

中国地质调查局

青藏高原1：25万区域地质调查成果系列

中华人民共和国

区域地质调查报告

比例尺1：250 000

物玛幅

(I44C004004)

项目名称：1：25万物玛幅区域地质调查

项目编号：200313000016

项目负责：陈玉禄　张宽忠

图幅负责：陈玉禄　张宽忠

报告编写：陈玉禄　张宽忠　勾永东　文建华

编写单位：四川省地质调查院

单位负责：唐　豹　岳昌桐　王全伟

内容摘要

报告有针对性的对测区地层进行了岩石地层、生物地层、年代地层的划分和研究；对广布的侵入岩、火山岩除常规的调查研究外，重点进行了构造岩浆作用的研究，对各构造阶段的岩浆作用进行了划分，指出班公错—怒江结合带构造岩浆弧位于其南侧；对调查区内的构造单元进行了划分，划分出羌塘—昌都陆块、班公错—怒江结合带、冈底斯—念青唐古拉陆块3个一级构造单元及古昌结合带(次级)，建立了调查区的构造变形序列和大地构造相；对区内的蛇绿岩进行了重点研究，指出测区存在班公错—怒江带和古昌带(次级)两条蛇绿岩带，图区北部的拉不错蛇绿岩为构造移植体，并获得部分蛇绿岩同位素测年数据；根据测区矿产分布状况，划分出多不杂斑岩型铜金成矿带和物玛铜金成矿带，并进行了成矿规律研究；对旅游、土地、生态、灾害等作了较全面的地质调查研究。这些调查研究成果，为进一步厘定藏北地区的地质构造格局，建立构造-岩浆动力学模式，研究整个高原区的隆升过程与隆升机制提供了新的直接证据，同时为地方经济的发展提供了宝贵的基础资料。

图书在版编目(CIP)数据

中华人民共和国区域地质调查报告. 物玛幅(I44C004004)：比例尺1：250 000/陈玉禄等著. —武汉：中国地质大学出版社，2014.3

ISBN 978-7-5625-3268-2

Ⅰ.①中…
Ⅱ.①陈…
Ⅲ.①区域地质-地质调查-调查报告-中国 ②区域地质-地质调查-调查报告-藏北地区
Ⅳ.①P562

中国版本图书馆CIP数据核字(2014)第035796号

中华人民共和国区域地质调查报告
物玛幅(I44C004004) 比例尺1：250 000

陈玉禄 **等著**

责任编辑：舒立霞 刘桂涛 责任校对：张咏梅

出版发行：中国地质大学出版社(武汉市洪山区鲁磨路388号) 邮政编码：430074
电 话：(027)67883511 传真：67883580 E-mail：cbb @ cug. edu. cn
经 销：全国新华书店 http://www. cugp. cn

开本：880毫米×1 230毫米 1/16 字数：377千字 印张：10.75 图版：6 插页：1 附图：1
版次：2014年3月第1版 印次：2014年3月第1次印刷
印刷：武汉市籍缘印刷厂 印数：1—1 500册

ISBN 978-7-5625-3268-2 定价：460.00元

前　言

青藏高原包括西藏自治区、青海省及新疆维吾尔自治区南部、甘肃省南部、四川省西部和云南省西北部，面积达 260 万 km^2，是我国藏民族聚居地区，平均海拔 4 500m 以上，被誉为“地球第三极”。青藏高原是全球最年轻、最高的高原，记录着地球演化最新历史，是研究岩石圈形成演化过程和动力学的理想区域，是“打开地球动力学大门的金钥匙”。

青藏高原蕴藏着丰富的矿产资源，是我国重要的战略资源后备基地。青藏高原是地球表面的一道天然屏障，影响着中国乃至全球的气候变化。青藏高原也是我国主要大江大河和一些重要国际河流的发源地，孕育着中华民族的繁生和发展。开展青藏高原地质调查与研究，对于推动地球科学研究、保障我国资源战略储备、促进边疆经济发展、维护民族团结、巩固国防建设具有非常重要的现实意义和深远的历史意义。

1999 年国家启动了“新一轮国土资源大调查”专项，按照温家宝总理“新一轮国土资源大调查要围绕填补和更新一批基础地质图件”的指示精神，中国地质调查局组织开展了青藏高原空白区 1∶25 万区域地质调查攻坚战，历时 6 年多，投入 3 亿多元，调集 25 个来自全国省（自治区）的地质调查院、研究所、大专院校等单位组成的精干区域地质调查队伍，每年近千名地质工作者奋战在世界屋脊，脚步遍及雪域高原，实测完成了全部空白区 158 万 km^2 共 112 个图幅的区域地质调查工作，实现了我国陆域中比例尺区域地质调查的全面覆盖，在中国地质工作历史上树立了新的丰碑。

西藏 1∶25 万 I44C004004（物玛幅）区域地质调查项目，由四川省地质调查院承担，工作区位于藏北羌塘高原腹地。目的是通过对调查区进行全面的区域地质调查，按照《1∶25 万区域地质调查技术要求（暂行）》和《青藏高原艰险地区 1∶25 万区域地质调查技术要求（暂行）》及其他相关的规范、指南，参照造山带填图的新方法，运用现代地质学的新理论、新方法，充分运用遥感技术，全面开展区域地质调查工作，划分测区地层系统和构造单元，通过对沉积建造、变形变质、岩浆作用的综合分析，反演地质演化史。

I44C004004（物玛幅）地质调查工作时间为 2003—2005 年，累计完成地质填图面积为 15 900 km^2，实测剖面 49.2km，地质路线 2 675km，采集各类样品 1 776 件，全面完成了设计工作量。主要成果有：①在南羌塘陆块内首次发现晚三叠世磨拉石建造，并新建岩石地层单位——亭贡错组（T_3t）。②发现木嘎岗日岩群（JM）复理石-硅质岩建造被沙木罗组（J_3K_1s）陆源碎屑岩角度不整合覆盖，从而揭示班公湖—怒江结合带的关闭上限为 J_3—K_1。③证实郎山组（K_1l）与下伏岩层间存在一大型超覆接触界面。

2006年4月，中国地质调查局组织专家对项目进行最终成果验收，评审认为，成果报告资料齐全，工作量达到(或超过)设计规定，技术手段、方法、测试样品质量符合有关规范、规定。报告章节齐备，论证有据，在地层、古生物、岩石和构造等方面取得了较突出的进展和重要成果，反映了测区地质构造特征和现有研究程度，经评审委员会认真评议，一致建议项目报告通过评审，I44C004004(物玛幅)成果报告被评为良好级。

参加报告编写的人员主要有陈玉禄、张宽忠、文建华、勾永东，陈玉禄编纂定稿。

先后参加野外工作的还有徐天德、文明、李明、石亚林、吕东等。在整个项目实施和报告编写过程中，得益于许多单位和领导的大力协助、支持，尤其要感谢的是中国地质调查局、成都地质矿产研究所、拉萨工作总站、西藏自治区地质调查院、成都理工大学；始终得到了潘桂棠、夏代祥、王大可、王立全、刘鸿飞、王全海、江元生、阚泽忠、戴宗明、李全文等多方指导和帮助，地质报告排版工作由陈玉禄完成，地质图和报告插图计算机清绘由四川省地质矿产勘查开发局区域地质调查队微机室的同志完成，在此表示诚挚的谢意。

为了充分发挥青藏高原1∶25万区域地质调查成果的作用，全面向社会提供使用，中国地质调查局组织开展了青藏高原1∶25万地质图的公开出版工作，由中国地质调查局成都地质调查中心组织承担图幅调查工作的相关单位共同完成。出版编辑工作得到了国家测绘局孔金辉、翟义青及陈克强、王保良等一批专家的指导和帮助，在此表示诚挚的谢意。

鉴于本次区调成果出版工作时间紧、参加单位较多、项目组织协调任务重以及工作经验和水平所限，成果出版中可能存在不足与疏漏之处，敬请读者批评指正。

“青藏高原1∶25万区调成果总结”项目组

2010年9月

目　录

第一章　绪　论

第一节　目的与任务

1∶250 000物玛幅位于举世瞩目的班公湖—怒江结合带西段，跨班公湖—怒江结合带、狮泉河蛇绿混杂岩带等重要地质构造单元，属青藏高原南部基础地质调查与研究空白区。为填补青藏高原南部基础地质调查与研究空白区，中国地质调查局于2003年3月向四川省地质调查院下达了1∶250 000物玛幅(I44C004004)区域地质调查的任务。

任务书编号：基[2003]002-14

项目编号：200313000016

工作内容名称：西藏1∶25万物玛幅(I44C004004)区调

所属实施项目：青藏高原南部空白区基础地质调查与研究

工作性质：基础调查

实施单位：成都地质矿产研究所

工作单位：四川省地质调查院

工作起止年限：2003年1月—2005年12月

测区地理坐标为东经82°30′—84°00′，北纬32°00′—33°00′，面积15 900km²。

总体目标任务：该区跨班公湖—怒江结合带、狮泉河蛇绿混杂岩带等重要构造单元。按照《1∶25万区域地质调查技术要求(暂行)》和《青藏高原艰险地区1∶25万区域地质调查技术要求(暂行)》及其他相关的规范、指南，参照造山带填图的新方法，运用现代地质学的新理论、新方法，充分运用遥感技术，全面开展区域地质调查工作，划分测区地层系统和构造单元，通过对沉积建造、变形变质、岩浆作用的综合分析，反演地质演化史。填图总面积15 900km²。具体目标任务如下：

(1)建立不同构造地层区(带)地层系统和地质体的时空分布格架。

(2)对班公湖—怒江结合带、狮泉河蛇绿混杂岩带等重要构造单元进行研究，重点阐述其组成、结构特征和形成演化规律。

(3)在开展基础地质调查的同时，注意调查、收集相关的生态环境和矿产线索。

(4)本着图幅带专题的原则，选择测区重大地质问题进行专题研究，为探讨青藏高原形成演化提供基础资料。

第二节　自然经济地理状况

一、位置与交通

1∶250 000物玛幅(I44C004004)位于西藏北部地区，行政区划属西藏自治区改则县、革吉县所辖，距拉萨市约1 500km，其交通位置状况见图1-1。区内交通较方便，黑(那曲)—阿(阿里)公路从图幅中部通过，大多数沟谷地带可季节性通车，但在湖滨地段每年5月份后均为陷车地区，从而给工作带来了极大困难。

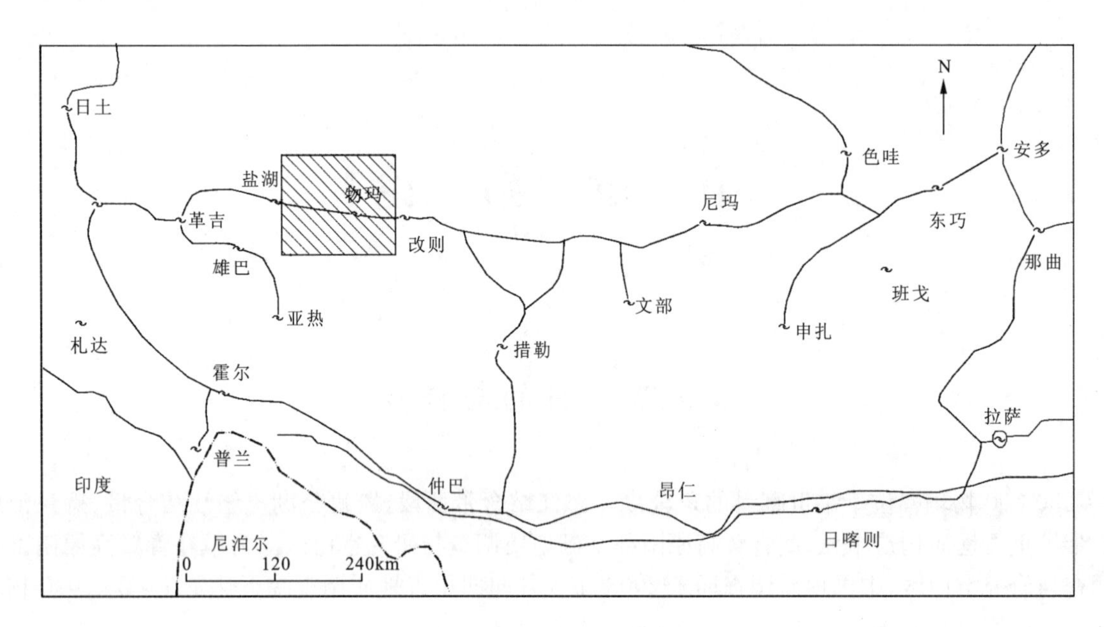

图 1-1　测区交通位置

二、山川与河流

区内湖泊众多，比较大的有仓木错、错果错、别若则错、搭拉不错、拉不错、查尔康错、徐旭、次丁错、吓嘎错等，在湖泊周围的少数低洼地带长有少量高山草甸。区内无较大河流，均为内陆水系，大多数河流属间隙性河流，河水没有下蚀能力，漫滩开阔。长流水河流分布于南部山区，帕藏布、多根儿藏布、冬隆藏布、古昌河等。

测区地势北缓南陡，北部地势平缓，相对高差为 200～400m，南部高峻陡险，多为断块山，沟谷狭窄，相对高差为 500～800m。区内最高为测区南部的扎波拉，海拔 6 028m，最低为仓木错，海拔4 342m。

三、气候与植被

测区属高原亚寒带半干旱季风气候区，气候寒冷、空气稀薄、四季不分明、冬长无夏，多风雪天气。年温差相对大于日温差，年平均气温在 0℃以下，每年 7—8 月份最高气温为 10℃，元月最低气温为－40℃，日温差大，一般为 15℃，极端日温差 25℃。年日照数为 2 944.3 小时，年霜期为 347.6 天，没有绝对无霜期。年降水量 308.3mm。自然灾害主要有雪、风、霜等。每到春季，大风连续不断，秋季到春季，常出现雪灾，年平均冰雹日数在 30 天以上。7—8 月份为雨季，9 月份以后天气逐渐变冷，一般 10 月份开始降雪封山，次年 3—4 月份开始解冻，每年 5—9 月份适于野外地质工作。植被以高山草甸为主，为当地牧民的主要生活场所。

四、人文与经济

改则县城位于测区东部边缘，是当地政治、经济、文化的中心。区内居民除少数外来务工人员为汉族外，其余均为藏族，文化教育事业较为落后，语言以藏语为主，懂汉语者较少。测区人口稀少，分布零散。主要居住于各乡镇主要村落，基本上过着定居生活，以纯牧业为主，主要饲养牦牛、犏牛、绵羊、山羊、马等。工业主要有少量畜产品加工，特产品主要有酥油、皮张、牛羊绒等。

测区矿产资源丰富，主要有硼、砂金、铜、岩金、煤等，其中砂金矿开发程度较高，在铁格隆一带有众多的砂金矿点，均在进行开采；在多不杂—铁格隆一线见斑岩铜矿，现西藏自治区第五地质大队已对矿山进行勘探，并已取得良好的地质效果。

区内野生动物有黑颈鹤、藏羚羊、熊、獐子、雪鸡、岩羊、猞猁、秃鹫等，其中藏羚羊、黑颈鹤属国家一类保护动物。药用植物有角苗伞根、虎耳草、大叶秦艽、小叶秦艽、麻黄、红花、雪莲花、刺参、葫芦苗、高山党参、青活麻等。

随着国家西部大开发战略的进一步实施，青藏铁路的开通，丰富的自然资源必将为当地经济的腾飞作出重大贡献。

第三节 地质矿产研究程度

测区位于青藏高原藏北腹地，跨及班公湖—怒江结合带、狮泉河—古昌结合带、南羌塘陆块和冈底斯—念青唐古拉陆块等重要构造单元，历来备受中外地质学家的关注。由于受恶劣自然地理条件的限制，前人所做地质工作除 1∶100 万日土幅覆盖测区外，其他专项地质工作涉及极少(图 1-2)。测区地质调查工作起步较晚，20 世纪 70 年代以前为空白区。基础地质工作始于 20 世纪 70 年代中期至 20 世纪 80 年代初，中国科学院沿黑(那曲)—阿(阿里)公路进行的路线调查。而后，1975—1986 年，西藏自治区地质矿产局进行了 1∶100 万日土幅区域地质调查；1987—1989 年，完成《西藏自治区区域地质志》编写；1992—1994 年，进行了《西藏自治区岩石地层》编写。这 3 项系统工程的实施，厘定了地层序列，建立了地质总体构造及岩浆活动期次等。为本次中比例尺的区域地质调查工作奠定了基础。前人工作成果见表 1-1。

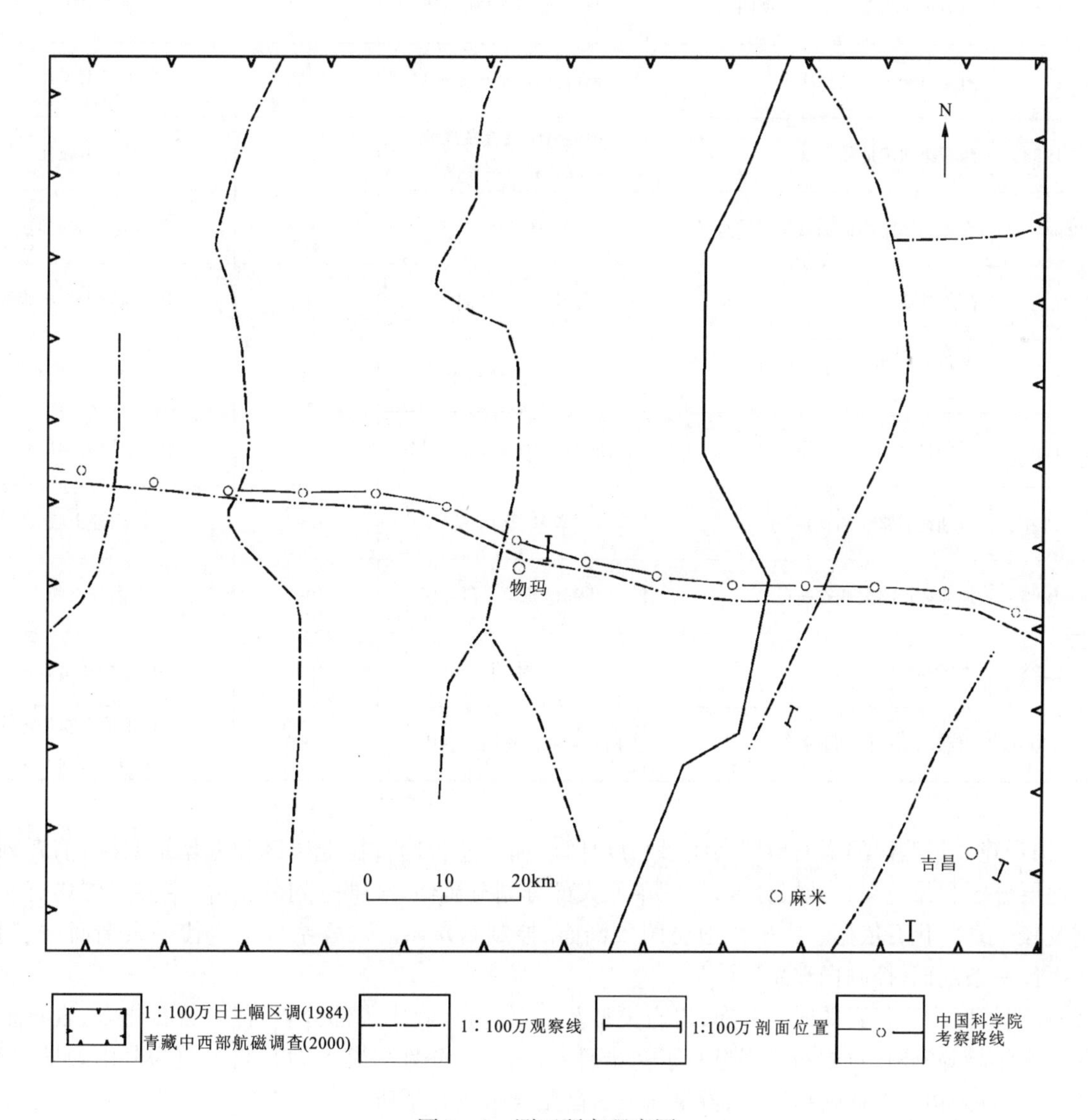

图 1-2 测区研究程度图

表 1-1　测区前人地质工作成果一览表

调查时间(年)	成 果 名 称	作者单位或作者姓名	出版时间(年)	备注
1976	西藏阿里地区的一些矿产情况	中国科学院青藏高原综合科学考察队	1976	内部资料
1977	西藏盐湖物质组成初步研究	中国科学院青海盐湖研究所	1977	内部资料
1980—1983	1∶100 万日土幅区域地质调查报告	西藏自治区地质矿产局区域地质调查队	1984	西藏自治区地质矿产局区域地质调查大队
1980	西藏盐湖及其他矿产地质考察实录	地质矿产部地质研究所	1980	内部资料
1983	西藏自治区来乃东县、日喀则—昂仁县、昌都、拉萨—仲巴县及阿里部分地区 1983 年宝(玉)石找矿工作总结	西藏第六地质大队	1983	西藏第六地质大队
1980—1985	青藏高原新生代构造演化	成都地质矿产研究所	1990	地质出版社
1982—1984	西藏板块构造建造图及说明书	西藏地质矿产研究所	1984	地质出版社
1982	西藏自治区区域地质志	西藏自治区地质矿产局	1993	地质出版社
1973—1983	西藏第四纪地质	中国科学院青藏高原综合科学考察队	1983	科学出版社
1986	青藏高原湖泊退缩及其气候意义	陈志明	1986	海洋与湖泊(学报)
1991	阿里地质	梁定益、聂泽同等	1991	中国地质大学出版社
1993	青藏高原湖泊涨缩的新构造运动意义	陈兆恩、林秋雁	1993	地震(学报)
1994—1995	西藏自治区岩石地层	西藏自治区地质矿产局	1997	中国地质大学出版社
1996—1997	石油地质路线调查报告	华东石油学院	1997	内部出版
1996—1997	地质矿产路线调查简报	成都地质矿产研究所	1997	内部出版
1988—1998	青藏高原研究丛书	孙鸿烈、郑度等	1998	广东科技出版社
1999—2000	青藏高原中西部航磁调查	国土资源部物探遥感中心	2000	中国地质调查局地质调查专报 E1 号

(1)初步建立了测区的岩石地层系统,划分出冈底斯—念青唐古拉地层区和羌塘地层区,前者划分为冈底斯地层分区和昂龙岗日地层分区;填图单元大部分划分到组,少部分划分至群;主要层位均有实测剖面控制及较丰富的化石依据。古生代地层两条剖面(控制石炭系—二叠系),中生代一条剖面(控制侏罗系),新生代一条剖面(控制白垩系)。

(2)查明了区内岩浆岩的时空分布、岩石类型及岩石组合,收集了部分岩石学、岩石化学、岩石地球化学和同位素年龄等资料,对岩石成因进行了初步研究,确定中酸性岩浆活动时间主要为燕山晚期,形成于岛弧环境;对班公错—怒江蛇绿岩带、狮泉河—古昌结合带进行了研究。

(3)对测区变质岩进行了变质作用和变质带的划分,确定了区域变质岩的变质程度,为低绿片岩相。

(4)按照“槽、台”学说观点对测区进行了构造单元划分,以班公湖—怒江断裂为界,划分出了羌塘陆块和冈底斯陆块，前者次级构造单元属多玛中生代坳陷带，后者次级构造单元属日松—玉多优地槽褶皱带和朗久冒地槽褶皱带。并在此基础上，识别出了班公错—怒江及狮泉河—古昌两条蛇绿岩带的存在，且对其构造意义进行了初步的探讨。

(5)对区内矿产进行了资料收集和研究，发现各类矿产地14处，其中铜矿点2处，砂金矿点1处，煤矿点1处；对1∶50万卫星假彩色像片及1∶10万的航空像片进行了地质初译。对测区湖泊、河流、泉水等水文环境进行了详细的资料收集，编制了“水文地质图”等。

第四节 工作概况

根据任务书和批准的项目设计书的总体部署，项目的工作大致分为3个阶段。

一、踏勘与设计阶段

2003年元月，组建了技术力量较强的项目组，并陆续开展各项准备工作。1—4月为资料收集及阅读时间，完成图幅卫星照片的初译工作，并编制1∶25万比例尺的地质构造初译图，作为野外踏勘参考图。

2003年4月根据项目情况，编制3个野外作业组和1个综合组，5—9月完成图幅踏勘路线500km，完成填图面积4 500km^2，并测制了地层剖面16.5km、构造剖面75km，填图路线500km。在野外生产过程中，进一步加强了卫星照片的解译工作，订正解译标志，进一步完善了遥感解译图。

2003年6—10月，项目专门抽出人员进行设计书编写工作，并于10月中旬提交四川省地质调查院初审，根据地调院初审意见对设计进行了修改工作。于2003年12月30日—2004年1月3日在吉林长春通过了中国地质调查局组织的项目设计审查，批准了项目设计。

二、野外调查阶段

根据批准的设计书和中国地质调查局要求，于2004年全面开展了野外地质矿产调查工作。2004年项目共设立了4个野外作业组和1个综合组，5—9月全面展开了野外工作，共完成填图面积11 400km^2、填图路线2 175km、实测地层剖面33.339km、岩体剖面5.4km、矿点(异常)检查3处，并对2003年野外工作中存在的问题进行了专题研究和现场补课。

通过3年的野外地质工作，克服了工作区恶劣的自然条件，如期完成了各项任务，并在地层、岩石、构造等方面都有了新的发现和明显进展，绝大部分实物工作量已达到或超过了设计书要求，能满足报告编写需要，其实物工作量完成情况见表1-2。项目于2005年7月向四川省地质调查院提出了野外资料验收申请，于2005年8月25—27日，成都地质矿产研究所在四川成都双流华阳对项目资料进行了野外验收，并顺利通过。

三、综合整理及报告编写阶段

野外工作结束后，项目全力转入了资料的综合整理。野外资料验收之后，项目人员转入报告编写工作。

最终报告各章、节起草执笔人如下：陈玉禄，第一章绪论、第六章结语；文建华，第二章地层；勾永东，第三章岩浆岩、第四章变质岩；张宽忠，第五章构造及地质发展史；报告由陈玉禄统纂。

表 1-2　物玛幅区调项目完成实物工作量一览表

序号	项目名称	技术条件	计量单位	设计量	完成量	完成率(%)
1	地形测量		幅	10	10	100
2	地质填图	实测、复杂区	km^2	15 900	15 900	100
3	实测观察线		km	2 100	2 675	127
4	遥感解译路线		km	1 000	463	62
5	遥感验证路线				158	
6	主干路线		km	690	700	100
7	地质点		个		980	
8	遥感解译地质点		个		258	
9	遥感验证地质点		个		86	
10	岩体剖面	实测、复杂区	km	5	5.4	120
11	地层剖面	实测、复杂区	km	47	43.839	93.3
12	构造剖面		km	100	97	97
13	1∶25 万遥感解译	简单区(Ⅰ)	km^2	4 206	4 206	100
14	1∶25 万遥感解译	中常区(Ⅱ)	km^2	5 900	5 900	100
15	1∶25 万遥感解译	复杂区(Ⅲ)	km^2	5 794	5 794	100
16	硅酸盐分析	14 个元素	项	100	124	124
17	微量元素分析	32 个元素	项	100	124	124
18	稀土分量分析	15 个元素	项	100	124	124
19	简项分析	4	件	50	50	100
20	薄片制片及鉴定		片	700	703	100
21	光片制片及鉴定		片	10	7	70
22	粒度分析(薄片)		件	40	44	110
23	岩组分析或有限应变		件	50	30	60
24	流体包裹体		件	20	15	75
25	电子探针分析(波谱分析)		点	110	95	86
26	硅藻分析		件	6	4	67
27	大化石古生物鉴定		件	250	270	108
28	超级微体古生物鉴定		件	40	30	75
29	微体古生物鉴定		件	100	85	85
30	氧同位素		件	5	7	140
31	石英(ESR)法测年		件	15	20	133
32	锆石 U-Pb 法测年		件	2	3	150
33	Rb-Sr 法测年		件	10	7	70
34	K-Ar 法测年		件	7	10	143
35	Sm-Nd 法测年		件	1	2	200
36	Ar-Ar 测年		件	10	7	70
37	^{14}C 测年		件	15	15	100
38	设计论证编写		份	1	1	100
39	综合研究编写报告		份	1	1	100
40	报告印刷出版		份	1	1	100
41	地质图数据库		幅	1	1	100

第五节　质量评述

一、质量监控

地调院、区调所领导十分重视项目的质量，采取了切实可行的措施，保证了项目质量。首先是组织了各专业口生产经验较强的技术骨干组成了项目，聘请了周详教授级高工担任项目技术顾问；地调院领导于2004年6月到野外实地指导检查工作。项目生产过程中，积极配合成都地质矿产研究所项目办专家组对项目工作的检查和指导。

1. 质量保证体系的建立

除地调院的质量监控机构外，本项目特建立质量管理小组。项目负责人任组长，技术负责人及作业组长为组员。组长兼地调院质量监控员，组员为项目质量监控员，分别负责项目、作业组的质量工作。建立了地调院—项目—作业组三级质量保证体系，并实行各级岗位责任制。

2. 质量检查制度

质量检查参照标准：项目年度工作计划、地调局、地调院制定的质量检查评分卡。坚持4级质量检查制度：①工作者在组长的领导下，对所获得原始资料进行经常性自检，检查率100％；②作业组在项目负责人领导下，对原始资料进行阶段性和年度互检，检查率大于50％；③项目负责人在地调院院长的领导下，对原始资料进行现场抽检和年度专检，检查率分别为大于5％和大于10％；④地调院对原始资料进行年度抽检，检查率为3％～5％。

二、工作方法

1. 技术路线

(1)按照《1∶25万区域地质调查技术要求(暂行)》和《青藏高原艰险地区1∶25万区域地质调查技术要求(暂行)》及其他相关的规范、指南，运用现代地质学的新理论、新方法，充分运用遥感技术，全面开展区域地质调查工作。以构造解析为纲，合理划分填图单元，科学制定填图技术路线。工作中全面应用GIS、GPS、RS等高新技术手段，实现区调最终成果数字化。

(2)以构造-岩浆事件的思路，对测区岩浆岩进行划分和研究。

(3)以盆地演化、盆山耦合的思路，研究新生代以来的盆地演化历史，探讨高原隆升问题。

(4)全面采用“3S”技术，为区调工作服务。

(5)根据项目带专题的原则，设立专题研究课题“西藏改则县物玛地区蛇绿岩成因研究”。

2. 填图方法

(1)结合带填图方法：采用构造-岩石地层填图方法，以岩群、岩组、岩段进行填图。蛇绿岩采用蛇绿岩单元、蛇绿岩片、蛇绿混杂岩片进行填图。

(2)沉积岩区填图工作方法：采用岩石地层填图工作方法，结合岩石地层、生物地层、年代地层、层序地层进行多重地层划分，加强非正式单位的填绘。

(3)侵入岩填图工作方法：以侵入体为单位进行填图，以岩性＋时代进行图面表示。

(4)第四系填图方法：以堆积物类型为填图单元，以成因类型＋时代进行表示。

3. 遥感技术应用

遥感技术应用贯穿于整个填图过程的始终。采用中国地质调查局遥感中心提供的1∶25万TM多波段合成假彩色卫星像片法进行遥感工作。遥感技术主要应用于通行条件极度困难地区和地质情况简单区的野外填图工作，从而提高工作效率。

4. 专题研究

专题工作贯穿于整过填图工作始终，设专人而不设专业组的工作方法，达到专题研究为项目工作质量提高服务，项目为专题研究服务的双重目的。

三、控制程度

控制程度按有关规定(主要为1∶25万技术要求)及不平均使用工作量的原则进行。其中剖面控制程度为每一个岩石地层单位(填图单元)均有1条以上剖面控制，构造剖面的控制以贯穿整个构造带为前提，剖面长度以达到地质体的有效控制为目的。线距一般为4～6km，构造复杂区(结合带)3～4km，简单区(如第四系，古、新近系分布区)，在充分利用遥感资料的前提上，适当放宽到6～8km，个别地段达7～10km。地质点以有效控制地质体界线为目的，点距一般2～3km，构造复杂区0.5～1km，简单区达4～5km。所有路线均有系统观察资料，90%以上路线有信手剖面。重要地段如蛇绿岩、第四系阶地、构造带等均有短剖面控制。

为解决某些重大地质问题，在经费十分困难的情况下，反复进行现场观察，采样送多个单位鉴定等。如为解决班—怒结合带混杂岩、蛇绿岩时代问题，同位素测年样取了两批，放射虫硅质岩样取了3批，进行了数次实地观察等。

综上所述，本项目工作精度均达到或超过了任务书和设计书要求。

四、质量评述

对踏勘及设计阶段的质量评价，中国地质调查局在项目设计审查意见书中作了充分肯定，认为“设计目的任务明确，工作部署重点突出、方法基本得当，措施比较具体，基本上可以确保预期目标的实现”。

项目年度工作质量及成果质量，地调院及西南项目办专家组等均有较好的评价。整个野外调查阶段的质量评价，在野外资料验收决议书中得到较好评价，决议书认为：“项目近3年来的工作取得的各项原始资料和各种实物工作量达到或部分超过了项目任务书和批准的项目设计书要求，项目组提供的各项资料规范、齐全、完整。符合中国地质调查局有关技术规范要求，一致通过项目的野外验收，质量评分为87分，为良级。”

项目使用的地形资料，系中国人民解放军总参谋部测绘局1970年3月航摄，1972年3月调绘，1975年第一版的1∶10万地形图，质量符合要求。1∶25万地理底图由中国国土资源部航空物探遥感中心提供，质量符合要求；成果图由分院微机室编绘，其编图方法正确，工艺流程认真，线条流畅，符合要求，且精度较高。

样品由中国地质调查局推荐的测试单位测试，主要有南京古生物研究所、宜昌地质矿产研究所、成都地质矿产研究所、北京大学地质系等。对部分重要样品送第二单位进行复查。

通过3年的地质工作，在成都地质矿产研究所、四川省地质调查院、四川省地质调查院区调所领导下，项目人员团结一心，齐心协力，克服了诸多困难，历尽艰险，付出了辛勤的劳动，圆满完成了任务。先后参加本项目工作的人员有陈玉禄、徐天德、张宽忠、勾永东、文建华、文明、李明、石亚林、吕东等。四川省地质调查院总工王全伟教授级高工、阚泽忠高级工程师、四川省区域地质调查队队长江元生高级工程师、四川省地调院区调所总工戴宗明高级工程师、成都地质矿产研究所王大可教授级高工、王立全研究员等在本项目实施过程中给予大力支持，并始终参与生产组织和工作质量监控，在此一并表示感谢。

第二章 地 层

测区大地构造位置地处班公错—怒江结合带西段，北达羌塘—昌都复合陆块，南跨冈底斯—念青唐古拉陆块。经历了羌塘地体、拉萨地体之间的大陆裂解、聚合和造陆、造山等演化过程。地层层位发育、分布广泛，从石炭系至第四系均有出露，约占图区面积的 90%以上。据《西藏自治区岩石地层清理》划分方案和测区实际情况，测区共分为 3 个地层区，为冈底斯—腾冲地层区、班公湖—怒江地层区和南羌塘地层区。冈底斯一腾冲地层区又进一步划分为班戈—八宿地层分区、古昌地层分区、物玛地层分区(图 2-1)。各岩石地层分区地层序列见表 2-1～表 2-5。图区共划分出 33 个正式地层单位，13 个非正式填图单位。

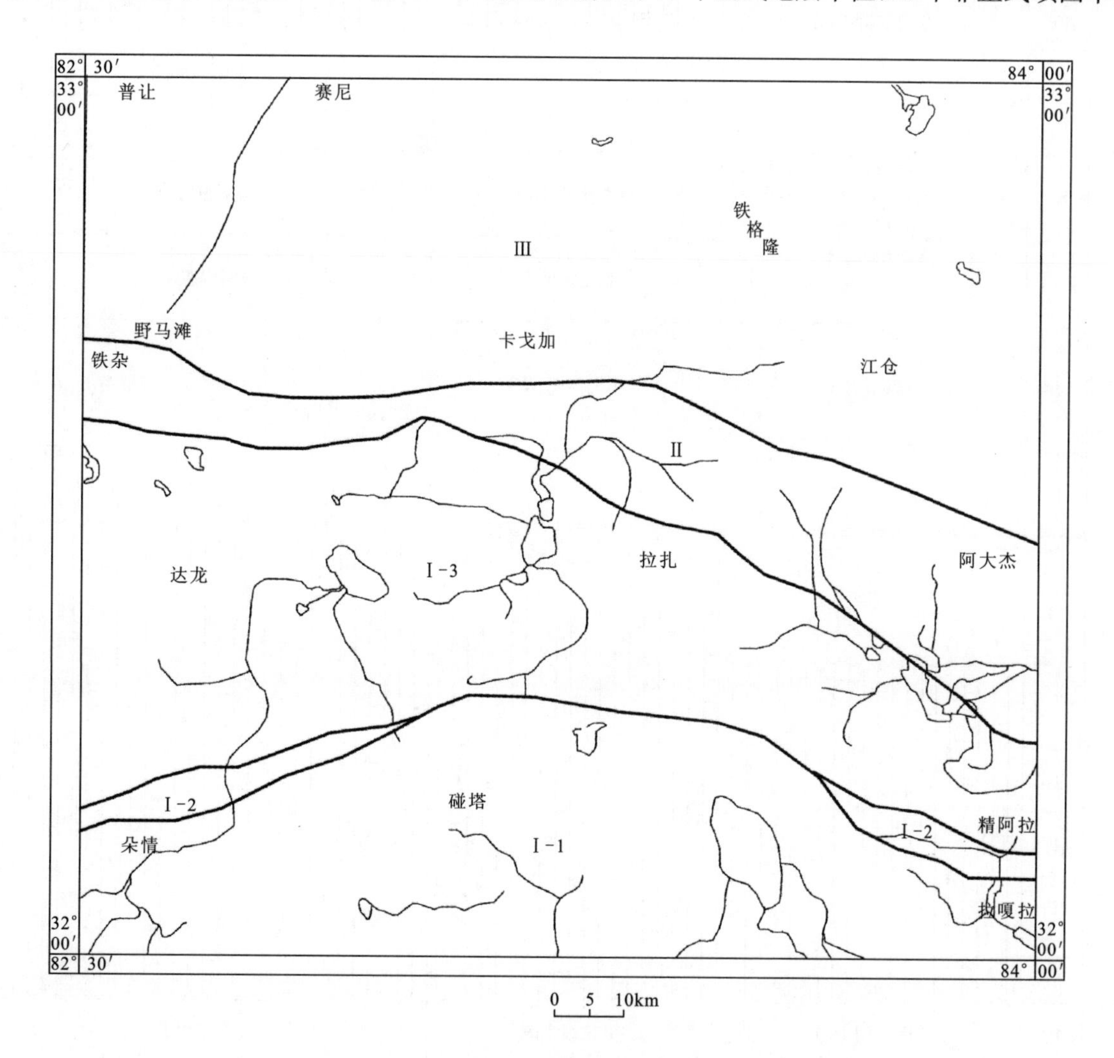

图 2-1 测区地层区划图

Ⅰ-1. 冈底斯—腾冲地层区措勤—申扎地层分区；Ⅰ-2. 冈底斯—腾冲地层区古昌地层分区；Ⅰ-3. 冈底斯—腾冲地层区班戈—八宿地层分区；Ⅱ. 班公湖—怒江地层区；Ⅲ. 羌南—保山地层区羌南地层分区

表 2-1　冈底斯—腾冲地层区措勤—申扎地层分区划分序列及沿革表

系	统	1∶100 万日土幅区调(1987)	西藏岩石地层清理(1997)	本书	
		冈底斯—念青唐古拉区	冈底斯—腾冲地层区	冈底斯—腾冲地层区	
		冈底斯分区	班戈—八宿分区	措勤—申扎分区	
第四系	Qh	冲积、洪积、湖积、化学沉积	残积、冲积、洪积、湖积、砂砾层、砂土、化学沉积	冲积 Qh^{al}、冲洪积 Qh^{pal}、湖积 Qh^{l}、湖沼 Qh^{fl}	
	Qp			冲积 Qp^{al}、湖积 Qp^{l}、冲洪积 Qp^{pal}	
新近系	N_2	龙门卡群 R*lm*			
	N_1				
古近系	E_3				
	E_2		牛堡组 $E_{1-2}n$		
	E_1			江巴组 E_1jb	
白垩系	K_2	江巴组 K_2j	竟柱山组 K_2j	竟柱山组 K_2j	
		玉多组 $K_{1-2}y$			
	K_1		郎山组 K_1l	郎山组 K_1l	
		维恩组 K_1w	多尼组 K_1d	则弄群 J_3K_1Z	多尼组 K_1d
侏罗系	J_3	沙木罗组 J_3s	拉贡塘组 J_{2-3}		
	J_2	错果错组 J_2c			
	J_1				
三叠系	T_3				
	T_2				
	T_1				
二叠系	P_2				
	P_1	羊尾山组 P_1yw	下拉组 P_1x	下拉组 P_1x	
石炭系	C_2	古昌群 C_2gc	拉嘎组 C_2l	拉嘎组 C_2l	
	C_1	曲索玛组 C_1q	永珠组 C_1y	永珠组 C_1y	

表 2-2 冈底斯—腾冲地层区班戈—八宿地层分区划分序列及沿革表

系	统	1∶100 万日土幅区调(1987)		西藏岩石地层清理(1997)		本书
		冈底斯—念青唐古拉区		冈底斯—腾冲地层区		冈底斯—腾冲地层区
		冈底斯分区	昂龙岗日分区	班戈—八宿分区	木嘎岗日分区	班戈—八宿分区
第四系	Qh	冲积、洪积、湖积、化学沉积		残积、冲积、洪积、湖积、砂砾层、砂土、化学沉积		冲积 Qh^{al}、冲洪积 Qh^{pal}、湖积 Qh^{l}、湖沼 Qh^{fl}
	Qp					冲积 Qp^{al}、湖积 Qp^{l}、冲洪积 Qp^{pal}
新近系	N_2	龙门卡群 *Rlm*				
	N_1					
古近系	E_3					
	E_2			牛堡组 $E_{1-2}n$		
	E_1					
白垩系	K_2	江巴组 K_2j		竟柱山组 K_2j		竟柱山组 K_2j
	K_1	玉多组 $K_{1-2}y$		郎山组 K_1l		郎山组 K_1l
		维恩组 K_1w		多尼组 K_1d	沙木罗组 J_3s	去申拉组 K_1q
侏罗系	J_3	沙木罗组 J_3s		拉贡塘组 J_{2-3}		日松组 J_3r
						多仁组 J_3d
	J_2	错果错组 J_2c	木嘎岗日群 J_2mg		木嘎岗日群 *JM* 东巧蛇绿岩群 *JD*	
	J_1					
三叠系	T_3					
	T_2					
	T_1					
二叠系	P_2					
	P_1	羊尾山组 P_1yw		下拉组 P_1x		
石炭系	C_2	古昌群 C_2gc		拉嘎组 C_2l		
	C_1	曲索玛组 C_1q		永珠组 C_1y		

表 2-3 班公湖—怒江地层区划分序列及沿革表

系	统	1∶100万日土幅区调(1987)		西藏岩石地层清理(1997)		本书	
		冈底斯—念青唐古拉区		冈底斯—腾冲地层区		班公湖—怒江地层区	
		冈底斯分区	昂龙岗日分区	班戈—八宿分区	木嘎岗日分区		
第四系	Qh	冲积、洪积、湖积、化学沉积		残积、冲积、洪积、湖积、砂砾层、砂土、化学沉积		冲积 Qh^{al}、冲洪积 Qh^{l}、湖积 Qh^{l}、湖沼 Qh^{fl}	
	Qp					冲积 Qp^{al}、湖积 Qp^{l}、冲洪积 Qp^{pal}	
新近系	N_2	龙门卡群 Rlm				康托组 Nk	
	N_1						
古近系	E_3						
	E_2			牛堡组 $E_{1-2}n$			
	E_1						
白垩系	K_2	江巴组 K_2j		竟柱山组 K_2j			
	K_1	玉多组 $K_{1-2}y$		郎山组 K_1l			
		维恩组 K_1w		多尼组 K_1d		沙木罗组 J_3K_1s	
侏罗系	J_3	沙木罗组 J_3s		拉贡塘组 J_{2-3}	沙木罗组 J_3s		
	J_2	错果错组 J_2c	木嘎岗日群 J_2mg		木嘎岗日群 JM；东巧蛇绿岩群 JD	木嘎岗日岩群 JM	东巧蛇绿岩群 JD
	J_1						

表 2-4 羌南—保山地层区羌南地层分区划分序列及沿革表

统	1∶100万日土幅区调(1987)	西藏岩石地层清理(1997)	本书
Qh	冲积、洪积、湖积、化学沉积	残积、冲积、洪积、湖积、砂砾层、砂土、化学沉积	冲积 Qh^{al}、冲洪积 Qh^{pal}、湖积 Qh^{l}、湖沼 Qh^{fl}
Qp			冲积 Qp^{al}、湖积 Qp^{l}、冲洪积 Qp^{pal}
N_2	龙门卡群 Rlm	喷纳湖组 Ns	康托组 Nk
N_1			
E_3		丁青湖组 E_3d	纳丁错组 E_3n
E_2			
E_1			
K_2	温泉湖群 Kwq	阿布山 K_2a	阿布山 K_2a
K_1			美日切错组 K_1m
J_3			
J_2	雁石坪群 J_2ys	莎巧木组 J_2sq	色哇组(J_2s)
J_1			曲色组(J_1q)
T_3	万泉湖组 T_3wq	日干配错群 T_3R	日干配错群 T_3R
			亭贡错组 T_3t
T_2			
T_1			
P_2			
P_1	先遣组 P_1x	龙格组 P_1lg	龙格组二段 P_1lg^2
			龙格组一段 P_1lg^1
C_2	木实热不卡群 C_2ms	曲地组 C_2q	曲地组 C_2q
		展金组 C_2z	展金组 C_2z

表 2-5 冈底斯—腾冲地层区古昌地层分区划分序列及沿革表

系	统	1∶100 万日土幅区调(1987)	西藏岩石地层清理(1997)		本书	
		冈底斯—念青唐古拉区	冈底斯—腾冲地层区		冈底斯—腾冲地层区	
		昂龙岗日分区	木嘎岗日分区		古昌分区	
第四系	Qh	冲积、洪积、湖积、化学沉积	残积、冲积、洪积、湖积、砂砾层、砂土、化学沉积		冲积 Qh^{al}、冲洪积 Qh^{pal}、湖积 Qh^{l}、湖沼 Qh^{fl}	
	Qp				冲积 Qp^{al}、湖积 Qp^{l}、冲洪积 Qp^{pal}	
新近系	N_2	龙门卡群 *Rlm*				
	N_1					
古近系	E_3					
	E_2					
	E_1					
白垩系	K_2		竟柱山组 K_2j		竟柱山组 K_2j	
	K_1				郎山组 K_1l	
侏罗系	J_3		沙木罗组 J_3s			
	J_2	木嘎岗日群 J_2mg	木嘎岗日群 *JM*	东巧蛇绿岩群 *JD*	木嘎岗日群 *JM*	古昌蛇绿岩群 *TG*
	J_1					

第一节 石炭系及二叠系

测区内石炭系—二叠系地层出露于冈底斯—腾冲地层区班戈—八宿分区及南羌塘地层区，主要以断块形式产出，分布局限。

一、冈底斯—腾冲地层区

该区出露的石炭系—二叠系地层有下石炭统永珠组、上石炭统拉嘎组及下二叠统下拉组，主要分布于次丁错、麻米错一带的迪吾村、阿日阿、区新拉、曲索玛等地。

(一)岩石地层特征

1. 剖面列述

(1)改则县古昌乡虾尔玛卡姆石炭系下统永珠组(C_1y)实测地层剖面

剖面位于改则县古昌乡虾尔玛，剖面起点坐标为 E83°47′30″, N32°02′45″(图 2-2)。

永珠组 (C_1y)　　　　(未见顶)　　　　>400m

11. 深灰色页岩与黄褐色薄—中层状细粒岩屑石英砂岩约等厚互层，向上砂岩逐渐减少至呈夹层状产出。其间夹两层灰黑色薄—中层状含生物碎屑灰岩，其间见窗格苔虫：*Fenestella*；多孔苔虫：*Polypor*　　>33.34m
10. 深灰色—灰黑色页岩夹灰色薄层状细—粉粒岩屑石英砂岩，向上页岩减少，砂岩增多　　43.84m

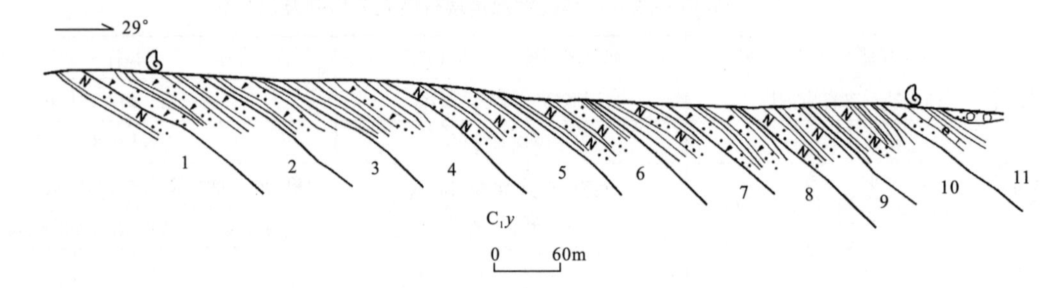

图 2-2 改则县古昌乡虾尔玛卡姆石炭系下统永珠组(C_1y)实测地层剖面

9. 灰色中—薄层状细粒铁白云质长长石石英砂岩与深灰色—灰黑色页岩近等厚互层，向上砂岩减少，变薄，页岩增多 37.27m
8. 灰色中层状细粒岩屑石英砂岩与深灰色页岩约等厚互层，向上砂岩增多变厚，页岩减少，具由深—浅—深的变化趋势，上部砂岩中见水平纹理 43.08m
7. 深灰色—灰黑色页岩夹灰色极薄层—薄层细粒岩屑石英砂岩，向上砂岩增多，单层变厚。砂岩中可见水平层纹(理) 33.57m
6. 灰色薄—中层状细粒铁白云质岩屑长石石英砂岩与深灰色页岩约等厚互层，向上砂岩减少，页岩增多，具向上变细的基本层序特征 34.10m
5. 灰色薄—中层状细粒铁白云质长石石英砂岩夹深灰色页岩或不等厚互层，向上具有砂岩增多增厚，页岩减少的特征，具向上变浅的沉积层序 33.93m
4. 深灰色页岩夹灰色薄层状细粒含粉砂铁白云质岩屑石英砂岩，砂岩中偶见楔状交错层理(纹) 49.54m
3. 深灰色页岩夹灰色薄层状细粒铁白云质岩屑长石石英砂岩，向上砂岩增多增厚，页岩减少，可变为薄—中层状细粒岩屑石英砂岩夹深灰色页岩 17.34m
2. 浅灰色中—厚层状细粒铁白云质长石岩屑石英砂岩间互或夹灰—深灰色页岩，向上砂岩急剧减少变薄，具向上变细的基本层序，底部砂岩中可见斜层理。顶部见一层厚 10～15cm 含化石丰富的钙泥质层，化石种类单一，全为 *Rugosochonetes* cf. *hardrensis*(Phillips) 26.36m
1. 风化色褐黄色薄层至厚层状细粒铁白云质长石岩屑石英砂岩、白云质长石石英砂岩夹深灰色页岩，向上砂岩减少变薄至约等厚互层，底部砂岩中偶见斜层理。向上具由浅至深、由粗变细的基本特征 >40.32m

(未见底)

(2)改则县古昌乡桑俄结上古生界拉嘎组(C_2l)—下拉组(P_1x)实测地层剖面

剖面位于改则县古昌乡桑俄结，剖面起点坐标为 E83°52′03″，N32°00′22″(图 2-3)。

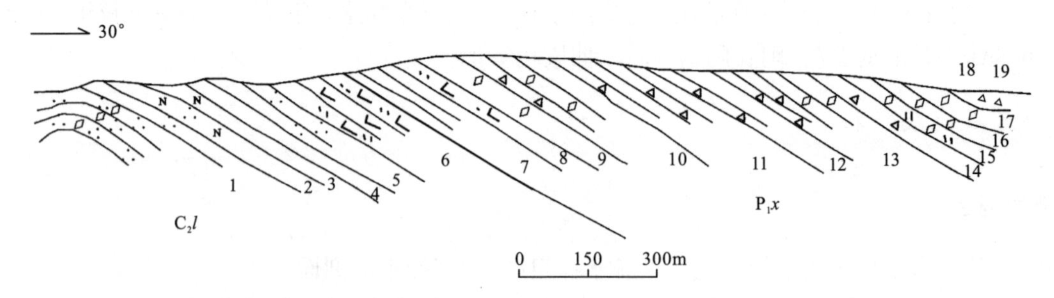

图 2-3 改则县古昌乡桑俄结上古生界拉嘎组(C_2l)—下拉组(P_1x)实测地层剖面

下拉组(P_1x) (未见顶) **>502m**

19. 深灰色薄—中层状砂屑砾屑灰岩及生物碎屑灰岩，岩石中含较多褐黄色(风化)燧石团块及条带，占岩石的 5%～7%。燧石条带长 10～30cm，宽 2～5cm，两端渐细或呈透镜状，燧石团块近圆状或不规则状 >11.70m
18. 浅紫色中—厚层状细晶白云岩，岩石风化表面极为粗糙 3.99m

17. 上部为深灰色薄层状砂屑灰岩，岩石中含较多燧石团块及条带，局部夹数层细角砾灰岩；下部为深灰色中厚层状生物碎屑灰岩与含燧石结核灰岩互层　80.45m

16. 浅紫色中—厚层状结晶灰岩，岩石中含海百合茎及少量䗴类螺类化石，重结晶强烈。含？*Pisolina* sp.（豆䗴?）及 *Bulimorpha micna*（小类饥螺）　11.32m

15. 褐黄色块层细—中晶白云岩，局部夹角砾状灰岩。岩石风化面极为粗糙，含海百合等化石碎片　29.35m

14. 浅灰色厚层—块层状角砾状生物碎屑灰岩。见䗴类化石 *Misellina compacta*（紧卷米斯䗴）　46.09m

13. 上部为浅紫色薄—厚层状生物碎屑灰岩，生物碎屑占岩石的15%～20%。岩石中生物碎屑以海百合茎为主，另有少量䗴类及海绵骨针类化石，海百合茎多呈碎片状。下部为浅紫色角砾状灰岩、砾屑灰岩及生物碎屑灰岩互层。岩石中生物化石丰富，含 *Misellina aliciac*（阿丽西氏米斯䗴）、*Schwagerina chinensis* sp.（中华希瓦格䗴）、*Palythecalis* sp.（多壁珊瑚）及 *Waagenophyllum* sp.（印度卫根珊瑚）等　99.71m

12. 上部为浅灰色中厚层—块层状砾屑灰岩及生物碎屑灰岩互层。生物碎屑灰岩中富含海百合茎化石。下部为灰、紫灰色角砾状灰岩　45.89m

11. 上部为浅紫色中—厚层状砾屑灰岩及生物碎屑灰岩互层。生物碎屑灰岩中含密集的海百合茎化石和少量䗴类化石，䗴为 *Palaeofusullina* sp.（古纺锤䗴）、*Schwagerina* sp.（希瓦格䗴），珊瑚为 *Wentzelella timorica*（帝汶文采乐珊瑚）、*Chusenophyllum asteroidea*（星状朱森珊瑚）。下部为灰白色厚层状角砾灰岩与紫色、紫灰色中—厚层状砾屑生物碎屑灰岩互层。岩石中含少量䗴类化石　65.62m

10. 上部为灰白色中—厚层状（含）生物碎屑灰岩，岩石中含丰富的䗴类和海百合茎、珊瑚化石，䗴类化石个体2～5mm。中部为灰色、灰白色块层状结晶灰岩。岩石中含较多海百合茎化石。下部为灰、紫灰色块层状角砾状灰岩。岩石中角砾为深灰色结晶灰岩，大小不等，棱角状，无磨圆，无明显搬运特征，胶结物为紫红色灰岩。岩石中角砾含量80%～85%，以基底式胶结。岩性上部生物碎屑灰岩中含 *Waagenophyllum* sp.（印度卫根珊瑚）、*Schwagerina tschernyschew* var. *ellipsoidalis*.（车兄谢夫氏希瓦格䗴近椭圆变种）等　132.32m

9. 灰、浅灰色块状结晶灰岩。岩石中见白色海百合茎和少量软体动物(?)化石　50.18m

8. 岩性为灰绿色厚层—块层状钙质粉砂岩与薄—中层状褐黄色砾屑、生物碎屑灰岩及砂屑灰岩互层，底部为厚约1m的褐黄色砾屑灰岩。钙质粉砂岩中具水平层纹，砾屑灰岩中含海百合茎化石　21.97m

7. 上部及下部均为灰白色块状生物碎屑灰岩，局部碎裂灰岩，含紫红色灰岩条带，中部为紫红色块状生物碎屑灰岩及砾屑灰岩。岩石中含较多海百合茎化石和少量䗴类化石，见珊瑚 *Waagenophyllum indicum sub* sp. Frechi（印度卫根珊瑚弗莱契氏亚种）及 *Callistadia coronatum*（花冠艳饰螺）腹足类(?)化石　34.39m

————整　合————

拉嘎组(C_2l)　**>335.36m**

6. 岩性上部为绿灰色厚层状钙质石英粉砂岩与钙质粉砂质板岩韵律互层，下部为中—厚层状细粒钙质石英砂岩与钙质粉砂质板岩韵律互层。细砂岩中具细密的平行层纹及砂纹交错层理，粉砂岩中具细密的水平层纹，层纹延伸平直　108.02m

5. 上部为灰绿色厚层—块层状石英粉砂岩夹砂质灰岩、泥质灰岩透镜体，中下部为褐黄色厚层—块层状细—中砾岩及粗粒岩屑石英砂岩、砾质砂岩互层。砾岩层面微凹凸状，内部具正粒序，砾石成分为石英岩、白云岩、灰岩及粉砂岩等，磨圆度较好，呈次棱角—浑圆状，砾径2～10mm，具分选及定向性。砂岩中具平行层纹及小型交错层理，正粒序明显　84.96m

4. 灰绿色中厚层—块状含石英粉砂钙质白云岩夹薄层或条带状砂泥质灰岩。见腹足类化石　18.14m

3. 褐黄色中—厚层状（局部见块层状）含砾粗砂岩、细中粒长石石英砂岩夹细砾岩透镜体。砂岩中具正粒序及平行层纹　39.67m

2. 上部为褐黄色薄层状中—粗粒长石石英砂岩、细粒长石石英砂岩夹灰绿色粉砂岩透镜体。下部为厚层—块层状细砾岩及中粗粒岩屑石英砂岩。岩石中砾石成分复杂多样，有粘土岩、硅质岩、砂岩、石英岩及花岗岩等，砾石具一定分选性和定向性，磨圆较好，砾径2～10mm。砂岩中见正粒序　42.67m

1. 上部为灰白色中—厚层状细粒石英砂岩及灰绿色粉砂岩韵律互层，砂岩中见细密的平行层纹。下部为褐黄色中—厚层状不等粒岩屑石英砂岩及含砾砂岩。岩石中碎屑物分选性较差，磨圆较好，一般呈次棱角—次圆状，砾径 2～10mm。含砾砂岩中砾石以石英为主，次为深灰色细砂岩　　>41.91m

（未见底）

2. 地层单元特征

(1)永珠组(C_1y)

永珠组作为测区最老的地层，出露甚少，仅见于图区南东角的改则县古昌乡南虾尔玛卡姆一地，出露宽度 3～6km，出露面积约 80km^2，呈断块产出。厚度大于 400m。区域上与上覆拉嘎组整合接触。岩性为深灰色页岩及灰色细—粉粒石英砂岩不等厚互层或韵律互层，顶部可见两层灰—深灰色薄—中层状生物碎屑灰岩。可以识别出两类基本层序，即向上变深和向上变浅的基本层序类型。岩石粒度细，成分成熟度较好，砂岩中可见水平层纹(理)，楔状交错层理。下部厚层砂岩中可见斜层理。剖面上见一厚 10～15cm 化石尸积层，主要由腕足类化石及钙泥质物组成。总体为一套浅海环境沉积。

剖面上含化石窗格苔虫 *Fenestella*，多孔苔虫 *Polypora*，海德德皱戟贝 *Rugosochonetes* cf. *hardrensis* (Phillips)，在剖面南西侧获有腕足类化石 *Phricodothyris sublinela* (Reed)，*Sfnamularia rwangsiensis*，*Neospirifer liangchowensis* (Chao)。前人在该地层中曾获珊瑚和腕足类化石。珊瑚有 *Rhopalolasma*，*Zaphrentites*，*Barremdeophyllum*，*Homalophyllum*，*Menisoophyllum*，*Amplexus*，*Mirusophyllum*；腕足有 *Chonetipustula*，*Productus*，*Fluctuaria*，*Dictyoclostus*。其年代地层为下石炭统。

(2)拉嘎组(C_2l)

测区内拉嘎组主要分布于测区南部错果错—精阿拉断裂和阿日革吉—桑俄结断裂之间，呈构造岩片产出，总体上呈近东西走向的带状展布，出露宽度 10～25km，向西、向南东均延伸出图。测区中部搭拉不错北东嘎拉弄一带亦有少量分布，呈大型构造块体产出，向东西两端构造尖灭。剖面上未见底，其与上覆下拉组为整合接触关系，区域上其整合于下伏永珠组之上。

岩性为灰白、褐黄色、灰绿色中层—厚层状细砾岩、细—粗粒岩屑石英砂岩、不等粒岩屑石英砂岩、石英粉砂岩，偶夹白云岩条带及灰岩透镜体。砂岩层内普遍具正粒序、平行层纹，局部发育小型砂纹交错层理等。桑俄结断裂以南其总体上表现为 4 个由细砾岩→细—粗粒岩屑石英砂岩→石英粉砂岩(局部含白云岩或灰岩条带)组成的韵律层。

(3)下拉组(P_1x)

测区下拉组主要分布于测区南部错果错—精阿拉断裂和阿日革吉—桑俄结断裂之间，呈构造岩片产出，总体上呈近东西走向的带状展布，出露宽度 10～25km，向西、向南东均延伸出图。测区中部搭拉不错北东嘎拉弄一带亦有少量分布，呈大型构造块体产出，向东西两端构造尖灭。其与下伏拉嘎组为整合接触。未见顶，与上覆地层为断层或不整合接触。岩性为深灰色生物碎屑灰岩、角砾状灰岩、砾屑砂岩浅灰色白云岩、深灰色中—厚层状灰岩、含燧石灰岩，局部夹少量砂岩、粉砂岩及板岩。

(二)生物地层及年代地层讨论

测区二叠纪生物十分繁盛，门类众多，计有腕足、珊瑚、䗴类、双壳、苔藓虫、海百合茎、海绵等。生物面貌属特提斯型和冈瓦纳型。其岩石地层、生物地层和年代地层划分特征见表 2-6。

表 2-6　二叠系多重地层划分与对比表

年代地层		岩石地层	生物地层		
			腕　足	珊　瑚	䗴
下二叠统	茅口阶	下拉组			*Neoschwagerina* 带
	栖霞阶		*Costiferina-Stenoscisma* 组　合	*Lytvolasma-Tachylasma* 组合	*Monodiexodina* 带

1. 腕足

Costiferina-Stenoscisma 组合。

分布于下拉组下部(第1—2层),主要分子有 *Meekella* sp., *Squamularia* cf. *inaequilateralis*, *S.* sp., *Leptodus* cf. *nobilis*, *Stenoscisma* sp., *Costiferina* cf. *indica*, *Linoproductus* sp., *Dielasma* sp., *Martinia* sp., *Crassispirifer* sp.等。该组合时代大致相当栖霞期至茅口期早期。组合中分子有暖水生物,也有冷水生物,代表暖水与冷水混合型。其层位相当于栖霞阶—茅口阶下部。

2. 珊瑚

Lytvolasma-Tachylasma 组合。

分布于下拉组下部,主要分子有 *Michelinia* sp., *Waagenophyllum indicum*, *Iranophyllum* sp., *Syringopora* sp., *Metasinopora crassa*, *Verbeekiella*, *Squameodendrapra* sp., *Polythecalis* sp., *Lytovolasma* sp., *Tachylasma* sp., *T. breve*, *Donophyllum* 等。其中 *Tachylasma breve* 为俄罗斯乌拉尔早二叠世早期重要分子。*Lytvolasma* 属常见于印尼帝汶岛早二叠世地层中。*Polythecalis*, *Tachylasma*, *Waagenophyllum*, *Lytvolasma* 等属在南羌塘西部的吞龙共巴组中也有产出,该组合化石面貌与吞龙共巴组所产化石极为相似。其时代为早二叠世栖霞期。所以,其层位相当于栖霞阶。

Lytvolasma-Tachylasma 组合属冷水型珊瑚动物群,它与暖水䗴类 *Parafusulina* 及 *Pseudofusulina* 共生,故推测代表冷水与暖水混合型动物群。

3. 䗴

(1)栖霞期

主要分子有 *Parafusulina*, *Pseudofusulina*, *Russiella*, *Nankinella*, *Schwagerina* 等。尹集祥(1997)在南羌塘西部吞龙共巴组中建 *Monodiexodina* 带,测区下拉组䗴类分子亦为该带特征分子。该带主要分子在改则鲁谷组中亦有分布,时代为早二叠世栖霞期,层位相当于栖霞阶。

(2)茅口期

主要分子有 *Neoschwagerina*, *Pseudodoliolina*, *Chusenella*, *Pseudoschwagerina*, *Chenia*, *Verbeekina* 等。盛金章(1974)建立华南茅口期的 *Neoschwagerina* 带,该带䗴类化石在青藏高原都能找到,故测区存在茅口期 *Neoschwagerina* 带。

川西松藩地区三道桥组上部产有 *Neoschwagerina*, *Verbeekina*。川西巴塘冰峰组上部及木里地区卡翁沟组上部均产 *Neoschwagerina* 带。在昌都交嘎组中有 *Neoschwagerina* 分布。唐古拉山开心岭群上部九十道班组中产 *Neoschwagerina* 带。双湖地区鲁谷组中有 *Neoschwagerina*, *Verbeekina* 分布。*Chusenella* 在北羌塘西部龙木错地区空喀山口组上部也有分布。拉萨洛巴堆组中亦产 *Neoschwagerina* 带。

4. 苔藓虫及其他生物

测区下拉组中分布的苔藓虫有 *Rhabdomeson* sp., *Fistulipora* sp., *Polypora* sp., *Fenestella* cf. *nodosaeseptata* Sch-Nest 等。其中 *Fenestella* 在栖霞阶分布,以数量多、丰度高为特征,*Rhabdomeson* 仅限于栖霞阶,*Fistulipora* 为我国南方栖霞阶标准化石。因此,该组合时代为栖霞阶。

二、南羌塘地层分区

该区出露的石炭—二叠系地层有上石炭统展金组、上石炭统曲地组及下二叠统龙格组,主要近东西向断续分布于测区北部穷俄里、陆谷杂那一带,因大部分地段被第四系覆盖而出露有限。

(一) 岩石地层

1. 剖面列述

(1)改则县查尔康错那勒展金组(C_2z)实测地层剖面

剖面位于改则县查尔康错那勒,剖面起点坐标为 E82°4′55″,N32°50′10″(图 2-4)。

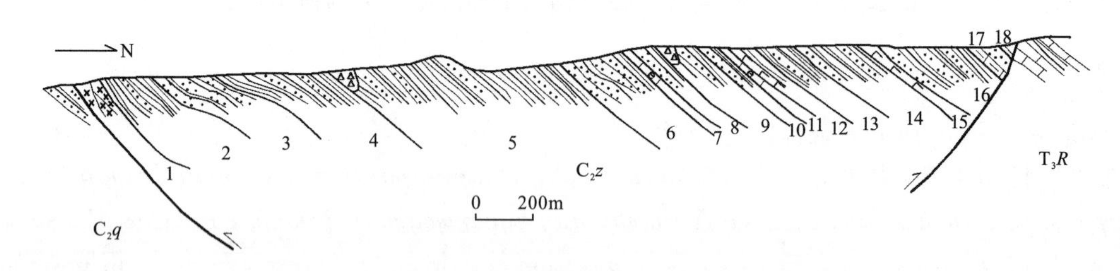

图 2-4 改则县查尔康错那勒剖面 C_2z 实测地层剖面

展金组(C_2z) **>2 214.82m**

18. 浅绿灰色、深灰色中—薄层状变质石英粉砂岩与黄灰色钙质板岩组成的基本韵律 163.43m
17. 深灰色中—薄层状泥灰岩与黄灰色钙质板岩,产腕足类化石、珊瑚化石 25.72m
16. 浅绿灰色薄层状变质石英粉砂岩与褐灰色钙质板岩组成的基本韵律,产珊瑚化石 78.03m
15. 浅绿灰色气孔状蚀变玄武岩 10.23m
14. 深灰色薄层变质钙质石英粉砂岩与黄灰色钙质板岩夹深灰色薄层状泥灰岩,发育水平层理 116.57m
13. 浅绿灰色钙质板岩夹紫灰色薄层状变质粉砂岩,岩石中见少许黄铁矿颗粒 139.19m
12. 褐色、褐黄色中厚层状蚀变玄武岩与深灰色薄层状变质石英粉砂岩与深灰色粉砂质板岩组成的韵律 63.62m
11. 深灰色中层状生物碎屑灰岩、泥灰岩与深灰色钙质板岩组成的基本韵律,产珊瑚化石 17.99m
10. 黄灰色薄层状变质石英粉砂岩与黄灰色钙质板岩组成的基本韵律。钙质板岩中见许多不规则的、棱角状的变质细砂岩,深灰色灰岩砾石。具定向性 38.32m
9. 深灰色厚块状灰质角砾岩与深灰色薄层状变质石英粉砂岩与粉砂质板岩互层。呈透镜状。产珊瑚化石 116.36m
8. 浅绿灰色中层状变质细粒石英砂岩、深灰色薄层状变质粉砂岩与深灰色钙质板岩不等厚互层 48.34m
7. 灰色中层状微晶灰岩与深灰色中层状生物碎屑灰岩互层。生物碎屑灰岩为䗴、珊瑚,已重结晶 16.86m
6. 深灰色中层状变质细粒石英砂岩、灰色薄层状石英粉砂岩与深灰色粉砂质板岩不等厚互层,具正粒序层理 205.48m
5. 深灰色中层状灰质角砾岩与深灰色薄层状石英粉砂岩、粉砂质板岩不等厚互层。呈透镜状产出 509.43m
4. 深灰色、浅绿灰色粉砂质板岩、钙质板岩夹深灰色薄层状变粉砂岩组 292.80m
3. 深灰色中层状变质细粒石英砂岩与深灰色板岩不等厚互层 148.43m
2. 深灰色千枚状板岩夹灰、深灰色薄层状粉砂岩,粉砂岩呈条带状 113.82m
1. 深灰色红柱石板岩 >59.03m

(未见底)

(2)改则县查尔康错那勒曲地组(C_2q)实测地层剖面

剖面位于改则县查尔康错那勒,剖面起点坐标为 E82°4′55″,N32°50′10″(图 2-5)。

曲地组(C_2q) **>1 669.70m**

14. 浅灰色中—厚层变质长石石英细粒砂岩、褐灰色薄层状长石石英粉砂岩与浅绿灰色粉砂质板岩组成的基本韵律,具正粒序层理 118.94m
13. 褐灰色、浅灰色钙质板岩夹浅灰色、灰色薄层状石英粉砂岩 38.20m
12. 褐黄色、浅灰色中厚层状长石石英中粒砂岩、浅黄色中薄层状长石石英粉砂岩夹灰色、深灰色

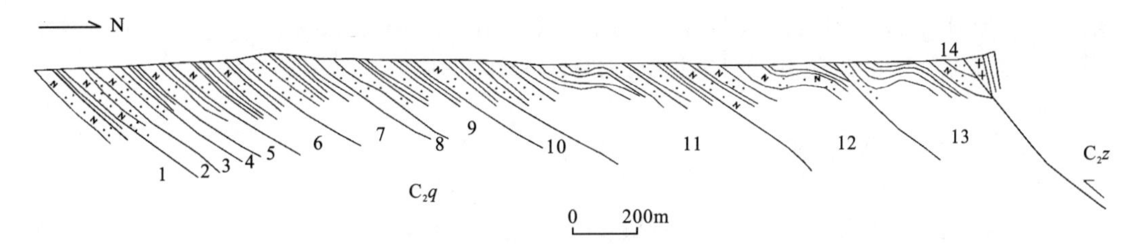

图 2-5　改则县查尔康错那勒剖面 C_2q 实测地层剖面

粉砂质板岩　188.45m

11. 深灰色粉砂质板岩夹浅灰色、灰色薄—中层状石英粉砂岩，粉砂岩呈条带状分布　300.93m
10. 浅灰、褐黄色中—厚层状长石石英细砂岩与浅绿灰色钙质板岩组成的基本韵律　117.82m
9. 浅灰色、浅绿灰色中—薄层状石英粉砂岩与褐灰色钙质粉砂质板岩组成的基本韵律　190.92m
8. 浅灰色中层状变质石英细砂岩、浅绿灰色石英粉砂岩与粉砂质板岩组成的基本韵律　38.94m
7. 浅绿灰色薄—中层状长石石英中粒砂岩、浅绿灰色中层状长石石英粉砂岩与浅绿灰色粉砂质板岩组成的基本韵律　141.79m
6. 浅灰色中层状变质石英细粒砂岩、浅灰色、灰色薄层状石英粉砂岩与灰色粉砂质板岩组成的韵律，具正粒序层理　166.59m
5. 浅灰色、褐灰色中—厚层状变质长石石英细砂岩与深灰色粉砂质板岩组成的基本韵律　86.13m
4. 浅褐灰色中厚层状长石石英中—粗粒砂岩、灰色薄层状变质长石石英粉砂岩与深灰色钙质板岩互层，见黄铁矿颗粒　41.97m
3. 浅绿灰色中—厚层变质长石石英中粒砂岩与浅灰色中薄层状粉砂岩组成的基本韵律，具正粒序层理　78.98m
2. 深灰色中—薄层状细粒长石石英砂岩与灰色薄层状石英粉砂岩组成的基本韵律　97.47m
1. 浅灰色、褐灰色中—薄层状细粒长石石英砂岩与浅灰色粉砂质板岩不等厚互层。岩石中见黄铁矿颗粒　>62.57m

(3)改则县查尔康错那勒龙格组(P_1lg)实测地层剖面

剖面位于改则县查尔康错那勒，剖面起点坐标为 E82°4′55″，N32°50′10″(图 2-6)。

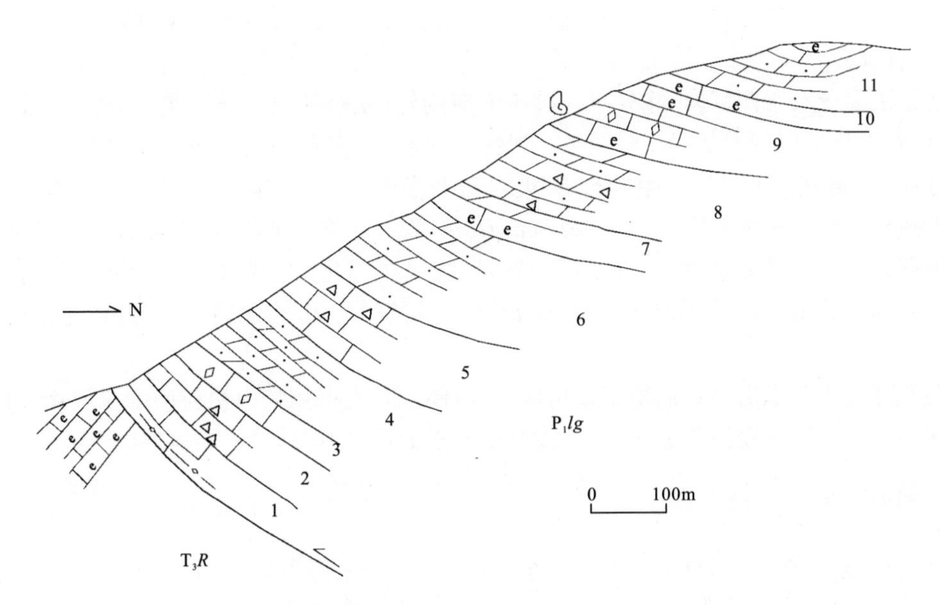

图 2-6　改则县查尔康错那勒剖面 P_1lg 实测地层剖面

龙格组(P_1lg)	**(未见顶)**	**977.14m**
11. 灰色、浅灰色中层状砂屑灰质白云岩与灰色薄—中层状结晶白云岩组成的基本韵律		128.98m
10. 灰色中层状角砾状灰岩与灰色中层状含生物碎屑灰岩组成的基本韵律。产珊瑚化石 *Liangshanophyllum*		33.97m
9. 浅灰色厚—块状生物碎屑灰岩夹中—薄层状结晶灰岩,风化色为浅灰色		100.34m
8. 浅灰、灰色中—厚层状角砾状灰质白云岩、灰色中层状砂屑灰质白云岩		135.54m
7. 灰色中—厚层状生物碎屑灰岩与灰色薄层状结晶白云岩互层		53.55m
6. 浅灰色中—厚层砂屑白云岩、灰色中—薄层状结晶白云岩组成的基本韵律		198.80m
5. 紫色、紫灰色、褐灰色块状灰岩、角砾状灰岩互层		88.43m
4. 浅灰、灰白色中—厚层状砾屑状灰质白云岩、浅灰色中层状砂屑灰质白云岩与泥晶白云岩互层		106.49m
3. 浅灰白色块状结晶大理岩		37.97m
2. 浅灰色、灰白色块状角砾状灰岩		46.60m
1. 灰白色灰岩、条带状结晶灰岩		46.47m

2. 地层单元特征

(1)展金组(C_2z)

展金组于测区内分布于查尔康错、峡峡藏布一带。总体呈近东西向分布,岩块状、断块状产出。未见底,与上覆曲地组(C_2q)、日干配错群(T_3R)皆为断层接触关系。岩性为深灰色中—薄层变质粉砂岩,灰黑色、浅绿灰色板岩夹泥灰岩、玄武岩和灰质角砾岩透镜体。厚度大于2 214.82m(岩石变质轻微,劈理、小褶皱十分发育,变形较强,因此,其沉积厚度仅供参考)。总体表现以泥质岩占优势,局部为泥质岩与粉砂岩条带互层。展金组内发育水平层理、滑塌沉积构造。为深水陆棚盆地—斜坡环境的沉积。

(2)曲地组(C_2q)

测区内曲地组(C_2q)主要分布于北侧查尔康错、巴嘎栋、再不左等地,总体呈近东西向展布,岩块状、断块状产出。其与下伏展金组,上覆龙格组皆为断层接触。

岩性为褐灰色、褐黄色、浅绿灰色中—厚层状长石石英中细砂岩、石英砂岩与石英粉砂岩、钙质板岩不等厚互层。厚度大于1 669.70m(岩石劈理化、褶皱及小断裂十分发育,变形较强,因此,其沉积厚度仅供参考)。该组发育斜层理、交错层理、粒序层理,少数砂岩底界具削截特点。以大量中厚层中、细砂岩为主作为划分标志。反映沉积环境水动能和海平面升降变化较大。其沉积环境表现为滨海—浅海。

(3)龙格组(P_1lg)

测区龙格组主要分布于测区内,除分布在拉布错南侧外,在峡峡藏布有零星出露。呈岩块状、断块状产出,其与上覆及下伏地层皆为断层接触关系。岩性为浅灰、灰白色厚层—块状角砾状灰岩、结晶灰岩夹中—厚层状砾屑、砂屑灰质白云岩、生物碎屑灰岩与灰色薄层状结晶白云岩不等厚互层。厚度大于977.14m。其中产二叠纪珊瑚化石 *Liangchanophyllum*,岩性组合与正层型剖面基本可以对比。前人在相应的地层中获有䗴类和群体珊瑚、钙藻及部分腕足、腹足类为化石。䗴类化石 *Neoschwagerina cheni*, *Verbeehina grabaui*,珊瑚 *Iranophyllum curvaseptatum*。其时代为早二叠世。因此将龙格组年代地层确定为下二叠统。

龙格组沉积环境为基本层序具加积型结构特征,总体上具有沉积物由粗粒向细粒演化,沉积物单层厚度由厚—块状向中—薄层转变的趋势,显示了该时期海平面逐渐升高。

(二)生物地层和年代地层

展金组、曲地组化石较少,化石主要采集于龙格组中,但该时段内的古生物记录连续性较差,化石分异度较低,因而生物地层研究的条件甚差。大致可分为两个组合带、一个顶峰带。

1. *Eurydesma-Ambikella* 双壳类组合带

对应岩石地层单位为展金组。一般赋存在浊积砂岩层和薄层灰岩内。测区化石少见。据《岩石地层清理》和 1∶100 万资料，该组生物化石门类为小型腕足、双壳类、腹足类，以含冈瓦纳相双壳类化石 *Eurydesma*，*Ambikella*，*E. mytiloides* 等为特征，含珊瑚化石 *Lonsdaleiastraea* sp.，见遗迹化石 *Ovatichnus* sp.，*Brookvalichnur* sp.。时代为晚石炭世。

Eurydesma 动物群是典型冈瓦纳相的冷水动物群，也伴生有 *Lonsdaleiastraea* sp. 典型暖水动物群。

2. *Pseudofusulina-Subansiria* 䗴类混生组合带

对应岩石地层单位为曲地组。据《岩石地层清理》，曲地组生物化石主要为双壳类、䗴类、腕足类及少量珊瑚、腹足类等。不仅含特提斯相的 *Triticites*，*Pseudofusulina*，也含冈瓦纳相的 *Subansiria*，*Stepanoviella*。粉砂质板岩中见遗迹化石 *Cosmorhape* sp.。生物以冷、暖水混生或交替出现，反映晚石炭世的水温、水化学条件、水动力条件复杂。是由于受冈瓦纳冰川冷水、特提斯暖水相互影响及地壳相对较活动的结果。

3. *Liangchanophyllum* 珊瑚顶峰带

对应岩石地层单位为龙格组中部，龙格组富含䗴类和群体珊瑚、钙藻及部分腕足、腹足类化石。䗴类化石 *Neoschwagerina cheni*，*Verbeehina grabaui*，珊瑚 *Liangchanophyllum*（本次）、*Iranophyllum curvaseptatum*。

第二节　三叠系

测区三叠系仅分布于南羌塘地层区，出露地层为上三叠统的亭贡错组及日干配错群。

（一）岩石地层特征

1. 剖面列述

（1）改则县物玛乡亭贡错亭贡错组（T_3t）实测地层剖面（N32°48′26″，E83°11′37″）（图 2－7）

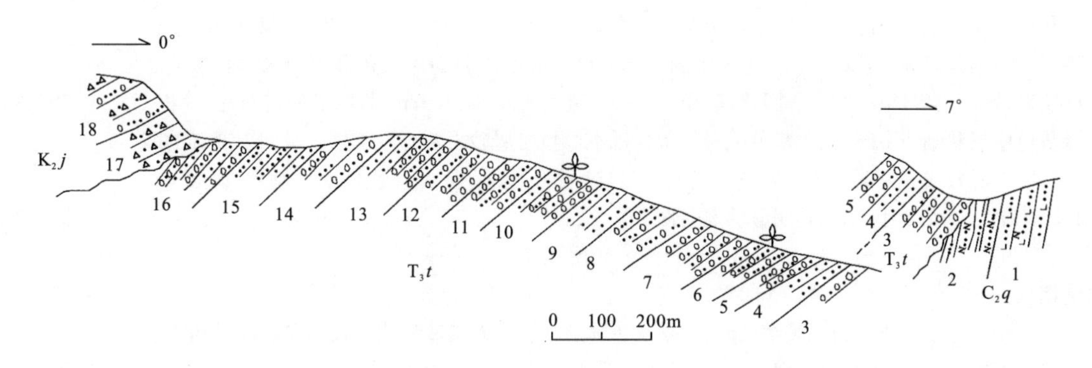

图 2－7　改则县物玛乡亭贡错亭贡错组（T_3t）实测地层剖面

阿布山组（K_1a）　　>145m

18. 暗紫色厚层状砾岩与暗紫色中层状含砾粗砂岩成韵律互层。砾石为灰岩、砂岩、硅质岩等，棱角状—次棱角状，砾径 1～10cm，无定向排列　　>80m

17. 暗紫色块状砾岩。砾石为灰岩、砂岩、页岩等，棱角状—次棱角状，砾径 1～10cm，无定向排列　　65m

～～～～～～～～角度不整合～～～～～～～～

亭贡错组（T_3t）　　1 441.69m

16. 上部灰色薄—中层状细—中砾岩夹绿灰色中厚层状含砾粗砂岩；下部浅绿灰色中厚层状含砾粗砂岩夹浅绿灰色中粗粒含钙岩屑砂岩。具向上变细的剖面结构特征　　71.88m

15. 浅绿灰色中—厚层状粗—中粒砂岩与绿灰色中厚层状中粗粒钙质岩屑砂岩不等厚互层，岩石中

可见水平层理。具向上变细的基本层序　73.23m

14. 上部浅绿灰色中厚层状含砾粗砂岩夹薄—中层状细砾岩；下部浅绿灰色中层状不等粒钙质岩屑砂岩与浅绿灰色中层状细砂岩略等厚互层，砂岩中见水平层理。具向上变细的基本层序　92.50m

13. 上部浅绿灰色中厚层状中粗粒钙质岩屑砂岩与绿灰色中层状中粒砂岩略等厚互层，砂岩中发育水平层理；下部灰色中厚层状细—中砾岩与浅绿灰色中厚层状含砾粗砂岩略等厚互层，砾石成分为砂岩、粉砂岩、灰岩、硅质岩、脉石英等，呈次圆状—圆状，砾径 0.3～1cm　111.90m

12. 灰色中厚层状细—中砾岩、灰色中层状含粗砂岩、浅绿灰色中厚层状中粒砂岩不等厚互层。具向上变细的基本层序　108.00m

11. 灰色厚—巨厚层状粗砾岩夹浅绿灰色中层状粗粒至巨粗含钙岩屑砂岩和浅绿灰色中层状细砂岩。砂岩呈透镜状砂体分布于砾岩中。砾石成分为砂岩、粉砂岩、灰岩、硅质岩、脉石英等，砾径 3～5cm，呈次圆状—圆状，分选及定向性不明显　83.58m

10. 上部浅绿灰色中层状中粗粒钙质岩屑砂岩与绿灰色中—薄层状粉砂岩不等厚互层；中部灰色厚—巨厚层状粗砾岩夹浅绿灰色中层状含砾粗砂岩；下部浅绿灰色中层状含砾粗砂岩与灰色中层状中—细砾岩不等厚互层。具细—粗—细的剖面结构特征。粉砂岩中产植物化石 *Neocalamites carcinoides*，*Neocalamites rugosus*，*Neocalamites* sp.　92.50m

9. 上部浅绿灰色中层状中粒砂岩与绿灰色中层状细砂岩略等厚互层；下部浅绿灰色中厚层状含砾粗砂岩夹浅绿灰色中层状中粒砂岩。具向上变细的基本层序　288.24m

8. 上部浅绿灰色中厚层状细砾岩与浅绿灰色含砾粗砂岩略等厚互层；下部浅绿灰色中层状含砾粗砂岩与灰色中薄层状细砂质岩屑石英粉砂岩略等厚互层。向上砾岩增多，具有向上变粗的剖面结构　112.24m

7. 灰色巨厚—中厚层状粗—细砾岩与浅绿灰色中厚层状含砾粗砂岩不等厚互层，砂岩呈透镜状砂体分布于砾岩中。砾石成分为砂岩、粉砂岩、硅质岩、脉石英、细粒花岗岩等，砾径 2～5cm，最大 8cm，呈次圆状—圆状，略具定向性　112.96m

6. 浅绿灰色中厚层状细—中砾岩、浅绿灰色中层状含砾粗砂岩、中层状中细粒含钙岩屑砂岩不等厚互层。细砂岩中见植物化石碎片。砾岩砾石成分复杂，砾径 0.3～1.5cm，磨圆度较好，呈次圆状—圆状，略具定向排列。细砂岩中产植物化石 *Neocalamites carcinoides*，*Neocalamites rugosus*　55.35m

5. 浅绿灰色厚层状中—粗砾岩、浅绿灰色中厚层状含砾粗砂岩、浅绿灰色中层状中粒砂岩不等厚互层　45.85m

4. 绿灰色中层状细—中砾岩、浅绿灰色中厚层状含砾不等粒岩屑砂岩、浅绿灰色中层状中粗粒含钙质岩屑砂岩不等厚互层。具向上变细的基本层序。砾石成分为深灰色砂岩、粉砂岩、灰岩、硅质岩、脉石英等，呈次圆状—圆状，砾径 2～3cm，最大 4cm，最小 1cm，具明显的定向性　70.23m

3. 绿灰色中层状细—中砾岩、浅紫色中厚层状含砾不等粒岩屑砂岩不等厚互层。具向上变细的基本层序。砾石成分为深灰色砂岩、粉砂岩、灰岩、硅质岩、脉石英等，呈次圆状—圆状，砾径 4～10cm，最大 4cm，最小 1cm，具明显的定向性　123.23m

~~~~~~~~~~角度不整合~~~~~~~~~~

曲地组(C_2q)　**>187.39m**

2. 浅灰色中—厚层变质长石石英细粒砂岩、褐灰色薄层状长石石英粉砂岩与浅绿灰色粉砂质板岩组成的基本韵律，具正粒序层理　78.94m

1. 褐黄色、浅灰色中厚层状长石石英中粒砂岩　>108.45m

（2）改则县查尔康错那勒剖面日干配错群(T_3R)实测地层剖面(N32°48′26″，E83°11′37″)（图 2－8）

日干配错群(T_3R)　**（未见顶）**　**>658.49m**

9. 深灰色中—厚层状角砾状灰岩与深灰色中层状砾屑灰岩组成的基本韵律　27.20m

8. 深灰色中层状生物碎屑灰岩与深灰色薄层状结晶灰岩　42.18m

7. 灰、浅灰色厚块状生物礁灰岩，含大量的珊瑚化石，岩石重结晶　66.42m

6. 深灰色中—厚层状砾屑灰岩、灰色中层状砂屑灰岩与中薄层状泥晶灰岩不等厚互层　142.18m

5. 深灰色中—厚层状结晶灰岩，岩石重结晶明显　18.35m
~~~~~~~~~~

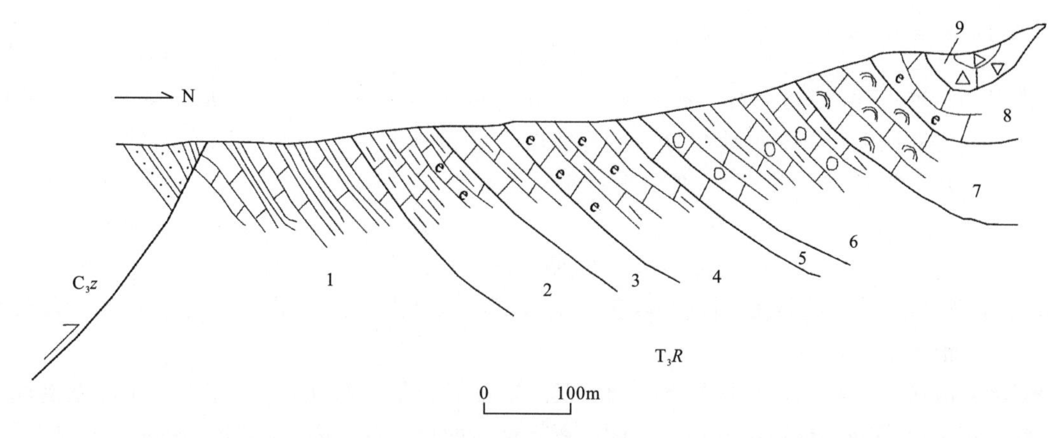

图 2-8 改则县查尔康错那勒剖面日干配错群(T_3R)实测地层剖面

4. 深灰色厚块状角砾状灰岩与深灰色中层状生物碎屑灰岩	97.66m
3. 深灰色中—厚层状灰岩夹黄灰色薄层状泥灰岩	54.00m
2. 深灰色中层状泥灰岩夹深灰色薄层生物碎屑灰岩、结晶灰岩	63.44m
1. 深灰色中—薄层状灰岩与深灰色钙质板岩	>146.94m

════════断层接触════════

展金组(C_2z) 深灰色中—薄层变质粉砂岩

2. 地层单元特征

(1)亭贡错组(T_3t)

亭贡错组为本次工作新建地层单位。主要分布于峡峡藏布—亭贡错一带，西延入 1∶25 万革吉县幅。地层出露宽度 3～6km，产状较陡，岩层倾角 50°～70°，稳定延伸 40km 以上。亭贡错组(T_3t)角度不整合于曲地组(C_2q)之上，角度不整合伏于阿布山组(K_2a)之下。

亭贡错组主要为一套河流相粗碎屑岩沉积地层。岩性为灰色、浅绿灰色中厚层状至巨厚层状细—粗砾岩与浅绿灰色中厚层状含砾粗砂岩、中—细粒砂岩不等厚互层，砾岩砾石成分复杂，磨圆较好，为次圆状—圆状，砾径大小 1～5cm，最大 20cm，具明显的定向性，其间可见透镜状砂体，细砂岩中见植物化石及碎片。由粗角砾岩与细角砾岩、细角砾岩与含砾粗砂岩、含砾粗砂岩与中粒砂岩组成基本层序类型，由下至上，总体具有砾岩组分减少，砂岩组分增多的剖面结构特征。岩石中可见小型交错层理、水平层理、丘状层理等，厚度大于 1 155m。

亭贡错组(T_3t)中获取植物化石 *Neocalamites carcinoides*，*Neocalamites rugosus*，*Neocalamites* sp.，时代为晚三叠世。亭贡错组代表晚三叠世沉积盆地，可能为印支运动形成的山间盆地沉积。亭贡错组在图区内仅在亭贡错及以西恶俄竹、峡峡藏布一带有少量分布。亭贡错组主要分布于亭贡拉—拉布错一带，横向上岩性具有一定变化，亭贡拉剖面上为砂质角砾岩，至拉布错一带变为灰岩质砾岩。根据其岩石组合、上下地层的接触关系、沉积环境等结合区域地质演化历史，认为亭贡错组所代表的沉积盆地应为山间盆地，是古特提斯碰撞造山过程中形成的山间盆地沉积。测区由此开始了由陆向海的转化。它与下伏地层的不整合时限可能暗示了测区由海向陆转化下限。

(2)日干配错群(T_3R)

日干配错群(T_3R)区域上主要分布于多玛日、日干配错、诺尔玛错等地，呈近东西向分布于班公湖—怒江结合带北缘。区域上顶、底出露不全，多呈断块状分布于班公错—怒江断裂带北侧，顶界仅在双湖东索布查温泉剖面中，可见日干配错群灰岩与上覆的色哇组底部粉砂岩之间为连续沉积。

测区内日干配错群分布于查尔康错、峡峡藏布一带。呈岩块、断块状产出。其与下伏龙格组(P_1lg)、展金组(C_2z)为断层接触关系。岩性为深灰色中—薄层状灰岩、黄灰色中—薄层状泥灰岩、薄层状生物碎屑灰岩、结晶灰岩不等厚互层。厚度大于 658.49m。

(二)生物地层及年代地层讨论

亭贡错组(T_3t)中获取植物化石 *Neocalamites carcinoides*, *Neocalamites rugosus*,经鉴定为晚三叠世。区域岩石地层对比在相邻左贡地层分区内出露晚三叠世地层甲丕拉组(T_3j),岩性为紫色、灰紫色、浅灰色砾岩夹紫灰色粗砂岩、细砂岩。在甲丕拉组获得菊石 *Protrachyceras* sp., *Trachyceras* sp.;珊瑚 *Margarosmilites confluens*, *Thecosmilia clathrata*, *Procyclolites elegans*, *Margarophyllia* cf. *crenata*, *Volzela chagyabensis*, *Conophyllia* sp., *Distichophuyllia* sp.;双壳 *Neomegalodon* sp., *Schafhaeutlia* cf. *manzavinii* 等,这些化石反映的时代为晚三叠世卡尼期至早诺利期。因此,将亭贡错组的年代地层确定为上三叠统是恰当的。

日干配错群测区内未获化石。其时代的确定仅能根据岩石地层对比得出,前人于正层型剖面上获有丰富的化石。腕足类 *Caucasorhynchia* sp., *Adygella* sp., *Mentzeliopsis* sp., *Cirpinae* sp.;双壳类 *Chlamys* sp., *Plagiostoma*? sp., *Halobia* sp., *Indopecten* sp. 等。时代为晚三叠世。因此,将日干配错群的年代地层对比确定为上三叠统。

第三节 侏罗系

图区侏罗系—白垩系地层分布广泛,见有木嘎岗日岩群、古昌蛇绿岩群、东巧蛇绿岩群、曲色组、色哇组、日松组、沙木罗组、去申拉组、郎山组、竟柱山组和阿布山组等。不同地层区的侏罗—白垩系具有不同的岩性组合特征,其形成环境也具有明显的差异。现将各地层区的侏罗—白垩系地层分述于后。

一、班公湖—怒江地层区

(一)岩石地层特征

1. 剖面列述

西藏革吉县夏麦乡日玛日木嘎岗日岩群(JM)实测构造地层剖面(N32°35′50″,E83°16′35″)(图 2-9)

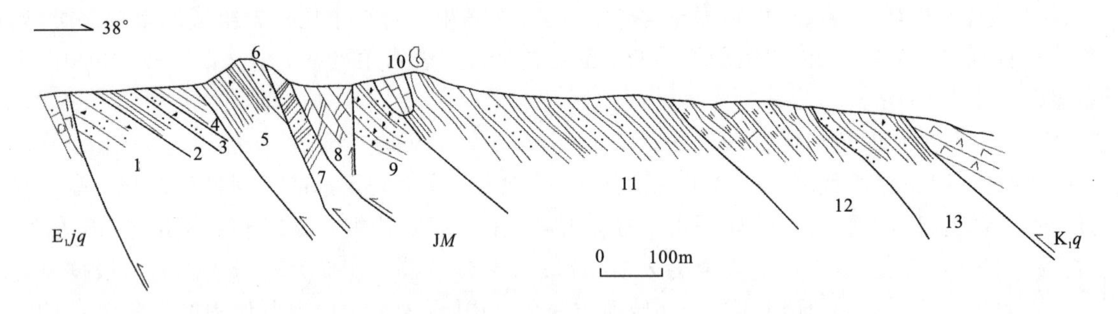

图 2-9 革吉县夏麦乡日玛日木嘎岗日岩群(JM)实测构造地层剖面

木嘎岗日岩群(JM) >795.42m

13. 深灰—灰黑色板岩夹极薄层状粉砂岩、砂岩、砂岩透镜体。砂岩中可见微细水平层理(纹)。岩石中具明显的裂隙化、碎裂化、片理化。偶见蚀变玄武岩中铜矿化 >87.52m
12. 深灰色、绿灰色板岩、绢云母板岩为主,夹薄层粉砂岩、砂岩、灰岩。粉砂岩中可见微细水平层理,偶见砂岩面上槽模构造。板岩中可见波状弯曲的石英脉,脉长 20~50cm,宽 0~2cm,脉体与劈理斜交 230.9m
11. 深灰色板岩、薄层状细—粉砂岩砂岩韵律互层,偶夹薄层状泥质灰岩、砂岩透镜体。砂岩中可见微细水平纹层。岩层面波状弯曲,偶可见倾竖褶皱 195.54m

10. 灰—深灰色厚块状结晶灰岩，岩石单层厚 2～4m，层理不明显，岩石中可见方解石脉，脉宽 0～1cm，延伸 20～25cm，可能为一滑塌岩块　　5.20m

9. 灰—浅灰色薄层状细粒钙质岩屑砂岩，岩石单层厚 2～5cm，岩石中见两组破劈理将岩石分割为大小不一、形态各异的块体　　35.77m

══════断　层══════

8. 下部为灰绿色深灰色块状含生物屑砂屑白云岩，上部为灰—深灰色厚块状结晶灰岩。岩石具明显的裂隙化、碎裂化、片理化。偶见蚀变玄武岩中铜矿化　　24.07m

7. 灰黑色板岩夹薄层状含白云质钙质石英细至粉砂岩，岩比为 6∶1～8∶1，砂岩单层厚 0.5～1cm，岩层在剖面上见“Z”型小褶皱　　39.03m

══════断　层══════

6. 灰黑色含白云质钙质岩屑石英粉砂岩与灰色极薄层状粉砂岩韵律互层，粉砂岩单层厚 0.5～1cm，板岩板劈理发育　　18.45m

5. 深灰色板岩为主夹土黄色泥质粉砂岩、灰色薄层状中细粒钙质岩屑砂岩，向上具砂岩减少变薄，板岩增多的基本层序特征　　64.92m

══════断　层══════

4. 浅灰色薄—中层状细粒白云质钙质岩屑石英砂岩与深灰色板岩韵律互层，岩石层理基本可辩，向上砂岩减少变薄，板岩相对增多。砂岩中可见破劈理，板岩具铅笔构造　　32.8m

3. 浅灰色薄层状中细粒含白云质钙质岩屑砂岩偶夹灰紫色玄武岩，砂岩单层厚 2～4cm，玄武岩夹层厚 20～25cm。相当剖面第 5 层　　9.31m

2. 褐黄色薄层状细砂岩与深灰色板岩互层，岩石受力作用明显。可见倾竖小褶皱。相当剖面第 4 层　　32.05m

1. 浅绿灰色薄层状细粒钙质白云质岩屑石英砂岩，岩石单层厚 3～6cm，岩石受力破碎呈 1cm×1cm 的碎块。岩石层理基本可辩　　>19.85m

（未见底）

2. 层单元特征

木嘎岗日岩群(JM)总体为一套变形较为强烈的含大量古生代外来岩块的野复理石沉积，岩性组合为砂板岩韵律层夹薄层状或条带状硅质岩或基性火山岩，化石稀少，沉积构造罕见，局部可见槽模或重荷模构造。为一套较深海(水)环境的野复理石沉积，其中含有较多不同岩性、不同时代、不同大小和规模、不同形成环境的外来岩块，和基质一起经后期强烈的构造改造形成一套总体无序局部有序的构造地层体。作为构造混杂岩的外来岩块、原地岩块和基质三大构成要素屡见不鲜。基本具备了构造混杂岩的总体特征，它应是班公湖—怒江结合带碰撞造山过程的产物。区域上该地层中还含有大量的放射虫硅质岩片或夹层及洋壳(蛇绿岩)残片。

(二)生物地层及年代地层讨论

木嘎岗日岩群在图区化石稀少，在东巧、兹格塘错、牙多错、格那隆巴一带，于底部的细碎屑岩中产植物 *Cladophkebis* sp.；菊石 *Baucaulticeras* cf. *baucaultianum*，*Angulaticeras* cf. *lacunatum*。这一菊石组合可与藏南的 *Arietes-Sulciferites* 组合对比，时代为早侏罗世早期。上部的细碎屑岩夹泥质灰岩的地层中见珊瑚 *Stylina dongqoensis*；层孔虫 *Parotromatopora subjaponica*，*Milleporidium* sp.；双壳类 *Protocardia strichlandi*，*Inoperna sowerbyana*；放射虫 *Sethocyrtis* sp.，*Archicapsa* 等。在班公错至日松一带，与该套地层相当的地层称日松群(郭铁鹰等，1983)，下部含遗迹化石 *Astropolithon tibta*，*Neonereites uniserialis*，*Rituichnus elongatum*，*Paleodictyon regulsre* 等；中部含放射虫 *Cryptomphorella* aff.，*Macropora*，*Tlemicrypaocapsa* aff. *ornata*，*Dictyomitra* sp.，*Lithomitra* sp.；在浊积砾岩中含双壳 *Pseudolimea* cf. *duplicata*。上部含珊瑚 *Protethmos blantord*，*Epitreptophyllum wrighti*，*Montlivaltia frastriformis*。综上，木嘎岗日岩群中含有多种生物化石，有浅海底栖生活的珊瑚、腕足等。其中，双壳类 *Pseudolimea* cf. *duplicata*，*Protocardia strichlandi*，*Inoperna sowerbyana* 等都是中侏罗世常见分子，同时也见于我国云南中侏罗统和平乡组、柳湾组，羌塘地区的雁石坪群。珊瑚 *Montlivaltia* cf. *fratrifor-*

mis, *Protethmos blanfird*, *Stylina* cf. *kachensis*, *Epistreptophyllum diatrifum* 等在云南中侏罗统柳湾组、藏东拉贡塘组中都有产出，也见于印度卡奇中侏罗统巴通阶。放射虫 *Cryptomphorella* aff. *macropora*, *Hemicrypaocapsa* aff. *arnata*, *Dictyomitra* sp., *Lithomitra* sp., *Tricolocapisa* aff. *fusiformis*, *Theoperidae* sp., *Tritrabs* sp., *Halioclictya hoinosi*, *Sethocapsa* sp., *Sethicyrtis* sp., *Dictyomitra* 等，其时代主要为中侏罗世至晚侏罗世牛津期。在丁青县罗冬地区还发现有早—中侏罗世的古藻类及放射虫化石。

二、物玛地层分区

（一）岩石地层特征

1. 剖面列述

(1)改则县岗茹侏罗系多仁组(J_3d)实测地层剖面(N32°48′26″，E83°11′37″)(图 2－10)

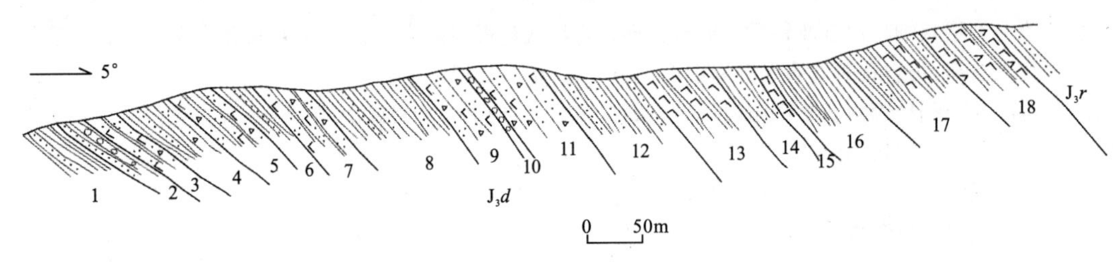

图 2－10　改则县岗茹侏罗系多仁组(J_3d)实测地层剖面

上覆地层：日松组(J_3r)

——————整　合——————

多仁组(J_2d)

二段(J_2d^2)　　**＞336.31m**

18. 绿灰色、暗灰色厚层—块状蚀变橄榄玄武岩与绿灰色粉砂质页岩(局部含粉、细粒砂岩条带)成段韵律互层，玄武岩段厚 3～5m，砂质页岩段厚 5～8m，总体以粉砂质页岩为主。橄榄玄武岩中局部见密集的杏仁构造　　47.38m
17. 岩性主体为灰、浅绿灰色薄—中层状细粒白云质钙质岩屑石英砂岩与绿灰色粉砂质页岩韵律互层，夹两层块层状蚀变中基性火山岩　　75.33m
16. 绿灰色粉砂质页岩，页理发育。岩石中见水平层纹　　45.23m
15. 绿灰色块层状蚀变中基性火山岩　　5.11m
14. 绿灰色粉砂质页岩与黄灰色薄层状细粒白云质钙质岩屑石英砂岩韵律互层，砂岩∶页岩为 1∶4～1∶3。页岩中具水平层纹，砂岩底面见小型重荷模构造　　41.74m
13. 绿灰、暗绿灰色厚层—块层状蚀变玄武岩与绿灰色粉砂质页岩韵律互层。玄武岩层厚 0.5～5m，层面平整　　55.08m
12. 绿灰色粉砂质页岩夹薄—中层状细粒白云质钙质岩屑石英砂岩，砂岩∶页岩为 1∶4，砂岩中可见平行层纹　　66.44m

——————整　合——————

一段(J_2d^1)　　**＞387.33m**

11. 黄灰色(风化)厚层—块层状中粗粒白云质钙质岩屑石英砂岩夹薄—中层状中细粒岩屑石英砂岩。粗砂岩中局部含细砾(d=3～4mm)。中细砂岩中见正粒序层理及平行层纹　　54.68m
10. 黄灰色厚层—块层状复成分细砾岩，砾径 d=3～5mm，极少量达 10～15mm。岩层内砾石具定向及分选性　　7.21m
9. 黄灰色厚层—块层状中细粒白云质钙质岩屑石英砂岩，见正粒序层理及平行层纹　　41.29m
8. 绿灰色粉砂质页岩夹薄—极薄层细粒白云质钙质岩屑石英砂岩，以页岩为主。页岩中见水平层纹构造　　76.53m

7. 黄灰色中—厚层状含白云质钙质中细粒岩屑石英砂岩夹绿灰色薄—极薄层粉砂质页岩，砂岩：页岩约为10：1。砂岩中见明显的正粒序层理及平行层纹　40.28m

6. 绿灰色粉砂质页岩，含细粒钙质岩屑石英砂岩条带。细砂岩条带厚0.5～2cm，层内见平行层纹　30.49m

5. 黄灰色、灰色中—厚层状细—粗粒钙质岩屑石英砂岩夹粉砂质页岩，砂岩：页岩约为3：1。砂岩中具平行层纹及正粒序层理　37.24m

4. 绿灰色粉砂质页岩夹薄层状细粒钙质岩屑石英砂岩，砂岩：页岩约为1：4　42.42m

3. 黄灰色厚层状（局部见块状）钙质中砂质细粒岩屑石英砂岩夹少量粉砂质页岩，局部夹蚀变橄榄玄武岩层，厚约2m。砂岩中见正粒序层理　24.35m

2. 绿灰色粉砂质页岩夹薄层状钙质不等粒岩屑石英砂岩、含砾岩屑石英砂岩。以页岩为主，砂岩：页岩为1：2～1：7，向上砂岩增厚增多。砂岩中见正粒序层理　16.50m

1. 绿灰色粉砂质页岩夹极薄的细砂岩条带。细砂岩条带厚约0.5cm　>16.34m

（未见底）

(2)改则县岗茹侏罗系日松组(J_3r)实测地层剖面(N32°48′26″，E83°11′37″)(图2-11)

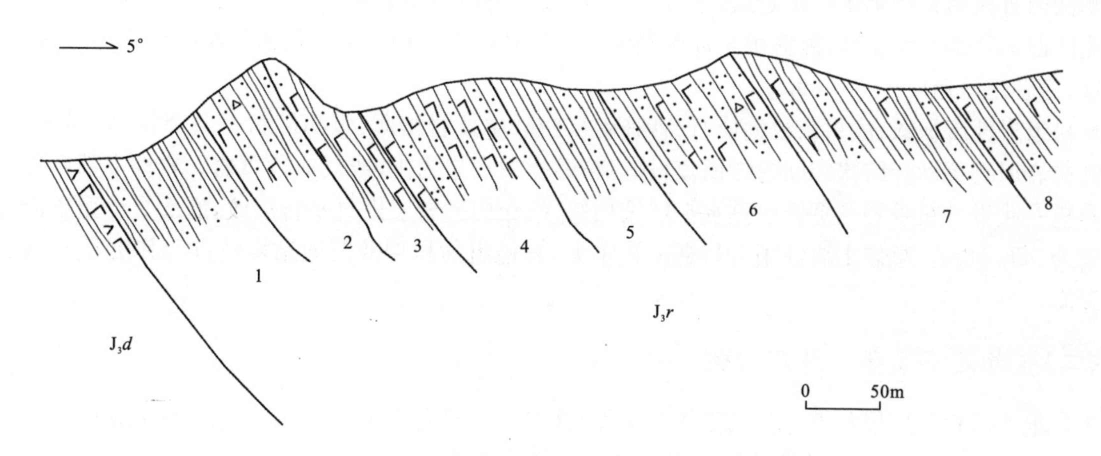

图2-11　改则县岗茹侏罗系日松组(J_3r)实测地层剖面

日松组(J_3r)　　**（未见顶）**　　**>526.06m**

8. 绿灰色粉砂质页岩与薄层状细粒白云质钙质岩屑石英砂岩韵律互层，以粉砂质页岩为主，砂岩：页岩为1：2　>61.21m

7. 绿灰色、浅绿灰色粉砂质页岩夹薄层状细粒白云质钙质状岩屑石英砂岩。具向上砂岩减少的趋势，岩性中砂岩：页岩为1：3～1：8。粉砂岩中见水平层纹，砂岩底面具重荷模，层内具平行层纹。于砂岩上层面见生物爬行迹及管状潜穴构造　105.96m

6. 绿灰色中层状钙质石英粉砂岩与薄层细粒白云质钙质岩屑石英砂岩互层。岩性结构下段以粉砂岩为主，上段以砂岩为主，粉砂岩与砂岩之比为2：1～1：2。粉砂岩中见水平层纹，砂岩底面具重荷模构造　80.50m

5. 绿灰色钙质粉砂质页岩，页理发育，见水平层纹构造　57.16m

4. 绿灰色薄—中层状钙质石英粉砂岩夹极薄层—条带状细粒白云质钙质岩屑石英砂岩，二者呈韵律间互，局部夹厚层状蚀变橄榄玄武岩。砂岩底面见小型重荷模　70.99m

3. 为浅黄灰色薄层—极薄层状钙质粉砂岩与钙质粉砂质页岩间互，粉砂岩与页岩之比为2：1～3：1。粉砂岩层内见水平层纹构造　35.31m

2. 为灰色、浅灰色薄层状细粒白云质钙质岩屑石英砂岩与粉砂岩韵律互层，二者含量相当　50.61m

1. 浅黄灰色钙质粉砂质页岩夹薄层状钙质粉砂岩，二者韵律互层，以粉砂岩为主，粉砂岩：页岩约为3：1　64.32m

———整　合———

多仁组(J_2d)　绿灰色、暗灰色厚层—块状蚀变橄榄玄武岩与绿灰色粉砂质页岩

2. 地层单元特征(包括沿革及区域对比)

(1)多仁组(J_3d)

多仁组图区内主要出露于测区西部俄都—沙龙日,测区中东部岗茹沟—物玛乡—虾嘎错一带,未见底,其与上覆日松组为整合接触关系。

剖面上可分为两个岩性段,一段岩性为绿灰色钙质粉砂质页岩夹黄灰色、灰色薄—极薄层白云质钙质细粒岩屑石英砂岩,局部夹成段厚层—块层状中—粗粒白云质钙质岩屑石英砂岩、含砾砂岩或复成分细砾岩,偶夹厚层—块状蚀变橄榄玄武岩。岩性结构中以页岩为主。砂岩中具平行层纹,局部具正粒序,粉砂质页岩中见水平层纹构造。总体显示向上砂岩增多、粒度变粗的进积型剖面结构和沉积序列特点。该段厚度大于387.33m。二段岩性以绿灰色粉砂质页岩与厚层—块状、杏仁状蚀变橄榄玄武岩韵律间互为特点。岩性总体以页岩为主,局部以橄榄玄武岩为主。粉砂质页岩中多含条带状—极薄层状细粒白云质钙质岩屑石英砂岩,页岩中见水平层纹。厚度336.31m。

(2)日松组(J_3r)

测区内日松组整合于多仁组之上,平行不整合(或微角度不整合)于下白垩统去申拉组之下。主要出露于测区西部俄都—沙龙日,测区中东部岗茹沟—物玛乡—虾嘎错一带。同多仁组总体走向近东西向,延伸连续,二者东西走向大于130km。

日松组岩性以绿灰、浅黄灰色钙质石英粉砂岩、粉砂质页岩与薄、极薄层状—条带状(局部为中层状)云质钙质岩屑石英砂岩韵律间互为特征,总体以粉砂岩及页岩为主,或具成段页岩。岩性下部偶夹厚层状蚀变橄榄玄武岩。粉砂岩及页岩中具水平层纹构造,细粒白砂岩层内具平行层纹,底面具小型重荷模。该组厚度约526.06m。总体上岩性组合特征变化不大,表现出加积型的剖面结构特点。其沉积环境为次深海—深海。

(二)生物地层及年代地层讨论

多仁组及日松组地层化石极为稀少。测区仅获腹足类(?)实体化石一枚,因不完整而未能作出有效鉴定,日松组中获得遗迹化石,主要为生物爬行迹及潜穴。根据与江西省地质调查院在1∶25万日土幅区调中新建的多仁组和日松组对比,岩性及岩性组合特征基本一致;同时结合其平行不整合于下白垩统去申拉组之下的地质事实,而将其年代地层单位分别归属中侏罗统和上侏罗统。

前人在多仁组顶底均采获腹足类 *Ptygmatis* cf. *Ferruginse cossmanmm*,*Pseudomelania* sp.,双壳类 *Nicaniella*? sp. 及珊瑚化石 *Stylosmilia* sp.。腹足类 *Ptygmatis* cf. *Ferruginse cossmanmm*,*Pseudomelania* sp.,*Nerinella danusensis* (d'Oribigny)皆为西藏地区晚侏罗世之常见属。以上这些属种的时代最有可能为晚侏罗世 *Kimmeridgian* 晚期至 *Tithonian* 早期。据此将多仁组、日松组的时代归属为晚侏罗世。

三、南羌塘地层区

(一)岩石地层特征

1. 剖面列述

(1)改则县铁格隆曲色组(J_1q)实测地层剖面(N32°46′40″,E83°36′10″)(图2-12)

曲色组(J_1q)　　**>531.2m**

6. 上部为深绿色块状玄武岩,岩石具绿泥石化、绿帘石化;下部为浅灰色中层状石英细砂岩夹灰色中—薄层状粉砂岩,石英细砂岩底界清晰,向上过渡,组成向上变细的基本层序。岩石中可见正粒序层理、水平层理　　>72.67m
5. 上部为深绿色块状蚀变(粗粒)玄武岩,风化色为灰绿色,玄武岩节理裂隙发育;下部为灰色中—薄层状细—粉砂岩与深灰色泥岩不等厚互层　　84.73m

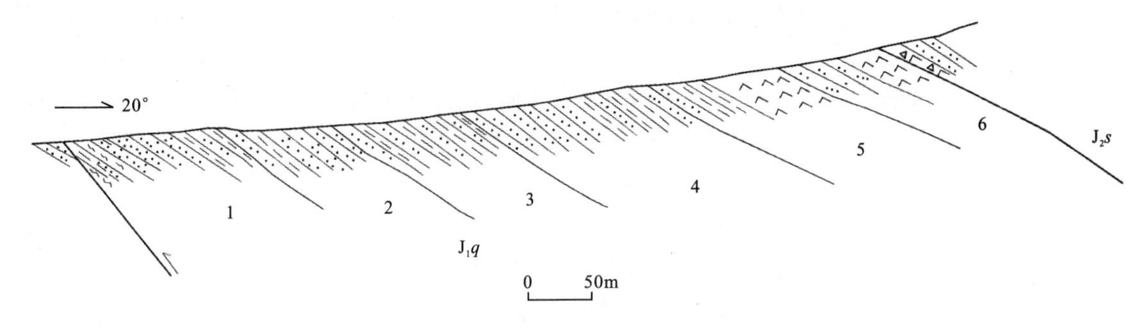

图 2-12　改则县铁格隆曲色组(J_1q)实测剖面

4. 上部为深灰色泥岩夹灰色薄层状粉砂岩，粉砂岩中见水平纹层；下部为灰色中层状石英细砂岩与浅绿灰色薄层状粉砂岩互层，岩石中可见槽状层理、正粒序层理　120.12m
3. 上部深灰色泥岩夹灰色薄层状粉砂岩，粉砂岩中发育水平层理；下部灰色中—薄层状细—粉砂岩与深灰色泥岩互层，砂岩中见水平层理　82.32m
2. 上部褐灰色、灰色中薄层状细粒岩屑石英砂岩、灰色薄层状粉砂岩、深灰色泥岩不等厚互层；下部深灰色泥岩夹灰色薄层状粉砂岩，砂岩中见水平纹层　71.03m
1. 灰色中—薄层状含绢云母(泥质物)石英粉砂岩夹深灰色泥岩，其间可夹浅绿灰色薄层状硅质岩。粉砂岩发育水平层理、正粒序层理及槽状交错层理，粉砂岩底界清楚，向上过渡，具向上变细的基本层序　>100.29m

(未见底)

(2)改则县铁格隆色哇组(J_2s)实测地层剖面(图 2-13)

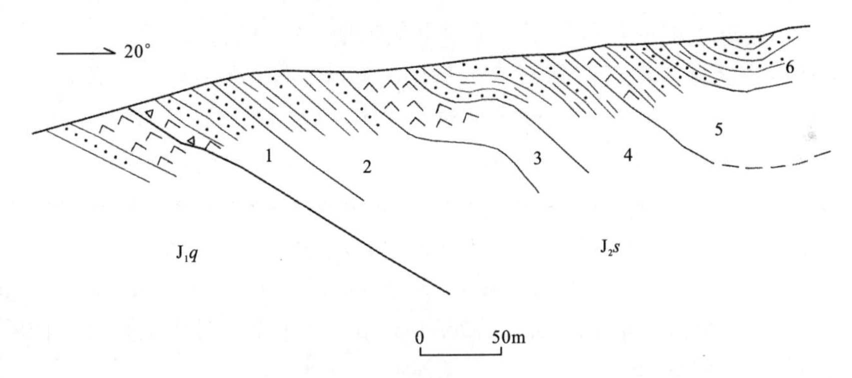

图 2-13　改则县铁格隆色哇组(J_2s)实测地层剖面

色哇组(J_2s)　(未见顶)　>485.47m

6. 灰色薄层状粉砂岩、灰色中—薄层状粉砂岩、深灰色泥岩不等厚互层　53.41m
5. 灰色薄层状粉砂岩与深灰色泥岩夹灰绿色致密块状玄武岩　83.3m
4. 深灰色泥岩夹灰色中—薄层状细—粉砂岩，砂岩水平层理发育　102m
3. 灰绿色中层状杏仁状、气孔状玄武岩，其间夹薄层状粉砂岩、泥岩　72.09m
2. 深灰色泥岩夹灰色薄层状粉砂岩，粉砂岩水平层理发育　75.28m
1. 浅绿灰色中层状蚀变玄武质岩屑玻屑火山角砾岩与灰色中层状石英细砂岩互层，角砾成分为细砂质，呈次圆—次棱角状，大小为 0.3～0.5cm，定向排列不明显　厚 99.39m

————整　合————

曲色组(J_1q)　深绿色块状玄武岩，岩石具绿泥石化、绿帘石化

2. 地层单元特征

(1) 曲色组(J_1q)

曲色组在图区分布较为有限，仅见于图区北部的狭窄范围内，且多呈断块状产出。其与上覆色哇组为

整合接触关系；其底界因大面积第四系覆盖在图区未出露；区域上，在其香错北的索布查温泉曲色组整合于上三叠统日干配错群之上。

岩性主要为灰—浅灰色薄—中层状细粒石英砂岩、粉砂岩、深灰至灰黑色页(泥)岩不等厚互层或韵律互层，上部夹灰绿色玄武岩。细—粉砂岩中可见水平层纹(理)、正粒序层理，化石稀少，厚度大于531.2m。其基本层序组合具有进积—加积型沉积特征，反映出一种由下至上相对变浅的沉积序列。为次深海盆地沉积。在图区与被动陆缘沉积的日干配错群为断层接触，但区域上表现为连续沉积，表明曲色组代表的早侏罗世沉积盆地是在晚三叠世被动陆缘盆地的基础上发育而成的。

(2)色哇组(J_2s)

图区内色哇组有底无顶，底界与下伏曲色组为连续沉积，二者呈整合接触关系；顶界因断层破坏在图区内未曾见及。其岩性为深灰色、灰色薄层状粉砂岩与深灰色泥岩不等厚互层或韵律互层夹灰绿色玄武岩及浅绿灰色薄层状硅质岩。细—粉砂岩中发育水平层理、粒序层理。岩石粒度细，单层较薄，多呈互层状或韵律状产出，区域填图过程中发现该套地层中含有古生代灰岩块，具重力流沉积特点，可能为深水—半深水环境的野复理石或类复理石沉积，沉积环境为深水陆棚—盆地斜坡。

(二)生物地层及年代地层讨论

测区内未能提供准确时代的生物化石，年代地层的划分主要根据区域对比，将曲色组划归下侏罗统。前人在班戈县色哇区其香错北的索布查温泉的曲色组中获菊石 *Lytoceras* cf. *fimbriatum*，? *Pelyplectus* sp.，*Ptycharietites* sp.，*Schlotheimiidas*，*Arietitidas*；双壳类 *Inoceramus*(*I.*) sp.。在色哇区曲色北东的巴尔杂—郭仓斑马日一带的曲色组中获菊石 *Oxynoticeratidae*；*Hildocerataceas*；腕足类 *Cirpa* sp.，? *Homoeorhynchia* sp.。在色哇区则松一带的曲色组中获菊石 *Tiltoniceras* sp.，*Maconiceras* sp.，*Eleganticeras* sp.，*Hildaites* sp.，*Arietites rotiformis*，*Arnioceras* sp.，? *Ectoceritites* sp.，*Psiloceras* sp.，*Baucaulticeras* sp.。上述化石的时代包括了早侏罗世托尔期—赫唐期。

区域上色哇组在色哇区则松地区获菊石 *Witchellia* sp.，*Dersetensia* sp.，*Zetoceras* sp.，*Sonninia* (*Sonninia*) *propinguans*；*Emileia* sp.，*Fontannesia* sp.，*Pseudotoides* sp.，*Megalytoceras* sp.，*Papilliceras* sp.，*Hildocerataceas*；*Hrycies* sp.，*Stephanoceras* sp.，*Calliphylloceratinae*，*Holcophylloceras* sp.；双壳 *Eopecten* sp.，*Camptonectes* (*Camptonctes*) *laminatus*，*Liostrea* cf. *ocuminata*，*Anisocardia* (*Antiquicyprina*) sp.，*Gervillella* sp.，*Gervillella* sp.，*G. siliqua*；*Opis* sp.，*Inoperna* sp.，cf. *I. perlicata*，*Eopecten* sp.，*Arcomytilus* sp.，*Parvamussium* cf. *pumilum*，*Camptonectes*(*Camptonectes*) *punctatus*，*Pseudolimea duplicata*?，*Astarte* sp.，*Entolium* sp.；这些化石时代主要为中侏罗世巴柔期，因此色哇组的年代地层应为中侏罗统。

第四节 侏罗系—白垩系

测区侏罗系—白垩系于冈底斯—腾冲地层区班戈八宿地层分区和班公湖—怒江地层区皆有出露，但分布零星，可分为一群一组，即则弄群、沙木罗组，前者属冈底斯—腾冲地层区班戈八宿地层分区，后者属于班公湖—怒江地层区。

一、冈底斯—腾冲地层区

1.剖面列述

西藏改则县错果错侏罗系—白垩系则弄群(J_3K_1Z)实测火山岩地层剖面(N32°10′23″，E83°18′20″)(图2-14)

上覆地层：郎山组(K_1l) 灰、深灰色中—厚层状含圆笠虫生物碎屑泥晶灰岩

------平行不整合------

则弄群(J_3K_1Z) **>1 466.18m**

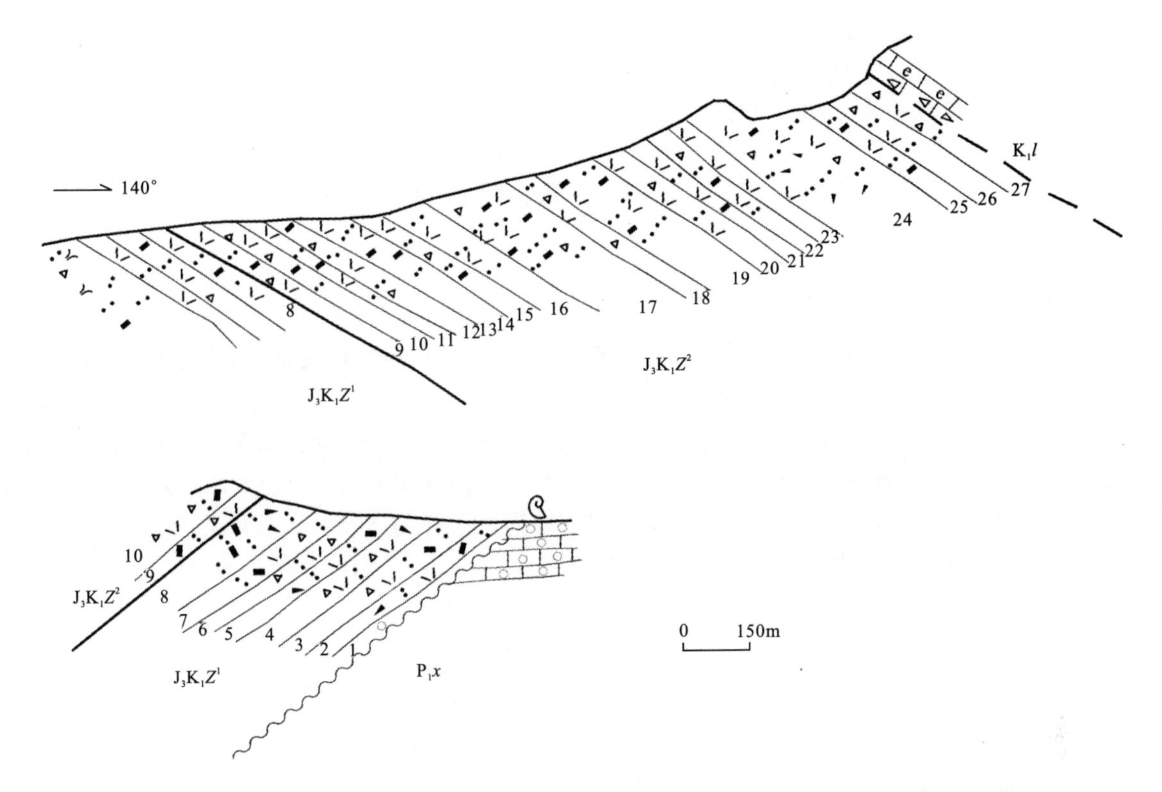

图 2-14 西藏改则县错果错侏罗系—白垩系则弄群(J_3K_1Z)实测地层剖面

二段($J_3K_1Z^2$) **>1 123.53m**

27. 绿灰白色片理化流纹质岩屑晶屑凝灰火山角砾岩 49.54m
26. 浅灰白色厚层—块状流纹质含火山角砾岩屑晶屑凝灰岩 51.71m
25. 浅灰白色厚层—块状流纹质晶屑凝灰岩 42.16m
24. 浅灰白、黄灰色厚层—块状流纹质含火山角砾岩屑晶屑凝灰岩 158.18m
23. 浅灰白色厚层—块状蚀变英安岩 64.08m
22. 浅灰白色厚层—块状流纹质含火山角砾岩屑晶屑凝灰岩 34.17m
21. 浅灰白色块状流纹质岩屑晶屑凝灰岩 46.62m
20. 浅灰白色中—厚层状流纹质含火山角砾岩屑晶屑凝灰岩 51.30m
19. 浅灰白色块状流纹质晶屑凝灰岩 88.88m
18. 灰、深灰色厚层—块状流纹质晶屑岩屑凝灰火山角砾岩 36.17m
17. 浅灰、灰白色块状流纹质含火山角砾晶屑岩屑凝灰岩 155.30m
16. 灰白色块状褐铁矿化流纹质玻屑晶屑凝灰岩 54.39m
15. 灰色块状流纹质含火山角砾岩屑晶屑凝灰岩 51.23m
14. 浅灰白色块状流纹质晶屑凝灰熔岩 47.19m
13. 绿灰色块状流纹质晶屑玻屑凝灰岩 57.65m
12. 灰白色厚层—块状流纹质岩屑晶屑凝灰火山角砾岩 51.42m
11. 灰、绿灰色块状流纹质晶屑凝灰岩 25.53m
10. 灰白色厚层—块状流纹质晶屑岩屑凝灰火山角砾岩 38.46m
9. 灰色块状气孔状流纹质含火山角砾晶屑凝灰岩 19.55m

——————整 合——————

一段($J_3K_1Z^1$) **342.65m**

8. 灰白色、紫红色厚层—块状流纹质晶屑岩屑凝灰岩 87.85m
7. 紫灰、紫红色块状流纹质含火山角砾岩屑晶屑凝灰岩 43.34m
6. 灰、紫灰色块状流纹质岩屑晶屑凝灰火山角砾岩 32.49m
5. 浅灰白色厚层—块状流纹质晶屑岩屑凝灰岩 36.17m
4. 紫红色块状流纹质岩屑晶屑凝灰火山角砾岩 57.34m

3. 紫灰色厚层—块状流纹质含火山角砾岩屑晶屑凝灰岩 45.48m
2. 紫红色块状流纹质岩屑晶屑凝灰岩 28.71m
1. 浅紫红色厚层—块状细—中砾灰质砾岩 11.27m

~~~~~~~~~~角度不整合~~~~~~~~~~

下伏：下拉组(P_1x) 灰、深灰色薄—中层状结晶灰岩，见腕足及藻 Garwoodiaceae

2. 地层单元特征(包括沿革及区域对比)

仅分布于错果错一带，宽度10余千米，长约15km，与下伏多仁组接触关系不明，图区见其角度不整合于下拉组之上，角度不整合于郎山组之下。

剖面则弄群，仅相当于则弄群原义的一部分，即其中的火山岩片段，未见沉积岩夹层，岩石类型较为简单，除剖面中上部含少量蚀变英安岩外，其余均为流纹质火山碎屑岩，包括流纹质岩屑晶屑凝灰岩和流纹质岩屑晶屑凝灰火山角砾岩等。于剖面火山岩中获取同位素样品，经测定，其年龄为130Ma，进一步明确了该套火山岩的运动时限为早白垩世。

二、班公湖—怒江地层区

(一)岩石地层特征

1. 代表性剖面列述

西藏革吉县文布乡丁弄巴沙木罗组(J_3K_1s)实测地层剖面(N32°39′05″,E83°01′07″)(图2-15)

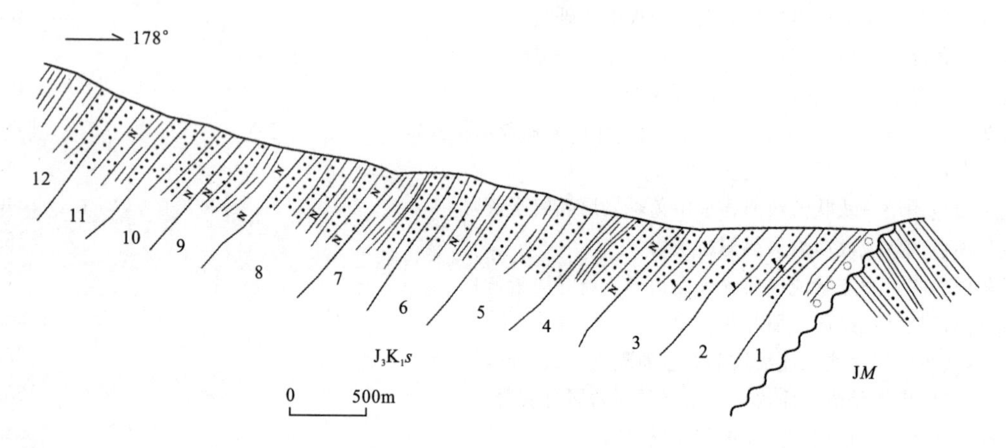

图2-15 西藏革吉县文布乡丁弄巴沙木罗组(J_3K_1s)实测地层剖面

沙木罗组(J_3K_1s) **(未见顶)** **>942.94m**

12. 灰色中层状细砂岩、深灰色薄层状粉砂岩、灰色泥岩不等厚互层，粉砂岩发育水平层理。细砂岩底部见1～2cm厚的细砾岩，砾石成分为砂岩、粉砂岩、泥岩，呈次圆状、圆状，砾径2～4mm，略具定向性，向上砾石含量减少，砾径变细。具正粒序 >63.42m
11. 褐黄色中厚层状石英砂岩、长石石英细砂岩夹深灰色泥岩。砂岩中发育水平层理及小型交错层理，安息角15°～20° 92.76m
10. 灰色中厚层状石英细砂岩、长石石英细砂岩夹灰色中薄层状粉砂岩，长石石英细砂岩底部为1～2cm厚的含砾砂岩，砾石成分为砂岩、粉砂岩，砾径2～3mm，呈次圆状、圆状，砾石略具定向性，含量约5%，具正粒序层理，发育小型交错层理 70.78m
9. 灰色中层状长石石英细砂岩、灰色中薄层状粉砂岩夹深灰色泥岩，粉砂岩中见水平层理。细砂岩底界清晰，向上渐变过渡 78.88m
8. 褐灰色厚层状中—细粒石英砂岩与深灰色中薄层状粉砂岩夹深灰色泥岩，粉砂岩中发育水平层
~~~~~~~~~~

理及小型交错层理。石英砂岩底部见 3～5cm 厚的含砾粗砂岩，砾石成分为砂岩、粉砂岩等，呈次圆状、圆状，砾径 2～3mm，略具定向性，岩石具正粒序层理。含砾粗砂岩底界清晰，向上过渡，为向上变细的基本层序特征 108.42m

7. 下部灰色中层状细砂岩、粉砂岩；上部深灰色泥岩夹薄层状粉砂岩。细砂岩中见正粒序层理和小型交错层理，安息角 15°～20°，粉砂岩中发育水平层理 64.92m

6. 褐灰色中厚层状长石石英砂岩、浅灰色中层状岩屑石英细—粉砂岩夹深灰色泥岩，粉砂岩中发育水平层理。组成底界清楚、向上过渡的基本层序特征 76.58m

5. 浅灰色厚层状粉—细粒长石石英砂岩、砂岩夹灰—深灰色泥岩，岩石中见小型交错层理，安息角为 15°～20°。砂岩底部见 1～2cm 厚的细砾岩，砾石成分为砂岩、粉砂岩，砾径 2～3mm，呈次圆状、圆状，略具定向性，具底界清楚，向上过渡的由粗变细的基本层序特征 81.37m

4. 褐灰色中厚层状石英细砂岩、长石石英细—粉砂岩夹深灰色绢云母板岩，粉砂岩中见水平层理及沙纹交错层理。具向上变细的基本层序，细砂岩底界清晰，向上过渡 69.45m

3. 灰色中—厚层状细粒砂岩、岩屑石英砂岩夹灰色薄层状粉砂岩及页岩，岩石中可见小型交错层理和少量水平层理(纹)。具向上变细的基本层序，粗粒石英砂岩底界清楚，向上过渡 89.92m

2. 褐灰色薄—中层状细粒岩屑石英砂岩夹灰—深灰色泥岩，砂岩中见水平层理。粉砂岩底界略有起伏，向上与泥岩过渡，具向上变细的基本层序 66.27m

1. 黄灰色中—厚层状含砾砂岩、中—细粒岩屑石英砂岩、灰色薄—中层状粉砂岩夹深灰色泥岩。砂岩中见砂纹交错层理，安息角 10°～15°；粉砂岩中发育水平层理。具向上变细的基本层序特征 39.05m

~~~~~~~~~~角度不整合~~~~~~~~~~

下伏地层：木嘎岗日岩群(*JM*) 深灰色板岩夹灰色、绿灰色粉砂岩或二者韵律互层

2. 地层单元特征

本区沙木罗组在图区分布有限，仅见于图区班公湖—怒江结合带内，剖面底界与木嘎岗日岩群为角度不整合接触，未见顶。区域上与其他地层表现为角度不整合—整合接触。

其岩性为灰白色石英砂岩，紫红色、灰绿色岩屑砂岩、粉砂岩、泥岩。其底部见细砾岩、含砾粗砂岩，角度不整合于木嘎岗日岩群之上。沙木罗组沉积构造主要为小型交错层理、沙纹交错层理，有时可见斜层理或楔状层理。砂岩成分成熟度较高，为一套滨海—浅海环境萎缩性盆地沉积。大致代表了班公湖—怒江结合带软碰撞时期的沉积响应。

(二)生物地层及年代地层讨论

剖面上沙木罗组地层中化石稀少，年代地层单位根据前人资料和区域岩石地层对比确定为上侏罗统—下白垩统。沙木罗产珊瑚 *Epistreptophyllim* sp.，*Heliocoenia* sp.，*H.* cf. *orbignyi*，*H. meriani*，*Latiastrea* sp.，*Stylina* sp.；菊石 *Perisphinctinae*；双壳 *Ostrea* sp.，*Buchia* sp. 等，时代为晚侏罗世牛津期—基末里期。东巧一带文世宣(1984)在与该层位相当的东巧组地层中获植物化石 *Ptyllophylum* sp.；层孔虫 *Milleporella pruvosti*，*Milleporidium remesi*，*M. lamellatum*，*Parastromatopora campacta*，*Cladocoropsis nanoxi*，*C. mirabilis*，*Astrorhizopora* sp.；刺毛虫 *Ptychochaetetes* (*Varioparietes*) *amduoensis*；双壳类 *Plagiostroma* sp. 等，时代为晚侏罗世—早白垩世。另外，在 1∶25 万班戈幅的沙木罗组地层中亦获有大量晚侏罗世—早白垩世珊瑚、植物和水螅类化石。综上，将沙木罗组的年代地层确定为上侏罗统—下白垩统。

第五节 白垩系

测区白垩系分布面积较广，除班—怒结合带外各地层区均有分布，约占整个图区面积的 20%，其在冈底斯—腾冲地层区出露有去申拉组、多尼组、朗山组和竟柱山组，南羌塘地层区出露有美日切错组及阿布山组。
~~~~~~~~~~

一、冈底斯腾冲地层区

(一)岩石地层特征

1. 剖面列述

(1)革吉县次丁错次丁淌多尼组(K_1d)实测地层剖面(N32°01′23″,E83°29′10″)(图 2-16)

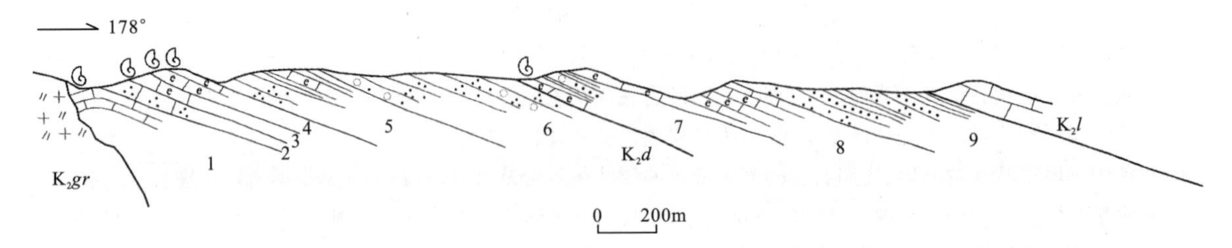

图 2-16　革吉县次丁错次丁淌多尼组(K_1d)实测地层剖面

上覆地层:郎山组(K_1l)

——————整　合——————

多尼组(K_1d)　　>**853.92**m

9. 为浅灰色中—厚层状石英砂岩、浅灰色薄—中层状细砂质石英粉砂岩与黄灰色页岩韵律互层。具有向上变细的基本层序。砂岩中可见水平层纹。岩石节理发育　　214.08m
8. 下部为深灰色薄—中层状生物碎屑灰岩。岩石中含 *Mesorbitolina confuse*(Pasic)、*Daxia* sp. 等生物化石。上部岩性为灰白色块状细晶—微晶灰岩　　140.16m
7. 下部为灰色厚层状含砾粗粒(巨粗)岩屑石英砂岩。中部为浅灰色中层状粗粒石英砂岩。岩石中水平层理发育。下部为深灰色页岩与深灰色薄—中层状含砂屑圆笠虫生物碎屑灰岩不等厚韵律互层。灰岩中含 *Mesorbiotolina libetica* (Cotter)、*Palorbitolian naannembryona* Zhang、*Daxia* sp. 等生物化石　　96.77m
8. 下部为灰色厚层状岩屑石英砂砾岩与浅灰色厚层状(含钙)中砂质细粒长石石英砂岩、浅灰色薄—中层状细—粉砂岩、深灰色页岩成韵律互层。局部夹深灰色薄—中层状生物碎屑灰岩。岩石中可见粒序层理。上部为浅灰色薄—中层状细—粉砂岩。岩石中可见水平层纹发育　　189.95m
7. 下部岩性以浅灰色厚层状砂砾岩、砂岩为主。局部夹深灰色薄层状生物碎屑灰岩。上部岩性以深灰色页岩为主,局部夹灰色薄层状细—粉砂岩　　44.52m
6. 下部岩性为深灰色页岩与浅灰色中—厚层状(巨粗)粗粒长石石英砂岩成韵律互层。页岩与砂岩之比为 3∶5～5∶6。上部岩性为浅灰色薄—中层状钙质粉砂岩　　41.03m
5. 下部岩性为浅灰色中层状含钙粗粒长石石英砂岩。上部岩性为浅灰色页岩夹薄—中层状含圆笠虫泥晶生物碎屑灰岩　　104.42m
4. 下部为深灰色薄—中层状(泥晶胶结)生物碎屑(苔藓介屑)灰岩。岩石中可见固着蛤等生物化石。中部为深灰色薄—中层状含生物碎屑泥晶灰岩。岩石中含 *Mesorbitolina*,上部为灰色厚层状生物碎屑灰岩。岩石可见海绵、固着蛤等　　65.56m
3. 深灰色生物碎屑灰岩与浅灰色钙质砂岩不等厚韵律互层。灰∶页之比为 5∶3～6∶5。灰岩中含 *Mesorbitoliana* sp. 、*Cuneolian* sp. 等化石　　18.25m
2. 深灰色厚块状砂屑灰岩　　36.13m
1. 深灰色薄—中层状圆笠虫、介屑生物碎屑灰岩。岩石中含 *Mesorbitolian confuse*(Pasic)、*Cuneolina* sp. 等生物化石　　6.63m

(未见底)

(2)革吉县次丁错次丁淌郎山组(K_1l)实测地层剖面(N32°01′23″,E83°23′10″)(图 2-17)

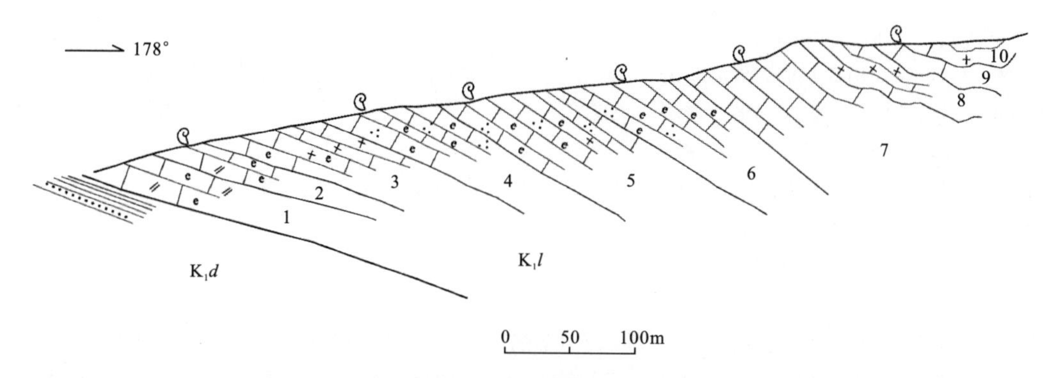

图 2-17 革吉县次丁错次丁淌郎山组(K_1l)实测地层剖面

郎山组(K_2l) **(未见顶)** **>416.95m**

10. 深灰色厚块状微—泥晶灰岩，岩石中溶孔发育。褶皱发育 26.35m
9. 深灰色薄—中层状微—泥晶灰岩。产 *Mesorbitolina confuse*、*Cuneolina* sp. 等生物化石 30.95m
8. 深灰色厚—块状微—泥晶灰岩 75.01m
7. 深灰色中层状生物碎屑(虫屑、骨屑)灰岩与紫红色薄—中层状泥晶灰岩不等厚韵律互层。含 *Mesorbitolina birmanica*(Sahni)、*Daxia* sp.、*Cuneolina* sp. 等生物化石 2 238.48m
6. 紫红色—暗红色薄—中层状粉—泥晶灰岩、生物碎屑灰岩。产 *Mesorbitolina birmanica*(Sahni)、*Cuneolian* sp. 等化石 30.95m
5. 紫、暗红色薄—中层状残余生物碎屑、砂屑灰岩与深灰色薄—中层状含生物碎屑微—泥晶灰岩不等厚韵律互层。含 *Mesorbitolian confuse*(Pasic)、*Cuneolina* sp. 等生物化石 65.74m
4. 上部岩性为紫、暗红色薄—中层状残余含生物碎屑、砂屑灰岩。产 *Mesorbitolian parva*(Douglass)等生物化石 45.76m
3. 深灰色中层状含生物碎屑微—泥晶灰岩 50.45m
2. 灰白色块状—巨块状含白云质(白云石化)残余生物碎屑细晶灰岩。产化石 *Mesorbitolina birmanica*(sahni)等 21.48m
1. 下部岩性为褐红色厚层—块状残余(弱白云石化)棘屑生物碎屑灰岩 31.81m

——————整 合——————

多尼组(K_1d) 浅灰色中—厚层状石英砂岩、浅灰色薄—中层状细砂质石英粉砂岩与黄灰色页岩韵律互层

(3)改则县岗茹白垩系去申拉组(K_1q)实测地层剖面(N32°26′35″,E83°09′15″)(图 2-18)

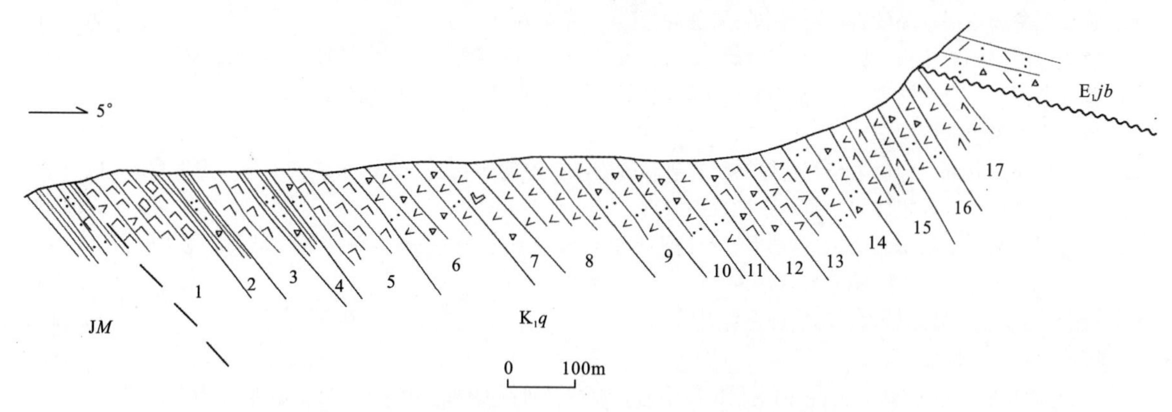

图 2-18 改则县岗茹白垩系去申拉组(K_1q)实测地层剖面

去申拉组(K_1q) **1 073.92m**

17. 绿灰色厚层—块状蚀变辉石角闪安山岩 24.62m
16. 紫灰色块状蚀变安山质凝灰火山角砾岩 46.74m
15. 绿灰、紫灰色厚层—块状蚀变辉石角闪安山岩 76.55m
14. 紫、紫红色块状蚀变安山质凝灰火山角砾岩 82.51m

13. 绿灰色块状蚀变橄榄(?)玄武岩　52.64m
12. 绿灰色块状蚀变安山质晶屑岩屑凝灰岩　33.64m
11. 绿灰色块状蚀变安山质晶屑岩屑凝灰火山角砾岩　42.95m
10. 绿灰色块层状蚀变安山质含角砾凝灰岩　62.47m
9. 绿灰色厚层—块层状蚀变斑状角闪安山岩。岩性向上斜长石、普通角闪石斑晶增多　88.19m
8. 绿灰色块状蚀变安山质含集块凝灰质火山角砾岩　37.68m
7. 绿灰色块状蚀变安山质晶屑岩屑凝灰火山角砾岩　98.68m
6. 紫红、紫灰色厚层—块状蚀变玄武岩,岩性上部见少量气孔构造　77.41m
5. 绿灰色粉砂质页岩与中—厚层状细—中粒钙质白云质岩屑石英砂岩韵律互层,砂岩∶页岩约为2∶3　97.74m
4. 暗绿灰色块状、气孔状蚀变斑状玄武岩,斑晶为普通辉石及普通角闪石　53.55m
3. 绿灰色粉砂质页岩夹薄—中层状含钙质白云质中砂质细粒岩屑石英砂岩,以粉砂岩页岩为主,砂岩∶页岩约为1∶3　37.59m
2. 绿灰、暗绿灰色厚层—块层状蚀变斑状玄武岩,斑晶为普通辉石及角闪石。岩石中具密集的气孔杏仁构造,气孔豆粒状,气球状,d=2～5mm,部分充填方解石　72.16m
1. 灰、绿灰色块层状蚀变橄榄玄武岩　30.57m

(4)革吉县甲母穷浦竟柱山组(K_2j)实测地层剖面(N32°15′55″,E83°01′45″)(图2-19)

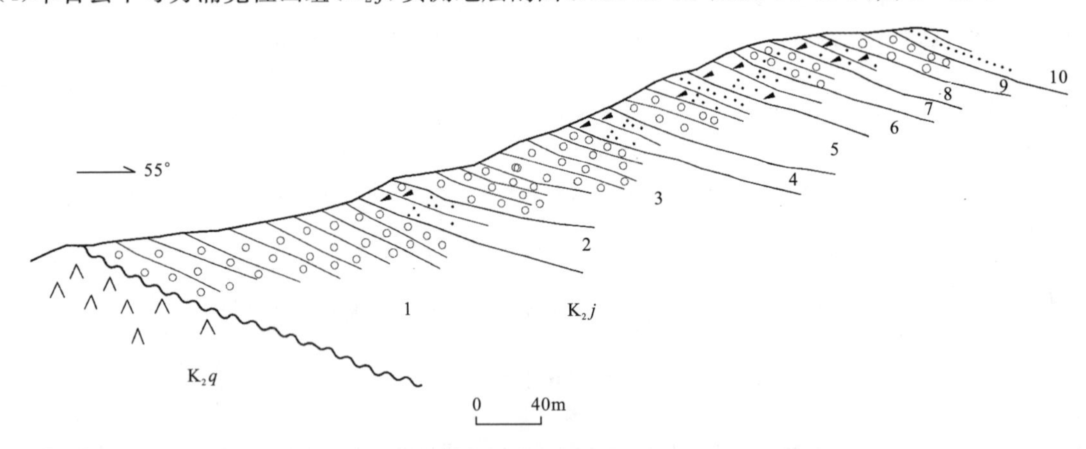

图2-19　革吉县甲母穷浦竟柱山组(K_1j)实测地层剖面

竟柱山组(K_2j)　**(未见顶)**　**>264.07m**

15. 紫红色薄—中层状细砂岩。岩石中斜层理发育(安息角>20°)　6.77m
14. 紫灰色厚层到块状粗—巨砾岩。其砾石以灰岩为主,磨圆度中等,具一定分选性,定向性不明显　14.59m
13. 紫红色薄—中层状钙质细砂岩,局部夹少量细砾岩及含砾粗砂岩透镜体。岩石中发育斜层理,砂岩底部见重荷模构造　11.37m
12. 紫红色厚层状细—中砾岩与红色厚层状含砾粗砂岩不等厚韵律互层。含砾粗砂岩中斜层理发育　14.96m
11. 紫红色厚层状含砾粗砂岩。岩石中发育斜层理　17.96m
10. 岩性以紫灰色块状砾岩为主,局部夹红色薄层状砂岩条带及透镜体。砂岩及含砾砂岩条带宽4～6cm。发育有大型斜层理,正粒序层理　35.88m
9. 紫红色厚层状含砾粗砂岩。斜层理发育　13.62m
8. 紫红色厚层状块状砾岩　27.17m
7. 紫灰色厚层状复成分砾岩夹红色薄层状钙质中砂质细粒岩屑石英砂岩透镜体。岩石中可见斜层理　28.16m
6. 紫灰色厚层状含砾粗砂岩,局部夹红色薄层状砂岩透镜体　15.48m
5. 紫红色厚块状砾岩。其砾石以灰岩为主,磨圆度中等,略具分选性,定向性不明显　10.08m
4. 紫灰色块状砾岩夹红色薄层状粗砂岩透镜体　9.49m
3. 紫红色厚层—块状复成分砾岩　28.77m
2. 紫灰色块状砾岩夹灰色薄层状含砾岩屑粗砂岩、砂岩透镜体　20.03m
1. 紫灰色块状砾岩　8.22m

～～～～～～～～角度不整合～～～～～～～～

下伏地层：去申拉组(K_1q)　灰绿色块状玄武岩。岩石具斑状结构，气孔状构造

2. 地层单元特征

(1)多尼组(K_1d)

多尼组主要分布于图区南西角朵情—姐尼拉索一带，此外在杂日阿、那门论民扎也有少量分布，其地层归属为冈底斯—腾冲地层区之班戈—八宿地层分区。剖面上多尼组未见底，在测区西南角一带见多尼组与上覆郎山组灰岩呈整合接触。其岩性主要为砂砾岩、含钙粗粒石英砂岩、中粗粒石英砂岩、细—粉砂岩、页岩的一套碎屑岩建造，含较多的灰岩夹层(以生物碎屑灰岩为主)，剖面上碎屑岩总体表现为向上砂砾石、粗粒砂岩减少，而细粒砂岩、粉砂岩增多的趋势。含圆笠虫、固着蛤、介屑等化石，在麻米错南东侧一带，多尼组中夹有较多灰岩透镜体，产有孔虫、圆笠虫等化石，并见有数层煤线夹层，厚度较小(1～4cm)，煤质较好，但不具开采意义。多尼组为浅海—滨海相沉积环境。其岩性组合及特征相当于曲松波群的多巴组。具有向上变细的基本层序。显示退积型结构特征。

(2)郎山组(K_1l)

测区郎山组分布于图幅南侧直弄布弄拉拉—麻米一带及图区中部曲布日阿—那日阿—扎弄勒一带，近东西向延伸。其岩性主要为深灰色中—厚层状生物碎屑微晶—泥晶灰岩、浅灰—深灰色微晶隐藻生物碎屑灰岩、深灰色厚层状微晶灰岩。剖面上郎山组底部以褐红色厚层—块状残余(弱白云石化)生物碎屑灰岩整合于多尼组碎屑岩之上，未见顶。在错果错一带，其与下伏的 J_3K_1Z 为平行不整合接触关系，揭示郎山组为一大型海侵超覆面，由东向北西方向超覆。其内富含生物化石。其上可见紫红、暗红色薄—中层状残余含生物碎屑、砂屑灰岩与深灰色薄—中层状含生物碎屑微—泥晶灰成韵律互层。基本层序具进积特征。在改则县南侧精阿拉一带，K_1l 岩性为灰—灰白色块状白云岩、白云质灰岩，未见化石，该地区郎山组有可能为古生代地层，但在东邻 1∶25 万改则幅内获郎山组珊瑚化石，被报告对比为郎山组。为浅海环境沉积。

(3)去申拉组(K_1q)

去申拉组主体分布于测区西部，走向近东西向，向东延伸尖灭于物玛乡一带，出露长度大于 115km，最宽达 30km。其与上覆地层为角度不整合接触。去申拉组与下伏日松组为平行不整合(或微角度不整合接触)，与上覆江巴组为角度不整合接触，岩性主体为绿灰、暗绿灰色蚀变中基性火山岩及火山碎屑岩。剖面下部为火山岩-沉积岩组合，岩性以绿灰色厚层—块状蚀变(橄榄)玄武岩与细粒钙质白云质岩屑石英砂岩、粉砂质页岩成段互层为特征，玄武岩中多具气孔状、豆粒状和杏仁状构造。剖面中部及上部以绿灰色、紫灰色厚层—块状(辉石)角闪安山岩及安山质火山碎屑岩互层为主，局部具(橄榄)玄武岩及玄武质火山碎屑岩韵律。地层厚度 1 073.92m。

(4)竟柱山组(K_2j)

竟柱山地层在图区中南部竹嘎木勒—甲母丁勤—日阿布亿勒一带零星出露，近东西向断续延伸。图区内皆未见顶，区域上其角度不整合于下伏老地层之上。剖面上其与下伏去申拉组角度不整合接触，其接触界面起伏不平。

岩性主要为一套紫灰色、紫红色薄层—中层—厚层状砾岩、含砾砂岩、砂岩的碎屑岩组合。岩石成分成熟度较差，大型斜层理发育，砂岩底部可见重荷模构造，正粒序层理。具有向上变细的基本层序。为山间盆地河湖相沉积环境。

(二)生物地层及年代地层讨论

多尼组中见有孔虫 *Mesorbitoliana confuse* (Pasic)、*Mesorbitoliana* sp.、*Cuneolian* sp.、*Mesorbitolian tibetica* (Cotter)、*Palorbitolina nanembryona* Zhang、*Daxia* sp. 等化石，岩石中亦多见固着蛤、藻类等。多尼组所含圆笠虫 *Mesorbitolian tibetica* (Cotter)、*Mesorbitoliana* sp. 等为亚普第期的典型分子，因而将多尼组的时限归属于早白垩世贝里阿斯期至阿儿比期。

郎山组获得大量 *Mesorbitolina nannembryona* Zhang(Sahmi)、*Mesorbitolian parva* (Dounlass)、

Daxia sp. 等化石。郎山组中圆笠虫在美国德克萨斯洲、特里尼达、多巴哥、缅甸等地均产于阿尔比阶。郎山组的时代为早白垩世晚期阿尔比期。

竟柱山组含化石稀少，测区未获得有效化石，为时代的确立带来不便，西藏第四地质队(1973)在班戈县多巴竟柱山采集到圆笠虫 *Orbitolina concava*；双壳 *Trigonioides* (*T.*) *sinensis*，*T.* (*Diversitrigonioides*) *bangongcoensis*，*T.* (*D.*) *xizangensis* 等，为塞诺曼阶。由于竟柱山组覆于早白垩世去申拉组之上，伏于牛堡组($E_{1-2}n$)之下，且含晚白垩世圆笠虫，故将竟柱山组归入上白垩统层位。

二、羌塘地层区

(一)岩石地层特征

1. 剖面列述

(1)西藏改则县铁格隆美日切错组(K_1m)实测地层剖面(N32°57′02″，E82°48′30″)(图 2-20)

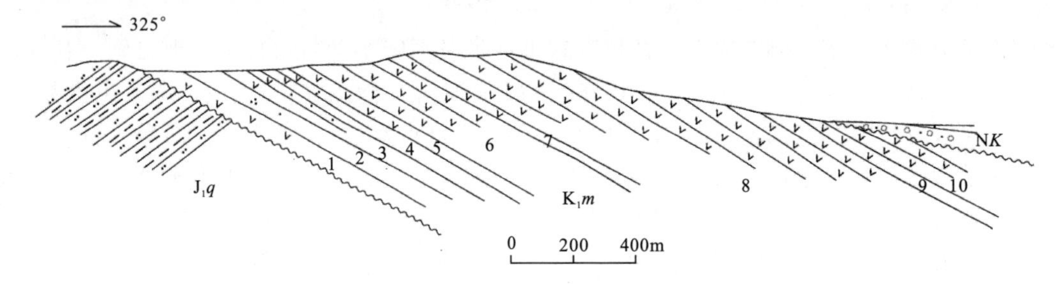

图 2-20　西藏改则县铁格隆美日切错组(K_1m)实测地层剖面

上覆地层：阿布山组(K_2a)　紫色厚层状中—粗砾岩夹暗紫色中层状含砾粗砂岩、砂岩

～～～～～～角度不整合～～～～～～

美日切错组(K_1m)	**1 182.31m**
10. 褐红色块状安山岩。斑状结构，斑晶主要由斜长石、碱性长石及黑云母组成；基质具隐晶结构	22.09m
9. 灰黄色块状安山岩。斑状结构，斑晶主要为斜长石，少量碱性长石；基质部分具有隐晶质结构。岩石中可见闪长玢岩脉，脉宽 10～15cm，可见延伸 2m±	44.63m
8. 灰色块状安山岩。斑状结构，斑晶主要为斜长石，少量碱性长石及黑云母；基质由隐晶质及少量玻璃质组成，显示流动特征；岩石中可见少量砾石	718.38m
7. 紫红色块状安山岩。斑状结构，斑晶主要为斜长石及黑云母，另有少量碱性长石；基质由隐晶质及少量玻璃质组成。岩石具有绿泥石及绢云母化。岩石中可见少量砾石(含量 3%～5%)，砾径 0.5～3cm	5.17m
6. 灰色块状安山岩。斑状结构，斑晶主要为斜长石及黑云母；基质由微晶长石、隐晶质及少量玻璃质组成，显示流动构造	170.42m
5. 深灰色中层—厚层状安山岩。斑状结构，斑晶主要为斜长石，含量 20%～25%，具绢云母化及溶蚀现象。基质具有交织结构并显示流动特征。岩石具有气孔状构造	31.02m
4. 紫色中厚层溶结角砾岩与紫色薄层状熔结凝灰岩呈韵律互层。熔结角砾岩呈角砾状结构，角砾含量 60%±，大小不等，分布无序，成分为安山岩或安山质熔岩；熔结凝灰岩呈凝灰结构，由火山碎屑构成	23.47m
3. 灰色厚层熔结角砾岩与火山质粗砂岩不等厚韵律互层，二者比例为 2∶1。角砾岩中角砾顺层排列，其成分为安山岩，砾径一般 15～20cm，呈次圆角状	60.15m
2. 灰黄色厚层长石砂岩，其间少量砾石，砾石成分主要为安山岩，砾径一般 3～5cm，多呈次圆状	51.95m
1. 灰色块状安山岩。斑状结构，斑晶主要为斜长石(含量 80%±)，另有少量黑云母及角闪石；斜长石斑晶具环带结构，具有绿泥石化及绢云母化。基质具有交织结构并显示流动特征	55.03m

～～～～～～角度不整合～～～～～～

下伏地层：曲色组(J_1q)　灰色薄层状粉砂岩、深灰色泥岩呈韵律互层

(2)西藏改则县物玛乡亭贡错阿布山组(K_2a)实测地层剖面(N32°48′26″,E83°11′37″(图2-21)

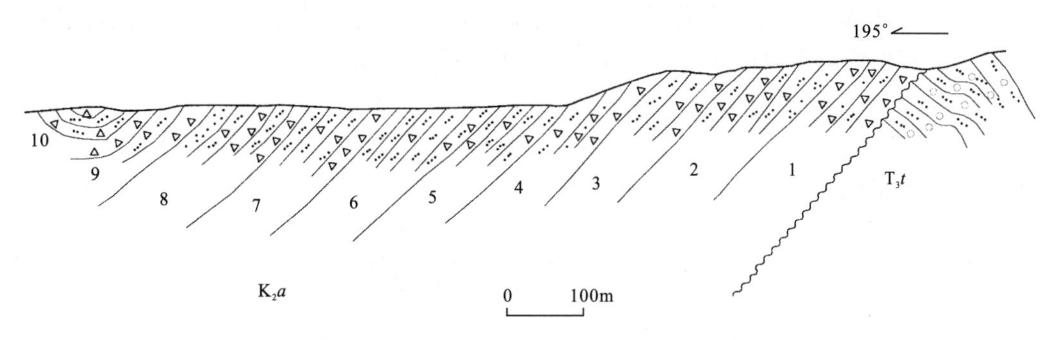

图2-21 西藏改则县物玛乡亭贡错阿布山组(K_2a)实测地层剖面

阿布山组(K_2a) **(未见顶)** **871.98m**

10. 暗紫色中厚层状细角砾岩、紫色中厚层状含砾粗砂岩、紫红色中层状中粒砂岩不等厚互层。角砾成分为紫色砂岩、灰色砂岩、粉砂岩、硅质岩、脉石英等,呈棱角状、次棱角状,角砾大小0.5~1cm,最小2mm,最大5cm,不具定向性 79.19m
9. 暗紫色厚—巨厚层状粗角砾岩夹紫色薄—中层状含砾粗砂岩,砂岩呈条带状、透镜状砂体分布 60.88m
8. 暗紫色中厚层状细角砾岩、紫色中层状含砾粗砂岩、紫红色中厚层状细粒石英砂岩不等厚互层,具向上变细的基本层序特征,岩石中可见正粒序层理和水平层理 111.18m
7. 暗紫色中厚层状细砾岩、紫色中厚层状含砾粗砂岩、中层状中粒砂岩略等厚互层。岩石中可见正粒序层理。具向上变细的基本层序。细砾岩底界清楚,向上与含砾粗砂岩渐变过渡。剖面57~58层 88.09m
6. 紫色中厚层状含砾粗砂岩与紫红色中厚层状中—细粒钙质石英砂岩不等厚互层。岩石中见正粒序层理和水平层理。具向上变细的基本层序。剖面55~56层 110.41m
5. 上部暗紫色厚层状中角砾岩与紫色中厚层状细角砾岩不等厚互层,角砾成分为砂岩、粉砂岩、硅质岩、脉石英等,呈棱角状、次棱角状,定向性不明显;下部紫红色中厚层状中粒砂夹紫色中层状含砾粗砂岩,岩石中见正粒序层理、水平层理。剖面53~54层 77.24m
4. 上部暗紫色中层状细砾岩与紫色中层状含砾粗砂岩略等厚互层;下部暗紫色厚块状粗角砾岩与紫灰色中厚层状钙质岩屑砂砾岩不等厚互层。岩石节理中可见脉状石膏,宽1~3cm。细砾岩底界清晰,与含砾粗砂岩渐变过渡,具向上变细的基本层序。剖面51~52层 75.66m
3. 紫色中—厚层状中—细角砾岩、紫红色中厚层状含砾粗砂岩、紫红色中—厚层状粗砂岩不等厚互层。具向上变细的基本层序。剖面48~50层 78.83m
2. 上部暗紫色厚层状粗—细角砾岩夹紫灰色中厚层状含砾粗砂岩;下部暗紫色中层状细砾岩与紫红色中厚层状中细粒石英砂岩不等厚互层,其间见一条宽约50cm的辉绿玢岩脉贯入。细砾岩底界清楚,向上过渡,具向上变细的基本层序。剖面45~47层 95.96m
1. 暗紫色厚层状中—粗砾岩夹暗紫色中层状含砾粗砂岩或粗砂岩,砾石成分为砂岩、粉砂岩、砾岩,少许硅质、灰岩、脉石英等,呈次圆状—棱角状,砾径一般0.5~5cm。上部见一条长约15m,宽30~50cm的辉绿玢岩脉贯入。具向上变细的基本层序。与下伏亭贡错组角度不整合接触。剖面42~44层 94.54m

~~~~~~~~~~~角度不整合~~~~~~~~~~~

亭贡错组(T_3t) 1 155.11m

2. 地层单元特征

(1)美日切错组(K_1m)

图区内美日切错组(K_1m)主要分布于铁格隆及以北地区,与下伏亭贡错组(T_3t)和上覆阿布山组(K_2a)间均为角度不整合接触,层岩性以一套杂色安山岩为主,为火山岩沉积,厚1 182.31m。

(2)阿布山组(K_2a)

阿布山组近东西向分布于测区北部,主要分布于亭贡拉—拉布错一带,岩性具有明显变化,亭贡错一
~~~~~~~~~~~

带主要为砂质角砾岩，至拉布错一带变为灰岩质砾岩。其不整合覆于下伏各时代地层之上。阿布山组岩性为暗紫色、紫色中厚层状至巨厚层状细砾岩、细—粗角砾岩与紫色、紫红色中厚层状含砾粗砂岩、中—细砂岩不等厚互层。沉积构造不发育，偶见水平层理，未见顶，厚度大于870m。

(二)生物地层及年代地层讨论

测区阿布山组中化石稀少，无法进行生物地层的划分。前人在阿布山剖面上获得孢粉 *Cupressinocladus* sp.，*Classopollis annulatas*，*Taxodiaceaepollenites* sp.，*Ginkgoretectina* sp.，*Lycopodiumsporites* sp.，其时代一般为白垩纪—第三纪。据这些化石时代及区域地层层序，将阿布山组年代地层确定为上白垩统。

第六节　古近系—新近系

测区古近系—新近系出露地层有江巴组(E_1jb)、纳丁错组(E_1n)与康托组(Nk)。江巴组(E_1jb)分布于测区中南部冈底斯腾冲地层区，纳丁错组(E_1n)与康托组(Nk)分布于班戈—八宿分区及南羌塘地层区。

一、冈底斯腾冲地层区

1. 剖面列述

西藏改则县岗茹古近系江巴组(E_1jb)实测地层剖面 N32°26′36″，E83°09′15″(图2-22)

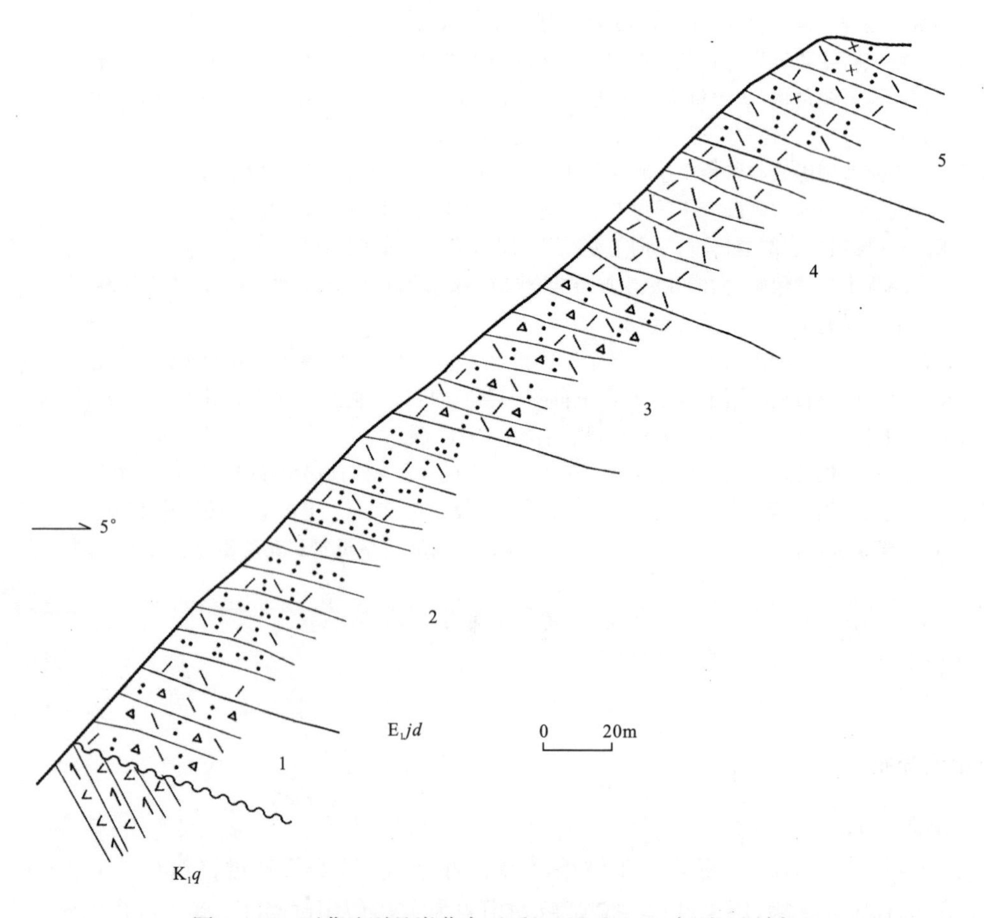

图2-22　西藏改则县岗茹古近系江巴组(E_1jb)实测地层剖面

江巴组(E_1jb)	(未见顶)	>196.10m
5. 灰白色厚层状流纹质晶屑岩屑凝灰岩		>19.23m
4. 浅灰、黄灰色厚层—块状蚀变流纹岩		42.21m
3. 灰、黄灰色中—厚层状流纹质火山角砾晶屑岩屑凝灰岩		45.22m
2. 灰白色厚层状含钙白云质凝灰质细砂质石英粉砂岩与流纹质沉凝灰岩韵律互层		71.11m
1. 褐红色(风化)厚层状流纹质晶屑岩屑凝灰火山角砾岩		18.33m

～～～～～～～～～～角度不整合～～～～～～～～～～

去申拉组(K_1q)

2. 地层单元特征及年代地层

江巴组(E_1jb)在测区内分布相对局限，主体分布于测区中部搭拉不错西侧一带，出露宽15余千米，在测区西部将坎巴、东部沙德村一带见有零星分布。测区内未见顶，其与下伏地层去申拉组为角度不整合接触关系。剖面上岩性主体为黄灰、褐红及灰白色厚层状流纹质沉火山碎屑岩(火山碎屑流)及流纹质熔岩，局部夹含钙质白云质凝灰质石英粉砂岩等。具有清晰的沉积层理构造，火山角砾略具定向性，沉凝灰岩中发育细密的沉积层纹。厚度大于196.10m。

江巴组建组剖面位于本剖面东面附近，其年代地层原定为上白垩统，本次工作修订为古近系渐新统，依据为：①该套火山岩呈高角度不整合于下白垩统去申拉组之上。②岩性以流纹质岩石为主，在岩石化学及岩石地球化学方面与去申拉组中基性火山岩特征差异显著，明显属不同构造-岩浆旋回的产物，同时亦反映二者岩浆来源不同。③两套火山岩喷发环境不同，去申拉组中下部火山岩与复理石沉积相伴，多以夹层产出，明显属深海—半深海环境；而江巴组火山岩总体以火山碎屑—沉积岩(火山碎屑流)为主，岩石中具有明显的结构分层，胶结物中具有大量的白云石、方解石及少量硅质物，显示其形成于湖泊环境。

二、羌塘地层区及班公湖—怒江地层区

(一)代表性剖面列述

(1)改则县萨古弄巴纳丁错组(E_3n)实测地层剖面 N32°28′30″,E83°59′15″(图2-23)

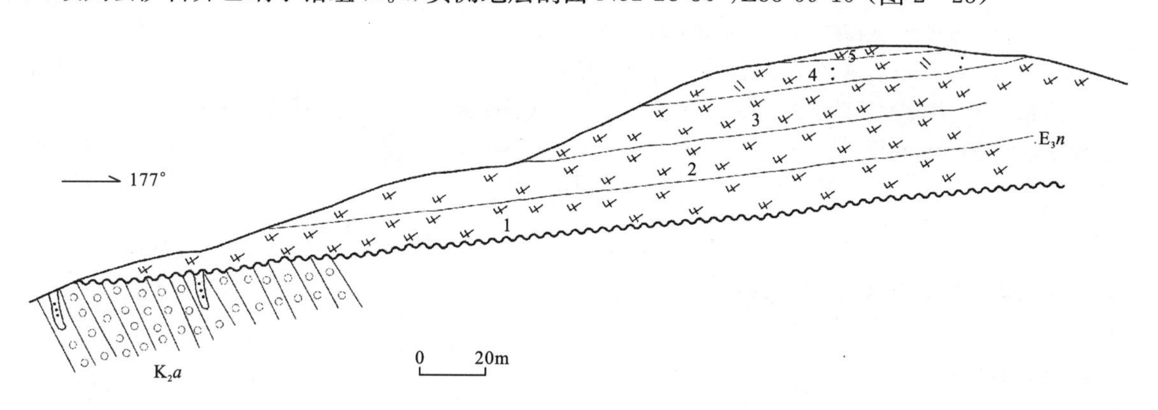

图2-23　西藏改则县萨古弄巴纳丁错组(E_3n)实测地层剖面

纳丁错组(E_3n)	(未见顶)	>28.93m
5. 浅紫红色厚层—块状蚀变英安岩		>7.56m
4. 黄灰色块状蚀变英安质晶屑凝灰岩		7.40m
3. 浅紫红色厚层—块状蚀变英安岩		7.16m
2. 黄灰色厚层—块状蚀变英安岩		6.81m
1. 黄灰色厚层—块状蚀变英安岩夹同色英安质晶屑凝灰岩		7.13m

～～～～～～～～～～角度不整合～～～～～～～～～～

阿布山组(K_2a)　紫灰、浅红色复成分砾岩

(2)改则县物玛区江仓康托组(N_1k)实测地层剖面(N32°40′00″,E83°34′25″(图 2-24)

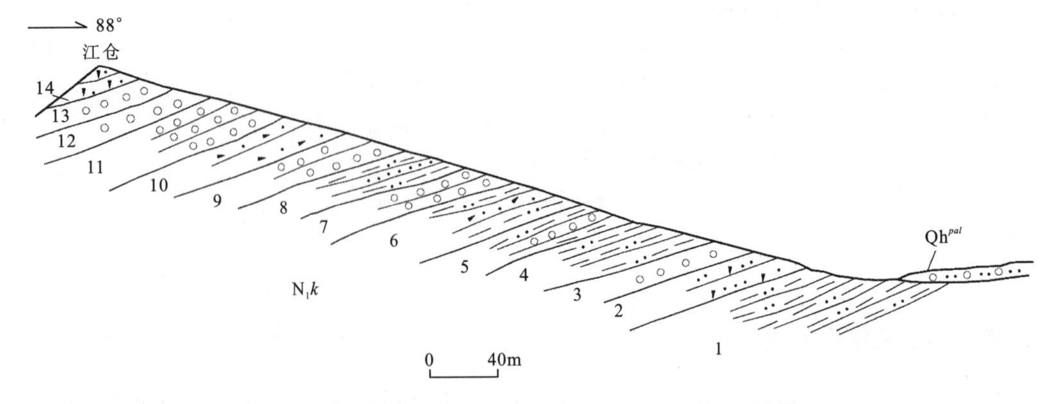

图 2-24　改则县物玛区江仓康托组(N_1k)实测地层剖面

康托组(N_1k)　　**(未见顶)**　　**>234.08m**

14. 黄褐色中—厚层状中—粗粒岩屑砂岩。岩石中斜层理发育　　>11.77m
13. 褐红色夹少量浅灰色、浅黄色厚层—块状细砾岩　　14.10m
12. 杂色(褐红色、浅灰色、浅黄色)块状中—粗砾岩　　10.07m
11. 杂色(褐红色、浅灰色、浅黄色)中层状复成分细砾岩　　27.64m
10. 杂色(浅黄色、浅灰色、浅绿色)中层状复成分细砾岩夹浅灰色中层状中粒长石岩屑砂岩,砂岩中见斜层理发育　　16.86m
9. 杂色(浅灰色、黄灰色、灰绿色)中—厚层状复成分砂质细砾岩　　22.59m
8. 土黄色中—厚层状砂质泥岩夹浅灰色薄—中层状含砾中—粗粒岩屑砂岩及粉砂岩。岩石中含 *Ephedripites*(*E.*)　　17.16m
7. 杂色(浅灰色、浅绿色、黄褐色)中—厚层状复成分砂质细砾岩　　12.33m
6. 土黄色中—厚层状砂质泥岩夹浅灰色薄—中层状含砾中—粗粒岩屑砂岩及粉砂岩。岩石中含 *Ephedripites*(*E.*)、*Pinus*、*Ulmus* 等　　26.94m
5. 紫红色中—厚层状粉砂质泥岩夹浅灰色中层状复成分粉砂质砾岩　　13.48m
4. 以紫红色中—厚层状粉砂质泥岩为主,局部夹浅灰色中层状泥质粉砂岩　　22.38m
3. 杂色(浅灰色、黄褐色、灰绿色)薄—中层状复成分细砾岩　　13.48m
2. 为浅灰色中—厚层状(含砾)中粒岩屑砂岩夹中层状复成分细砾岩　　12.12m
1. 为浅紫红色中—厚层状粉砂质泥岩夹浅灰色薄—中层状含砾砂岩、细—中粒岩屑砂岩。岩石中含 *Moneletes*、*Pinus* 等　　9.68m

(未见底)

(二)地层单位特征及年代地层

1. 纳丁错组(E_3n)

测区内,纳丁错组仅出露于图区东图边(向东有大面积分布),分布宽度为 0～1.5km,面积仅有 3～4km^2。

剖面上纳丁错组岩性较为单一,为黄灰、浅紫灰色厚层—块状蚀变英安岩及英安质晶屑凝灰岩。未见顶。厚度大于 28.93m。

2. 康托组(N_1k)

测区内康托组于测区北部广泛分布,主要集中在萨隆—江仓,鸡粪木足—那日格巴粗—晒尔龙及格扎嘎木一带,分布面积近 1 000km^2。其岩性为红色、土红色泥岩、泥质粉砂岩、砂岩、粗砂岩、含砾砂岩、砾岩,偶夹石膏的含盐岩石地层体。斜层理发育。剖面上岩性为杂色(紫红色、砖红色间夹灰黄色、灰绿色)

复成分砂质砾岩，夹少量中—粗粒岩屑砂岩、粉砂岩、粉砂质泥岩。砂砾层中具正粒序、斜层理，泥岩中可见波痕迹，其沉积环境为小型山间盆地河湖沉积。区域上其与下伏老地层为不整合接触关系。

该组地层内含有 *Ephedripites*(*E.*)(麻黄粉)、*Pinus*(松)、*Ulmus*(榆)、*Monoletes* 等，但数量极少，且这些分子都为新生代常见分子，故不能具体定到什么时代，同时亦无法进行生物地层单位的细分。其年代的确立只能由岩石地层单位对比得来，定为新生代新近系中新统。

第七节　第四系

第四系堆积物全区广布，沿主要河流、湖泊成带成片分布。成因类型多样，主要为湖积、冲洪积、冲积，另有沼泽和沙漠、风积物等。沉积时代为更新世至现今。

一、第四纪地层主要剖面

(一)革吉县盐湖镇徐错第四系实测剖面(N32°20′26″，E83°18′00″)(图 2-25)

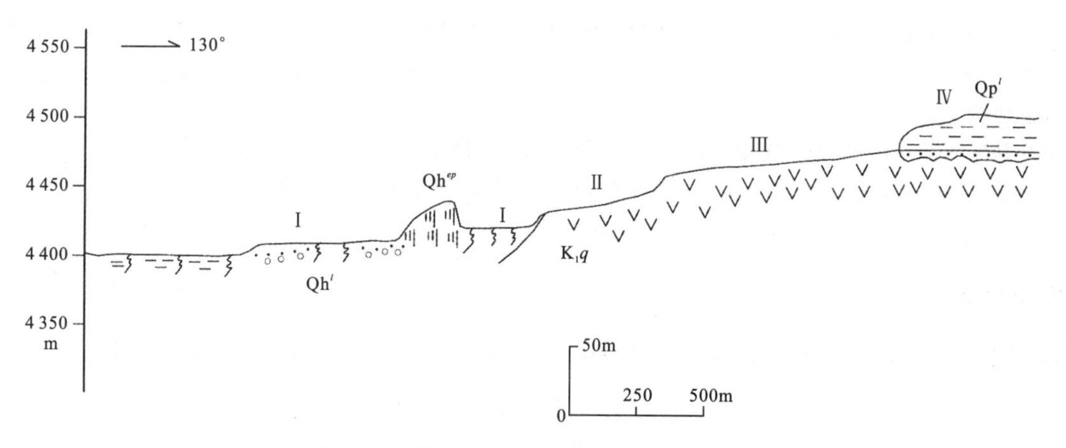

图 2-25　革吉县盐湖镇徐错第四系实测剖面

1. 剖面列述

湖漫滩

徐错湖漫滩沿徐错湖四周分布，宽 500～1 300m，剖面控制宽度 600m。湖漫滩平缓，微向湖面倾斜，倾角为 1°～2°。湖漫滩面之上为盐碱化沙滩分布，少量高山草甸稀疏分布。

Ⅰ级阶地

Ⅰ级阶地沿徐错四周断续分布，阶面宽 800～1 300m，剖面控制宽度 1 200m。阶面微向湖面倾斜，倾角为 1°～2°。阶面上为盐碱化沙滩分布，少量高山草甸稀疏分布。

阶坎高 3m，以砂砾堆积为特征。砂砾比约 3∶2，砾径 3～8cm，成分以中性火山岩为主，占 80%，次为灰岩、砂岩、石英等砾石，砾石呈浑圆状—次棱角状，由于垮塌其他特征无法观察。

Ⅱ级阶地

Ⅱ级阶地沿徐错四周断续分布，阶面宽 200～500m，剖面控制宽度 400m。阶面微向湖面倾斜，倾角为 1°～2°。Ⅱ级阶地为基岩裸露的侵蚀阶地，全由早白垩世去申拉组火山岩构成；阶坎高 8m，阶面及阶坎均为裸露基岩，为灰—浅灰色、灰紫色块状安山岩，在岩石表面见明显湖水冲刷痕迹。

Ⅲ级阶地

Ⅲ级阶地沿徐错四周断续分布，阶面宽 200～500m，剖面控制宽度 400m。阶面微向湖面倾斜，倾角为 1°～2°。Ⅲ级阶地为基岩裸露的侵蚀阶地，全由早白垩世去申拉组火山岩构成；阶坎高 14m，阶面及阶坎均为裸露基岩，为灰—浅灰色、灰紫色块状安山岩，在岩石表面见明显湖水冲刷痕迹。

Ⅳ级阶地

Ⅳ级阶地为基座阶地，基座由去申拉组火山岩构成，阶坎高约10m，堆积物保存良好。阶面为朵罗玛勒山头，为一平顶山，Ⅳ级阶地在徐错四周分布局限。Ⅳ级阶地可分为7层，即4～10层。

10层 灰—灰褐色砂砾层—含砾粗砂层，厚1m。岩层由上下两部分组成，下部为砂砾层，砾含量40%，由砂岩、灰岩、火山岩、石英等组成，砾径2～4cm，呈浑圆状，具上细下粗的分选特征；上部为含砾粗砂层，砾石含量5%，砾径1～2cm，呈浑圆状，具上细下粗的分选特征

9层 灰黄色含砾细砂层，下部为块状，上部为层状，厚4m。岩层中砾石含量3%～5%，砾径2～8mm，以灰岩、砂岩、火山岩及石英为主，随机分布于岩层中。下部块状含砾细砂层中含中—粗砂砾透镜体，大小约30cm×600cm，透镜体显示下粗上细的粒序层理；上部层状细砂层显薄层状，层厚15～20cm

8层 浅灰色—深灰色砂砾层，厚3m。砾石含量40%，由砂岩、灰岩、火山岩、石英等组成，砾径2～4cm，呈浑圆状。该层下部见厚约0.7m的发育板状斜层理的砂砾层，安息角约9°，由粗细相间的砂砾层组成

7层 浅灰色条带状粗—粉砂层，厚40cm。由浅灰色条带状粗砂层与深灰色粉砂层相间而成。浅灰色条带状粗砂层厚2～4mm、色浅，粉砂层厚1～3mm、色深。由浅色、深色构成的沉积韵律，代表湖泊沉积夏、冬季时期沉积物

6层 灰褐色厚层状砂砾层，厚2m。岩石中砾石含量30%，砾径3～8mm，呈浑圆状，砾石成分以灰岩、砂岩、火山岩为主，分选明显，具上细下粗的粒度变化特点。本层发育大量板状斜层理，其安息角为18°～20°

5层 灰褐色薄层状含砾细砂层，厚20cm。砾石含量2%～3%，砾径3～5mm，浑圆状，无定向

4层 灰褐色薄层状含砾粗砂层与细砂层互层，厚30cm。含砾粗砂层单层厚2～3cm，砾石含量5%～10%，砾径3～7mm，呈浑圆状，砾石成分以灰岩、砂岩、火山岩为主，略显分选，砾石多分布于含砾粗砂层下部。细砂层厚2～3cm

残余盐碱堆积

残余盐碱堆积呈串珠状小山包分布于徐错Ⅰ级阶地之上，剖面控制了1个残余盐碱堆积。

残余盐碱堆积高4m，为灰白色浑圆状外形，具层状堆积特征，层厚30～40cm，近水平。

2. 剖面特征

徐错第四系沉积类型以湖泊为主，其Ⅳ级阶地为湖泊与河流沉积交替出现，代表了图区湖泊萎缩时期的沉积。

3. 同位素年龄特征

剖面共取ESR和^{14}C测年样5件。XP3ESR$_1$、XP3ESR$_2$样品取于残余盐碱堆积下部和上部，高差为4m，年龄值相差4.6万年，以算术平均计算，其沉积速率约0.087mm/a。

XP4^{14}C、XP9^{14}C样品取于Ⅳ级阶地中，属更新统晚期，大致沉积时限为1.267±0.07～1.79±0.044万年。

（二）改则县麻米乡基步查卡错第四系实测剖面（N32°06′06″，E83°55′30″）（图2-26）

1. 剖面列述

湖漫滩

基步查卡错湖漫滩沿基步查卡错湖四周分布，宽500～1 300m，剖面控制宽度700m。湖漫滩平缓，微向湖面倾斜，倾角为1°～2°。在湖漫滩面上为盐碱化沙滩分布，见有少量高山草甸稀疏分布。

Ⅰ级阶地

Ⅰ级阶地沿基步查卡错四周断续分布，阶面宽0～500m，剖面控制宽度170m。阶面微向湖面倾斜，倾角为1°～2°。在阶面上为盐碱化沙滩分布，见有少量高山草甸稀疏分布。阶坎高60m，以砂砾堆积为特征，可分为5层，即剖面1～5层。

1层 灰色砂砾层，厚10m。砾石含量40%，由灰岩、火山岩、石英等组成，砾径1～10cm，呈浑圆状—次棱角状，略见上细下粗分选特点。砾石间为砂质充填，胶结程度低，为半固结状态

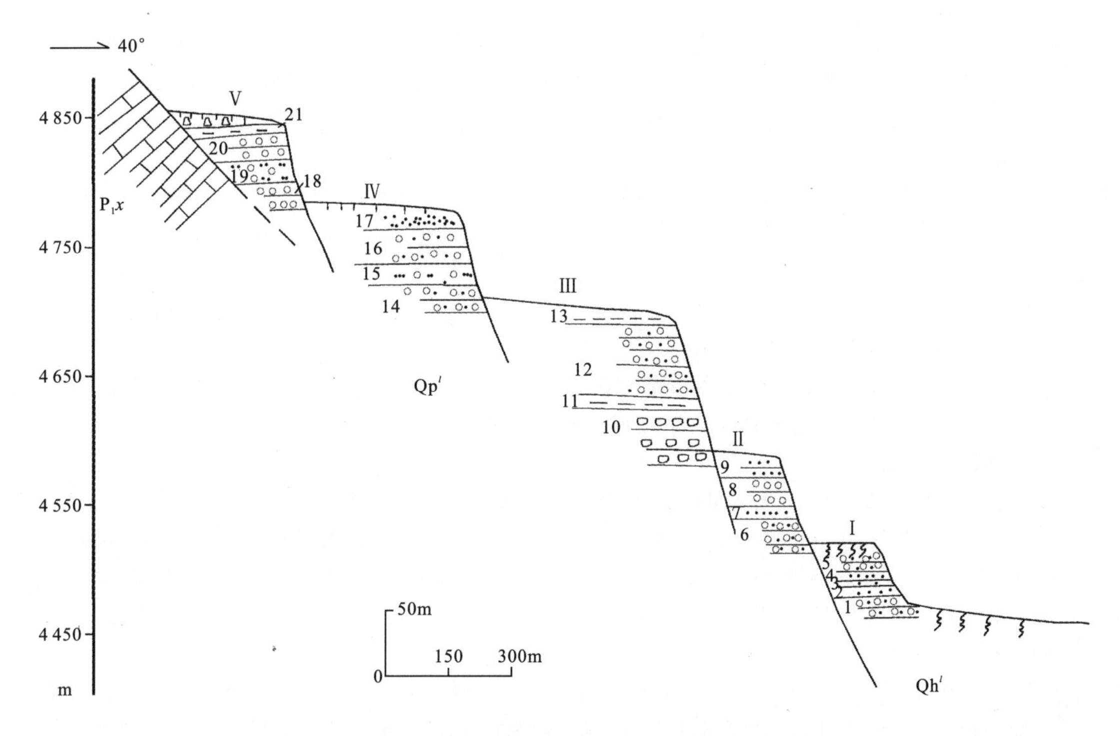

图 2-26 改则县麻米乡基步查卡错第四系实测剖面

2 层 灰色含砾细—粉砂层,厚 4m。砂砾比约 10∶1,砾径 0.3～0.7cm,呈浑圆状,在细—粉砂中呈无序排列,略见上细下粗分选特点。细—粉砂中含泥质较重,由细砂、粉砂构成韵律,单个韵律厚 30cm

3 层 灰色砂砾层,厚 6m。砂砾比约 2∶3,砾径 3～15cm,呈浑圆状—次棱角状,砾石间为砂质充填,胶结程度低,为半固结状态。砾石分选差,无定向排列

4 层 浅灰色含砾泥岩层,厚 3m。岩石呈浅灰色薄层状,层厚 3～5cm,发育水平层纹及粒序层理。岩石中砾石含量 3%～5%,由灰岩及石英组成,砾径 0.3～1.2cm,呈浑圆状,分选性较好,见上细下粗分选特点

5 层 灰色砂砾层,厚 6m。砂砾比约 1∶3,砾石以灰岩为主(70%),次为砂岩等,砾径 10～30cm,呈浑圆状—次棱角状,砾石间为砂质充填,胶结程度低,为半固结状态。砾石分选差,砾石长轴方向多与岩层走向平行或微角度相交。在该层之上见厚约 25cm 的现代土壤根系层,植物根系为高山草甸类根系。

Ⅱ级阶地

Ⅱ级阶地沿基步查卡错四周断续分布,阶面宽 0～500m,剖面控制宽度 170m。阶面微向湖面倾斜,倾角为 1°～2°。阶坎高 80m,以砂砾堆积为特征,可分为 4 层,即剖面 6～9 层。

6 层 灰色砂砾层,厚 28m。砂砾比约 1∶4,砾石以灰岩为主(90%),次为砂岩等,砾径 3～50cm,呈浑圆状—次棱角状,砾石间为钙质、砂质充填,胶结程度低,为半固结状态。砾石分选差,砾石长轴方向多与岩层走向平行或微角度相交

7 层 灰色含砾泥岩层,厚 7m。岩石呈浅灰色薄层状,层厚 3～5cm,发育水平层纹及粒序层理。岩石中砾石含量 3%～5%,由灰岩及石英组成,砾径 0.3～1.2cm,呈浑圆状,分选性较好,具上细下粗分选特点

8 层 灰色砂砾层,厚 40m。砂砾比约 1∶10,砾石以灰岩为主(90%),次为砂岩等,砾径 3～30cm,呈浑圆状—次棱角状,砾石间为钙质、砂质充填,胶结程度低,为半固结状态。砾石分选差,砾石长轴方向多与岩层走向平行或微角度相交

9 层 灰色含砾粗砂层,厚 5m。砾石含量约 20%,几乎全由灰岩砾石组成,砾径 5～30mm,呈浑圆状—次棱角状,定向排列不明显,由下往上砾石由大变小。砾石间为钙质、砂质充填,胶结程度低,为半固结状态

Ⅲ级阶地

Ⅲ级阶地沿基步查卡错四周断续分布,阶面宽 0～500m,剖面控制宽度 280m。阶面微向湖面倾斜,倾角为 1°～2°。阶坎高 100m,以砂砾堆积为特征,可分为 4 层,即剖面 10～13 层。

10 层 灰色砾石层,厚 40m。该层砾石含量高达 90%,由灰岩(80%)、砂岩、石英等组成,砾径 5～30cm。呈浑圆状—次棱角状,定向排列不明显,由下往上砾石由大变小。砾石间为钙质、砂质充填,胶结程度低,为半固结状态

11层　灰色含砾泥岩层,厚4m。岩石呈浅灰色薄层状,层厚3～5cm,发育水平层纹及粒序层理。岩石中砾石含量3%～5%,由灰岩及石英组成,砾径0.3～1.2cm,呈浑圆状,分选性较好,具上细下粗分选特点

12层　灰色砂砾层,厚60m。砂砾比约80%,砾石以灰岩为主(80%),次为砂岩等,砾径3～30cm,呈浑圆状—次棱角状,砾石间为钙质、砂质充填,胶结程度低,为半固结状态。砾石分选差,砾石长轴方向多与岩层走向平行或微角度相交

13层　灰色含砾泥岩层,厚6m。岩石呈浅灰色薄层状,层厚3～5cm,发育水平层纹及粒序层理。岩石中砾石含量5%～10%,由灰岩及石英组成,砾径0.3～2cm,呈浑圆状,分选性较好,具上细下粗分选特点

Ⅳ级阶地

Ⅳ级阶地沿基步查卡错四周断续分布,阶面宽0～300m,剖面控制宽度200m。阶面微向湖面倾斜,倾角为1°～2°。阶坎高70m,以砂砾堆积为特征,可分为4层,即剖面14～17层。

14层　灰色砾砂层,厚10m。砂砾比约30%,砾石以灰岩为主(80%),次为砂岩等,砾径3～20cm,呈浑圆状—次棱角状,砾石间为钙质、砂质充填,胶结程度低,为半固结状态。砾石分选差,砾石长轴方向多与岩层走向平行或微角度相交

15层　灰色含砾粗砂层,厚20m。砾石含量约15%,几乎全由灰岩砾石组成,砾径5～25mm,呈浑圆状—次棱角状,定向排列不明显,由下往上砾石由大变小。砾石间为钙质、砂质充填,胶结程度低,为半固结状态

16层　灰色砂砾层,厚15m。砂砾比约60%,砾石以灰岩为主(80%),次为砂岩等,砾径3～25cm,呈浑圆状—次棱角状,砾石间为钙质、砂质充填,胶结程度低,为半固结状态。砾石分选差,砾石长轴方向多与岩层走向平行或微角度相交

17层　灰色含砾粗砂层,厚15m。砾石含量约10%,几乎全由灰岩砾石组成,砾径5～25mm,呈浑圆状—次棱角状,定向排列不明显,由下往上砾石由大变小。砾石间为钙质、砂质充填,胶结程度低,为半固结状态

2. 剖面特征

通过剖面测制,共控制基步查卡错Ⅰ、Ⅱ、Ⅲ、Ⅳ、Ⅴ级阶地,各阶地在剖面位置发育良好,阶坎清楚。阶地类型为湖泊沉积阶地,阶面较窄,阶坎较高,沉积物粒度较粗,总体反映为湖泊快速萎缩、沉积物快速堆积的特点。

(三)西藏改则县麻米区麻米错第四系(Q)实测地层剖面((N32°07′45″,E83°29′00″)(图2-27)

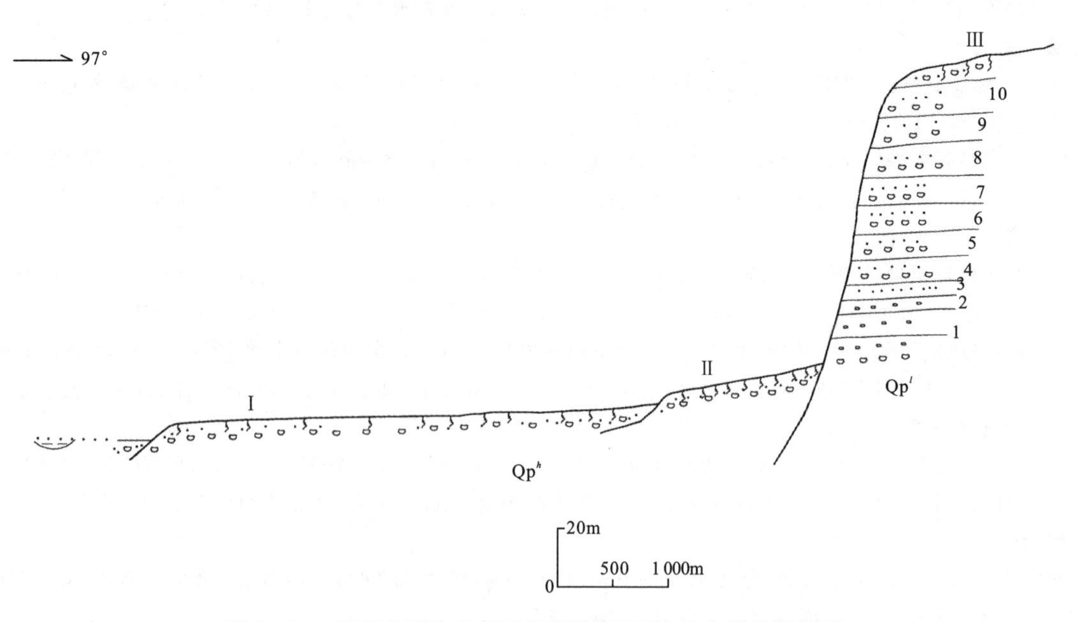

图2-27　西藏改则县麻米区麻米错第四系(Q)实测地层剖面

1. 剖面列述

湖漫滩

堆积物为一套砂砾层。其以含细—中砾石、砂土为主。松散堆积,未固结成岩。

Ⅰ级阶地

阶坎高约1.93m。堆积物主要为砂砾。砾石占80%。砾石成分以灰岩、砂岩为主,另含少量脉石英。分选性较好,粗细两种砾径级的砾石成层相间,韵律互层。粗砾石层砾石砾径一般2～5cm,最大砾径大于5cm,单层厚约5cm,细砾石层单层厚15cm±,砾径0.2～0.5cm。砾石磨圆度较差,多呈次棱角状。填隙物为砂及细砾。最上部为细砂,粘土层,厚约20cm。砂砾石松散堆积,未固结成岩。

Ⅱ级阶地

阶面形态呈星月型延伸,微向湖面倾斜。

阶坎高约2m,堆积物主要为砂土、砾石层。砾石磨圆度中等,呈次棱角至次圆状。砾石成分主要为灰岩、砂岩,另含少量脉石英。填隙物为砂及细砾。砂砾胶结,松散堆积,未固结成岩。堆积物成层型较好,砾石具有一定的定向排列,下部砾石层其砾径大小明显可分为粗细两个等级,较粗的砾石层砾径多为2～10cm,单层厚10cm±,细砾石层砾石砾径集中于0.2～0.8cm,单层厚约25cm,两种砾石层成韵律互层。最上部为砂土层,主要以细砂为主,内含有*Ephedripites*、*Betula*(桦)、*Pinus*(松)、Polypodiaceae(水龙骨科)、*Chenopodium*(藜)等孢粉化石。

Ⅲ级阶地

阶面延伸约1.4km,黄褐色砂砾石松散堆积,细砂为主,含少量砾石,砾石成分以灰岩为主,其次为砂岩、粉砂岩,砾径0.2～0.5cm,少数可达20cm,分选及定向性均不很明显。松散堆积,未固结成岩。

阶坎(1—10层)

1层 黄褐色砾石与含砾粗砂岩组成。含砾粗砂为半固结成岩,轻敲易碎。砾石成分以灰岩为主,其次为砂岩,另含极少量脉石英,多为次棱角—次圆状,具有一定的分选及定向排列现象。其最下部砾石以漂砾为主,砾径集中在10～30cm,往上砾径减小到2～5cm 21.8m

2层 为黄褐色砂土、砾石不等厚成层间互。砾石层单元厚为1.6m,按砾石砾径大小可分为上下两层,其下部砾石砾径集中于3～5cm,厚约1m,而上部砾石砾径变粗,通常10～30cm,最大者可达40cm。细砂层单元厚约1m岩石中含有*Chenopodium*、*Pinus*、Polypodiaceae、*Ephedripites*(*E.*)、*Tsuga*植物化石孢粉 4.70m

3层 为黄褐色砂砾与含砾粗砂岩等厚成层间互。下部为砾石层,上部为粗砂岩,二者韵律互层。砾石层砾石主要为灰岩、砂岩、粉砂岩,砾径多在3～5cm,最大者可达7cm,半固结,单层厚约1m,含砾粗砂岩易碎裂,其砾石含量约占岩石总体的10%,砾石大小多为0.2～0.5cm,成分同砾石层中的砾石,其单元厚度也约为1m 3.64m

4层 褐红色砾石层,砾石成分主要为灰岩、砂岩、粉砂岩,砾径大小不一,多为棱角状—次圆状,具有明显的分选性及定向排列现象。砾石按砾径明显的分砾径级别,其最下部砾石砾径多为20～30cm,往上则变细,砾径大小集中于2～10cm,两种大小的砾石成层相间,韵律互层,其单元厚度比为1∶3 8.24m

5层 黄褐色砾石与细砂不等厚成层间互。砾石成分以灰岩为主,其次为砂岩、粉砂岩。砾径多在30cm±,砾石磨圆度中等,多为次棱角状—次圆状,具有一定的分选性,定向排列现象明显。砾石间为砂土松散胶结,砾石层单元厚约1m。细砂层单元厚约3m,内含有*Pinus*(松)等植物化石孢粉 9.70m

6层 黄褐色砂砾层,半固结状态。砾石与细砂成层相间。砾石层单元厚度约1.5m,其每层砾石下部砾石砾径较粗,主要集中在5～10cm,厚约1m,上部砾石砾径多在30cm±,最大者可达70cm。砾石多为次棱角状—次圆状,具有一定的分选性及定向排列现象。其上为细砂层,单元厚约1m 9.08m

7层 黄褐色的砂砾层。最下部为厚约1.5m的砾石层,砾石成分主要为灰岩、砂岩、粉砂岩,砾径2～80cm不等,为次棱角状—浑圆状,分选性较好,具有一定的定向排列。往上为1m厚的粗砂层。砾石与粗砂成层相间,韵律互层 8.45m

8层 黄褐色砾石与细砂成层相间,韵律互层。砾石成分以灰岩为主,其次为砂岩、粉砂岩,砾径为10～30cm不等,多为次棱角状—次圆状,具有一定的分选性及定向排列现象,单元厚1～2m,其上细砂层单元厚3m± 10.33m

9层 为黄褐色砾石层,砾石成分主要为灰岩、砂岩、粉砂岩。多为次棱角状—次圆状,具有一定的分选性及定向排列现象。砾石具有两种不同的砾径,其砾径分别集中于10～30cm与2～5cm,两种砾石成层相间,其单元厚度比为1∶3 10.80m

10层　黄褐色砾石与细砂成层相间，韵律互层。砾石层单元厚1～2m，砾石砾径2～10cm不等，多为次棱角状—次圆状，分选性好，具有一定的定向排列。其上细砂层单层厚3m±　8.50m

2. 剖面特征

现代湖漫滩主要由砂土、腐殖质物质组成，为湖沼相沉积。剖面上Ⅰ—Ⅲ级阶地阶状地貌、带状地貌清楚，各阶地下部的岩石组合中碎屑分选性总体较好，磨圆度中等，上部岩石组合中碎屑砾径悬殊较小，分选性总体较好，磨圆度多为次棱角状—次圆状外形，总体磨圆度中等。Ⅰ、Ⅱ级阶地沉积物组合类型、地貌类型标志的差别较小，均属于湖相沉积，其沉积物中含较多砾石而不同于典型的湖相沉积，反映了青藏高原的快速隆升遭遇剥蚀的特点。

Ⅲ级阶地下部湖积砂砾层取样 $P_6{}^{14}C_1$，测定结果为10 810±165年，为更新世晚期。

由样品 P_4BH_1、P_7BH_1 孢粉分析结果（表2-7）可以看出，小灌木及木本植物花粉有 *Pinus*、*Tsuga*、*Quercus*，占花粉总数的35%左右，草本植物花粉有 *Ephedripites*、Chenopodium，含量占花粉总数的50%以上，另含孢子 *Polypodiaceae*。

表2-7　孢粉分析统计表

孢粉名称		P_4BH_1		P_7BH_1		$P_{10}BH_1$	
		粒	%	粒	%	粒	%
孢粉总数		6	100	37	100	1	100
小灌木及木本植物花粉		2	33.33	13	35.14	1	
草本植物花粉		3	50.00	22	59.46		
蕨类植物孢子		1	16.67	2	5.41		
小灌木及木本植物花粉	松属 *Pinus*	1	16.67	12	32.43	1	100
	铁杉属 *Tsuga*			1	2.70		
	桦属 *Quercus*	1	16.67				
草本植物花粉	麻黄属 *Ephedripites*	2	33.33	3	8.11		
	藜科 Chenopodium	1	16.67	19	51.35		
蕨类植物孢子	水骨龙科 Polypodiaceae	1	16.67	2	5.41		

二、地层划分及成因类型

1. 更新统

（1）湖积（Qp^l）

沉积物体主要分布于干湖盆、湖畔分布圈层堤坝。主要为松散砂砾石沉积及少量粘土泥质沉积，砾石磨圆度好，为圆状—次圆状，分选性中等。

（2）冲洪积（Qp^{pal}）

主要分布于河流出口，山前平缓地带。为松散砂砾石沉积，局部地段河流二元结构清楚，下部为河床砾石层，混入少量砂质，砾石具定向性，略显叠瓦状沉积构造，砾石磨圆度好，为圆状—次圆状。

2. 全新统

（1）冲积（Qh^{al}）

主要沿河床及河漫滩分布，多发育河流二元结构，下部为河床砂砾石层，上部为河漫滩细砂、粉砂及少量泥质沉积。

(2)冲洪积(Qh^{pal})

分布于主要河流出口及山麓沟口。常发育洪积锥(扇),由松散砾石、砂土组成,砾石磨圆度中等,分选差,大小混杂。

(3)湖积(Qh^{l})

分布于测区各大湖区,包括湖漫滩及Ⅰ—Ⅱ级阶地。为砂砾石及泥质沉积。

(4)沼泽堆积(Qh^{f})

分布于湖区,河流谷地等低洼地带,多为藏北牧场,主要为灰黑色泥炭、腐殖质、粉砂、灰泥沉积,植物根系发达。

第三章　岩浆岩

测区岩浆岩较为发育，分布面积2 000余平方千米，约占测区总面积的1/8，其中火山岩约占岩浆岩的2/3，侵入岩约占1/3。岩浆岩分布地域广，岩浆活动时间跨度大，活动期次多，岩石类型丰富是本区岩浆岩的重要特点。

区内岩浆岩形成于早侏罗世—渐新世，以晚侏罗世—晚白垩世为主，约占测区岩浆岩的90%，早侏罗世、古新世和渐新世均为小规模岩浆活动。岩浆岩主体较集中地分布于测区中西部，其余区域较为零散，但各时期、各种成因类型的岩浆岩，总体上仍呈现出较为明显的分带性特点，并同区域主构造线走向协调，反映出测区岩浆岩与构造之间良好的耦合关系。

根据测区岩浆岩显著的时空分布特点及其与区域构造的良好配套关系，以4条区域性深大断裂为界，将测区岩浆岩共划分为5个岩带，其中包括2个蛇绿岩带，即班公错—怒江结合带和古昌结合带。由南至北具体划分为：将测区古昌结合带南界姐尼拉索—拉嘎断裂以南区域划为错果错岩带，古昌结合带北界年勒—麦觉断裂与班公错—怒江结合带南界俄雄—罗仁淌断裂之间划为物玛岩带，班公错—怒江结合带北界铁杂—日勇断裂以北划为赛尔角岩带，赛尔角岩带内的拉布错蛇绿岩属阿大杰蛇绿岩的构造移置岩片（图3－1）。

第一节　蛇绿岩

测区地处特提斯构造域的西部，主要体现了中特提斯洋的形成和演化。作为中特提斯洋的洋壳残片——蛇绿岩，测区分布较广，主要分布于拉布错、阿大杰、古昌、日巴等地，具有东部较西部发育的特征，并且明显受测区大地构造背景条件的控制。从蛇绿岩的空间分布特征和产出的构造背景看，严格受控于测区2条板块结合带（或次级结合带），并据此可划分出2个蛇绿岩带和1个构造移置岩片，即拉布错蛇绿岩移置岩片、班公错—怒江结合带和古昌结合带（图3－1，表3－1）。

表3－1　测区蛇绿岩划分表

岩带	单元	代号	岩石组合	结构构造	次生变生	分布	时代
拉布错移置岩片	硅质岩	JD^{sa}	硅质岩、硅质泥岩	隐晶结构	重结晶、褶皱变形	拉布错一带	J
	蚀变橄榄岩	JD^{Σ}	二辉橄榄岩、斜辉橄榄岩、纯橄榄岩	残余网状结构、假斑结构	蛇纹石化、绢石化、碳酸岩化、硅化		
班公错—怒江结合带	硅质岩	JD^{sa}	放射虫硅质岩、硅质泥岩	隐晶结构	重结晶	阿大杰一带	J
	蚀变基性熔岩	JD^{β}	块状玄武岩、枕状玄武岩、橄榄玄武岩	间粒、间隐结构，块状构造、气孔状构造	次闪石化、绿泥石化、绿帘石化		
	基性岩墙（群）	JD^{ν}	辉长岩、石英辉长岩	辉长（绿）结构，块状构造	绿泥石化、次闪石化		
古昌结合带	硅质岩	JG^{sa}	紫红、灰绿色硅质岩、硅质泥岩	隐晶结构	重结晶、碎裂化	古昌一带	J（可能跨K_1）
	斜长花岗岩	$JG^{\gamma o}$	细粒斜长花岗岩	细粒花岗结构	绢云母化、绿黝帘石化		
	蚀变基性熔岩	JG^{β}	蚀变玄武岩	粗玄结构，变余斑状结构	绿泥石化、绿帘石化、次闪石化		
	基性岩墙（群）	JG^{ν}	蚀变辉长岩、辉绿岩	细粒辉长（绿）结构	绿帘石化、碳酸盐化、绿泥石化		
	变质橄榄岩	JG^{Σ}	蚀变橄榄辉石岩、斜辉橄榄岩	网状构造	强蛇纹石化、碳酸盐化		

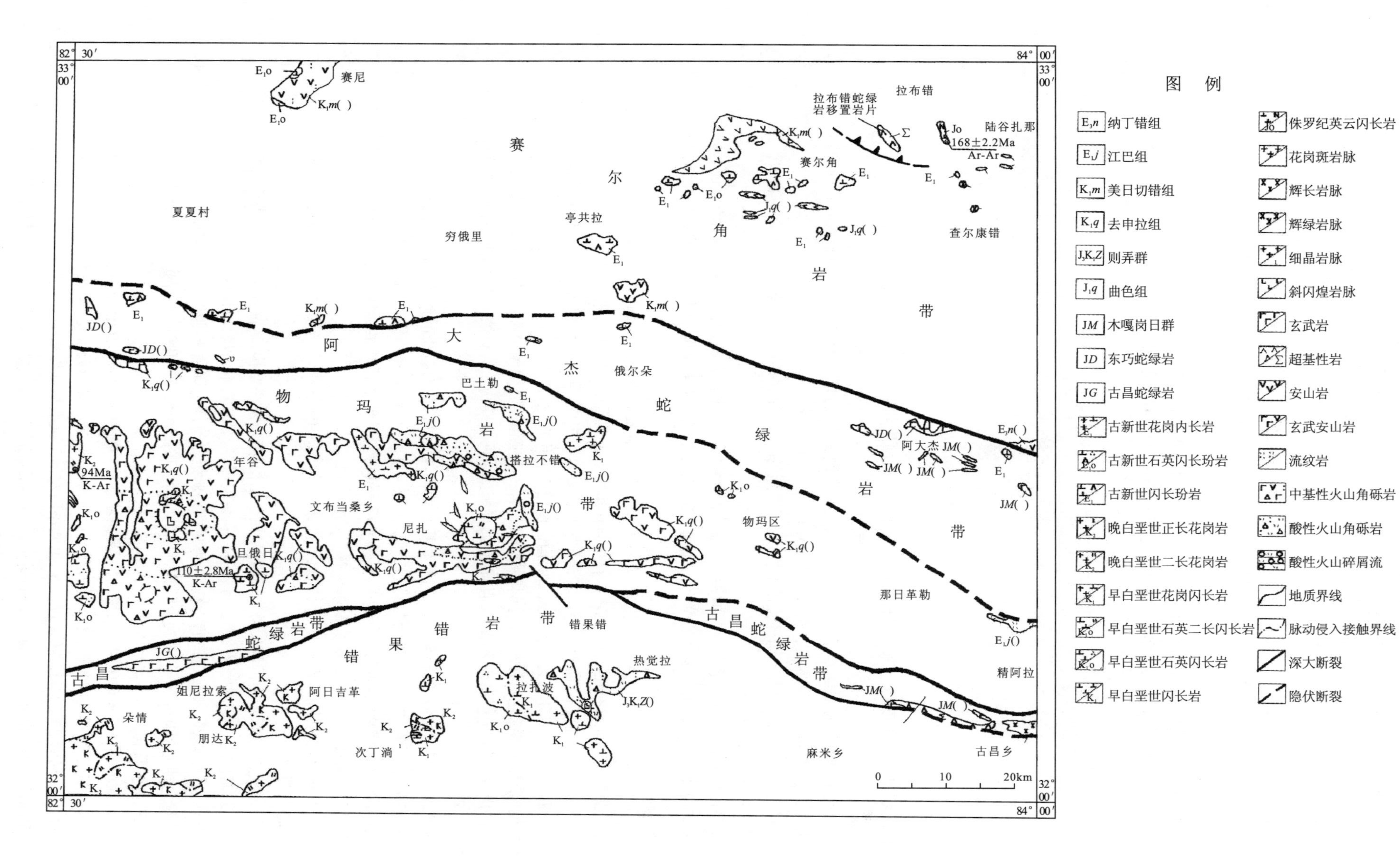

图3-1 测区岩浆岩分布图

一、蛇绿岩带地质特征

(一)拉布错蛇绿岩移置岩片

拉布错蛇绿岩移置岩片分布于拉布错南山脊附近，蛇绿岩呈构造残片产出，其上角度不整合上白垩统阿布山组，揭示了蛇绿岩构造侵位(移置)的时代上限。蛇绿岩残缺不全，仅见变质橄榄岩单元和脉状贯入其间的闪长玢岩。

我们对蚀变超基性岩片进行了 1：5 000 实测剖面控制，现将剖面岩石类型列述如下。

改则县拉布错蛇绿岩残片剖面(N32°53′26″，E83°45′50″)(图 3-2)

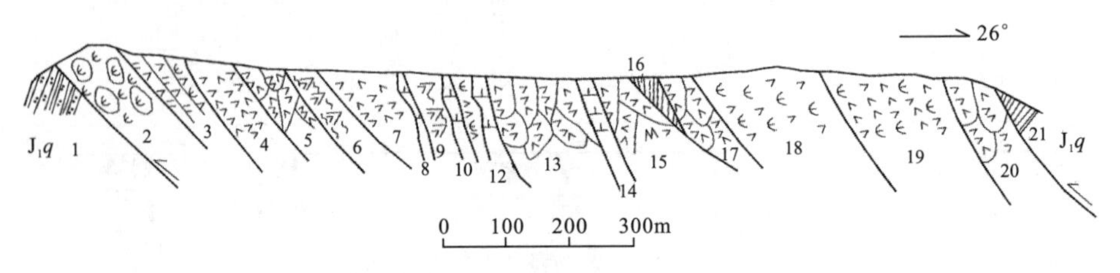

图 3-2　改则县拉布错蛇绿岩剖面

1. 曲色组(J_1q)　深灰色—灰黑色板岩与浅灰色薄—极薄层状细—粉砂岩互层

═══════断　层═══════

2. 褐红色强烈蚀变超基性岩，局部见有蛇纹石及残余网状结构，推测为超基性岩经蛇纹石化、碳酸岩化、硅化等形成的蚀变岩石。受后期构造作用而产生碎裂化　75m
3. 黄褐色蛇纹石化、白云石化、硅化蚀变岩，由于强烈的蚀变，原岩的矿物成分、结构大部分消失。推测原岩为斜辉橄榄岩　115m
4. 黄褐色白云石化、蛇纹石化斜辉橄榄岩，岩石主要由白云石化斜方辉石、蛇纹石、白云石组成，具假斑结构、网状结构，由于强烈的蛇纹石化、碳酸盐化使原岩组构大部分消失，强烈的片理化使岩石呈叶片状　85m
5. 墨绿色全蛇纹石化斜方辉石橄榄岩，岩石主要由绢石、蛇纹石组成，具假斑结构、网状结构，岩石中可见强烈的蛇纹石化、绢石化。岩石受力作用发生破裂形成角砾状构造　100m
6. 褐色片理化全蛇纹石化纯橄榄岩，岩石几乎全由蛇纹石组成，具网状结构，岩石经强烈的蚀变作用，原岩组分大部分消失。后期强烈的构造作用产生片理化，片理具不规则小褶皱　55m
7. 黑色(新鲜面墨绿色)强蛇纹石化斜辉橄榄岩，岩石主要由绢石化顽火辉石、蛇纹石及少量橄榄石残晶组成，岩石中可见碎裂结构、假斑结构，局部残余网状结构。岩石蚀变强烈，主要为蛇纹石化和绢石化　133m
8. 绿色蚀变(黑云角闪)闪长玢岩脉，岩石呈斑状结构，基质细晶结构，斑晶为中长石、角闪石、黑云母，基质为石英、中长石、黑云母、正长石、角闪石等，岩石具绢云母化、绿泥石化。脉宽 40～45cm，脉体向南陡倾，倾角 60°～70°，可见 4 条相同的岩脉近平行产出，脉体间为铁黑色蚀变超基性岩。脉壁较平直，边部可见 1mm 褐红色蚀变边　12m
9. 绿色片理化超基性岩，岩石中可见蛇纹石化、碳酸盐化、硅化现象，岩石受力发生强烈的片理化，局部碎裂化　55m
10. 浅灰绿色蚀变黑云角闪闪长玢岩，岩石呈斑状结构，基质细晶结构，斑晶为中长石、角闪石、黑云母，基质为石英、中长石、黑云母、正长石、角闪石等，岩石具绢云母化、绿泥石化。岩石呈脉状产出，脉宽 25～40cm，产状近直立，可见两条脉近平行产出穿插于蚀变超基性岩中　15m
11. 墨绿色蚀变超基性岩，岩石蚀变强烈，见蛇纹石化、碳酸盐化及硅化等，岩石受力作用产生碎裂化或弱片理化　30m
12. 浅灰绿色蚀变黑云角闪闪长玢岩，岩石呈斑状结构，基质细晶结构，斑晶为中长石、角闪石、黑云母，基质为石英、中长石、黑云母、正长石、角闪石等，岩石具绢云母化、绿泥石化。岩石呈脉状产出，脉宽 20～45cm，脉壁较平直，见两条脉穿插于蚀变超基性岩中　30m
13. 墨绿色—黑色全蛇纹石化斜方辉石橄榄岩，主要由蛇纹石、绢石组成，岩石具碎裂结构、假斑结

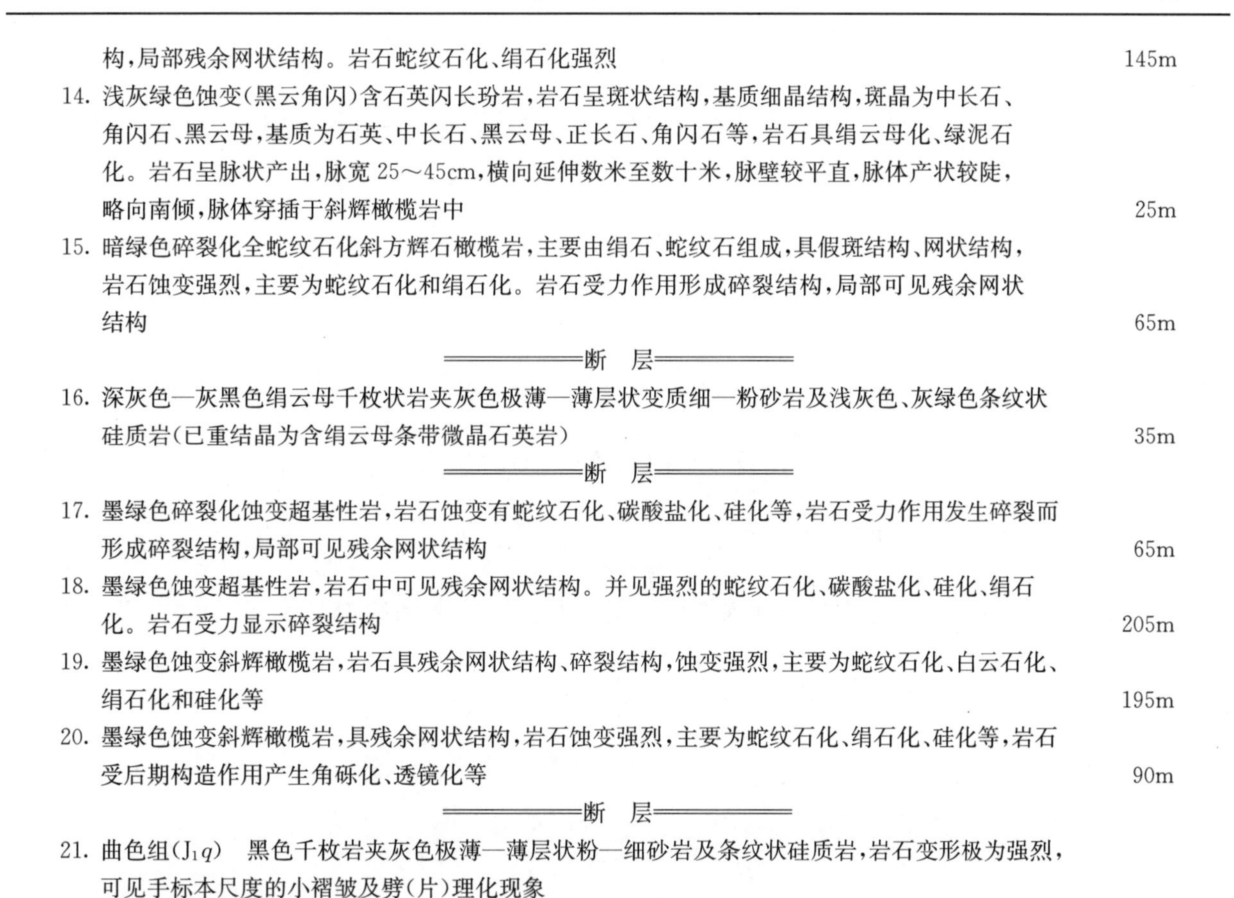

构，局部残余网状结构。岩石蛇纹石化、绢石化强烈　145m

14. 浅灰绿色蚀变(黑云角闪)含石英闪长玢岩，岩石呈斑状结构，基质细晶结构，斑晶为中长石、角闪石、黑云母，基质为石英、中长石、黑云母、正长石、角闪石等，岩石具绢云母化、绿泥石化。岩石呈脉状产出，脉宽 25～45cm，横向延伸数米至数十米，脉壁较平直，脉体产状较陡，略向南倾，脉体穿插于斜辉橄榄岩中　25m

15. 暗绿色碎裂化全蛇纹石化斜方辉石橄榄岩，主要由绢石、蛇纹石组成，具假斑结构、网状结构，岩石蚀变强烈，主要为蛇纹石化和绢石化。岩石受力作用形成碎裂结构，局部可见残余网状结构　65m

═══════断　层═══════

16. 深灰色—灰黑色绢云母千枚状岩夹灰色极薄—薄层状变质细—粉砂岩及浅灰色、灰绿色条纹状硅质岩(已重结晶为含绢云母条带微晶石英岩)　35m

═══════断　层═══════

17. 墨绿色碎裂化蚀变超基性岩，岩石蚀变有蛇纹石化、碳酸盐化、硅化等，岩石受力作用发生碎裂而形成碎裂结构，局部可见残余网状结构　65m

18. 墨绿色蚀变超基性岩，岩石中可见残余网状结构。并见强烈的蛇纹石化、碳酸盐化、硅化、绢石化。岩石受力显示碎裂结构　205m

19. 墨绿色蚀变斜辉橄榄岩，岩石具残余网状结构、碎裂结构，蚀变强烈，主要为蛇纹石化、白云石化、绢石化和硅化等　195m

20. 墨绿色蚀变斜辉橄榄岩，具残余网状结构，岩石蚀变强烈，主要为蛇纹石化、绢石化、硅化等，岩石受后期构造作用产生角砾化、透镜化等　90m

═══════断　层═══════

21. 曲色组(J_1q)　黑色千枚岩夹灰色极薄—薄层状粉—细砂岩及条纹状硅质岩，岩石变形极为强烈，可见手标本尺度的小褶皱及劈(片)理化现象

从上述剖面可以看出，蚀变超基性岩岩石类型单一，主要为蚀变斜辉橄榄岩，少量橄榄辉石岩及纯橄榄岩，中部有数条闪长玢岩脉穿插于斜辉橄榄岩中。斜辉橄榄岩、纯橄榄岩、橄榄辉石岩均具有强烈的蚀变，主要有蛇纹石化、碳酸盐化、白云石化、硅化等。岩石变形强烈，片理化、角砾岩化、碎裂岩化、透镜体化现象普遍发育，应为蛇绿岩的变质橄榄岩单元。穿插其间的闪长岩脉，野外观察极似辉长岩墙单元的岩石，但薄片鉴定结果为闪长岩、含石英闪长岩、黑云母闪长岩，呈脉状穿插于蛇纹石化斜辉橄榄岩或橄榄辉石岩中，脉壁较平直，脉体产状较陡。是否为后期贯入或是与蛇绿岩有关的玄武质岩浆分异的产物，有待进一步研究。

(二)班公错—怒江结合带

班公错—怒江结合带沿铁杂—日雍构造混杂带星散分布，多呈构造岩片状产出，构造侵位于木嘎岗日岩群中。蛇绿岩组合极不完整，仅见辉长岩、蚀变玄武岩片和放射虫硅质岩片，且主要见于图区东部阿大杰一带。西部出露更少，铁杂附近有少量蚀变玄武岩、橄榄玄武岩残片。由于它分布于班公错—怒江结合带的构造混杂带内，是组成铁杂—日雍构造混杂岩的外来岩片，且与木嘎岗日岩群深海相含硅质岩复理石地层有着不可分割的联系，因此属蛇绿岩范畴。下面将蛇绿岩残片的剖面特征列述于后。

剖面列述

(1)改则县客康巴勒蛇绿岩残片短剖面(N32°32′00″，E83°29′00″)(图 3-3)

1. 木嘎岗日岩群(JM)　深灰、灰绿色板岩与灰色薄层状细—粉砂岩韵律互层

═══════断　层═══════

2. 灰色、灰黑色块状蚀变玄武岩，岩石中见少量斜长石斑晶，含量 5%，大小 1～3mm，呈板柱状或短柱状，轻微高岭土化；基质呈隐晶质。岩石表面见绿泥石化　>160m

═══════断　层═══════

3. 灰白色块状蚀变辉长岩，岩石具辉长(绿)结构，块状构造，岩石主要由斜长石及暗色矿物组成，斜

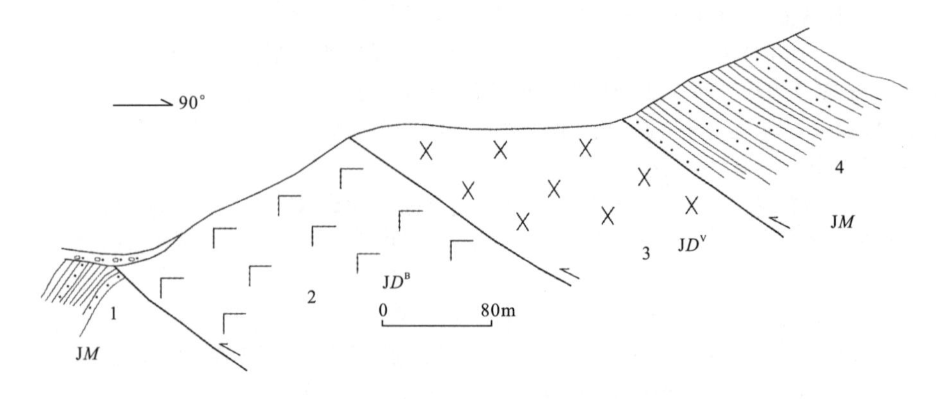

图 3-3　改则县客康巴勒蛇绿岩残片短剖面

长石具高岭土及绢云母化，基质绿泥石化　　220m

═══════断　层═══════

4. 木嘎岗日岩群(JM)　浅灰色、灰白色细粒长石石英砂岩与灰色、深灰色板岩略等厚互层

(2)改则县色日阿勒枕状玄武岩片路线剖面(N32°32′45″,E83°29′30″)(图 3-4)

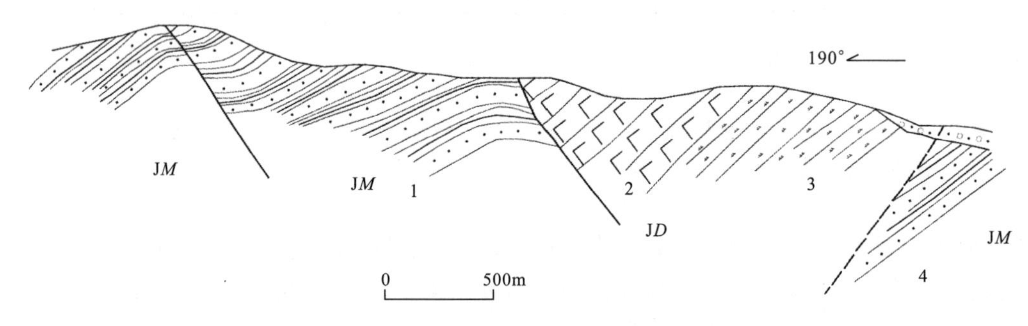

图 3-4　改则县色日阿勒枕状玄武岩片路线剖面

1. 木嘎岗日岩群(JM)　深灰、灰绿色板岩与灰色薄层状细—粉砂岩韵律互层

═══════断　层═══════

2. 灰色、灰黑色枕状蚀变玄武岩，岩石主要由斜长石及暗色矿物组成，具杏仁状或枕状构造。斜长石具轻微高岭土化；基质呈隐晶质。岩石表面见绿泥石化　　>160m

═══════断　层═══════

3. 灰色、绿灰色条带状硅质岩，硅质岩单层厚 15～20cm，岩石致密、坚硬，具明显的重结晶，岩石具明显的条带状构造，条带宽 0.5～1cm　　300m

═══════断　层═══════

4. 木嘎岗日岩群(JM)　浅灰色、灰白色细粒长石石英砂岩与灰色、深灰色板岩略等厚互层

由上可知，班公错—怒江结合带中的蛇绿岩发育较差，蛇绿岩组合残缺不全，在图区内仅见辉长岩单元、基性熔岩单元及覆盖其上的硅质岩复理石沉积层。其中基性熔岩主要为蚀变玄武岩类，岩石类型包括块状玄武岩、枕状玄武岩，枕状玄武岩的枕状构造发育(图版Ⅲ-1)，岩枕具明显细晶边(图版Ⅲ-2)，说明玄武岩水下喷发时，边部快速冷却而形成冷凝边。各蛇绿岩单元间多为断层接触，呈构造残片状残存于基质木嘎岗日岩群强变形硅质岩复理石深海沉积物(图版Ⅲ-3)中。

(三)古昌结合带

古昌结合带沿古昌和日巴两地断续分布，呈构造岩片状产出，严格受姐尼索拉—拉嘎拉构造混杂带控制，构造侵位于木嘎岗日岩群含硅质岩复理石地层中。蛇绿岩分东西两段，东段古昌一带发育较完整，岩石类型较齐全，西段见于日巴一带，蛇绿岩不完整，岩石类型单一，仅见蚀变玄武岩单元，东西两段之间的

曲布日阿—麦觉一带未见蛇绿岩残片及木嘎岗日岩群基质，且构造混杂岩带于该段亦尖灭，两条边界断裂合二为一。

古昌蛇绿岩是图区发育最好的蛇绿岩，在古昌乡拉嘎拉—扎贡村一带发育较完整，岩石组合较齐全，主要有变质橄榄岩、基性岩墙群、蚀变玄武岩、斜长花岗岩、放射虫硅质岩单元。现将蛇绿岩剖面特征叙述于后。

剖面列述

(1)改则县古昌乡蛇绿岩剖面(N32°06′00″，E83°55′30″)(图3-5)

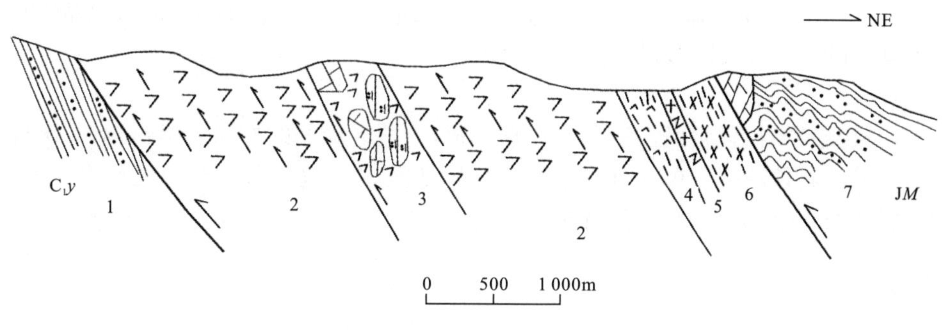

图3-5　改则县古昌乡蛇绿岩剖面

1. 永珠组(C_1y)　浅灰—灰色薄—中层状长石石英细砂岩与深灰—灰黑色板岩等厚或不等厚互层

═══════断　层═══════

2. 灰黑—黑色蚀变斜辉橄榄岩，岩石具残余网状结构，块状构造，岩石由大量蛇纹石和少量顽火辉石、磁铁矿组成，具强烈的蛇纹石化现象。推测原岩为斜辉橄榄岩　>1 000m
3. 构造碎裂岩带，带内由蚀变斜辉橄榄岩、结晶灰岩、紫红色硅质岩等碎块或角砾组成，胶结物为蛇纹质、钙质、硅质成分。为典型的断层破碎带　>500m
4. 灰黑—黑色蚀变斜辉橄榄岩，岩石具残余网状结构，块状构造，岩石由大量蛇纹石和少量顽火辉石、磁铁矿组成，具强烈的蛇纹石化现象。推测原岩为斜辉橄榄岩　>1 000m
5. 灰绿色蚀变玄武岩，岩石具变余斑状结构，基质变余粗玄结构，岩石蚀变强烈，主要为绿泥石化、绿黝帘石化、次闪石化、绢云母化。岩石在强烈的构造作用下产生强烈的片理化　>300m
6. 灰白色细粒斜长花岗岩，岩石主要由斜长石、石英组成细粒花岗结构，岩石中可见绢云母化、次闪石化、绿黝帘石化等，呈脉状穿插于变玄武岩中　>10m
7. 灰绿色片理化蚀变辉长岩，岩石蚀变强烈，主要为绿帘石化、绿泥石化、碳酸盐化和构造作用导致的片理化　>500m

═══════断　层═══════

8. 嘎岗日岩群(JM)　深灰色板岩与灰色薄层状细—粉砂岩韵律互层

(2)改则县古昌乡扎贡村辉长岩剖面(N32°06′20″，E83°57′15″)(图3-6)

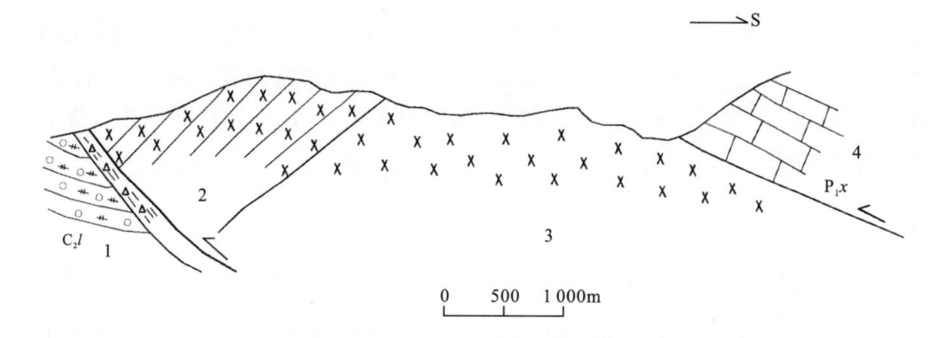

图3-6　改则县古昌乡扎贡村辉长岩剖面

1. 拉嘎组(C_2l) 灰色中厚层状复成分砾岩、含砾砂岩，近断层岩石极为破碎，产生糜棱岩化、碎裂化而形成构造岩类

═══════断 层═══════

2. 灰绿色层状辉长岩。岩石呈层状或似层状产出，层厚50～120cm，岩石主要由斜长石及暗色矿物组成辉长结构。岩石蚀变强烈，主要有钠黝帘石化、绿帘石化、绿泥石化。近断层岩石具片理化、糜棱岩化等 2 500m
3. 灰绿色块状辉长岩。岩石主要由斜长石和暗色矿物组成中粒辉长结构，块状构造。岩石中可见钠黝帘石化、绿泥石化、绿帘石化。断层旁侧岩石具明显的糜棱岩化、碎裂岩化、片理化现象 2 500m

═══════断 层═══════

4. 下拉组(P_1x) 浅灰、灰白色结晶灰岩。岩石单层厚大于1.2m，重结晶强烈，岩石中可见重结晶的珊瑚，岩石因构造作用而呈碎块状，破裂面上多见滑动擦痕

综上所述，古昌蛇绿岩岩石组合较齐全，发育较完整，为图区最好的蛇绿岩出露地，并出现了班公错—怒江蛇绿岩带中罕见的斜长花岗岩单元，该单元的发现为班公错—怒江蛇绿岩带的研究注入了新的内容，无疑对班公错—怒江结合带的深入研究具有重要意义。

二、蛇绿岩岩石学特征

(一)拉布错蛇绿岩移置岩片

拉布错蛇绿岩移置岩片主要由蚀变橄榄岩类及少量穿插其间的闪长玢岩类构成，其中变质橄榄岩蚀变及构造变形强烈，岩石具明显的片理化、碎裂化、角砾化，显示出多次构造变形的宏观特征。

1. 变质橄榄岩

岩石类型主要有全蛇纹石化纯橄榄岩、强烈蛇纹石化斜辉橄榄岩和二辉橄榄岩3种。

(1)全蛇纹石化纯橄榄岩

岩石呈墨绿色、暗绿色，主要由蛇纹石组成，含量95%～97%，另见有2%～4%的磁铁矿，1%铬尖晶石，岩石片理化形成定向构造。蛇纹石显微鳞片状，略显网格结构，推测为橄榄石蚀变而成。蛇纹石鳞片具定向分布特征，磁铁矿为隐—微粒状，呈分散状或集合体产出。铬尖晶石为半自形－自形粒状，粒径0.1～0.6mm，略显拉长压碎特征。

(2)蛇纹石化斜辉橄榄岩

岩石呈墨绿色—深黑色，主要由蛇纹石95%～97%、绢石及残余辉石18%～33%、磁铁矿2%～3%、铬尖晶石1%组成，岩石具鳞片纤维变晶结构、块状构造，蛇纹石主要呈纤维状和网格状，辉石多绢石化，具辉石假象，粒径1～4mm，铬尖晶石为他形—半自形粒状，粒径一般为0.2～0.5mm，半透明，棕褐色。蛇纹石由橄榄石蛇纹石化形成，绢石为辉石绢石化的产物。

(3)蛇纹石化二辉橄榄岩

灰黑色—黑色蛇纹石化二辉橄榄岩，岩石主要由蛇纹石65%、顽火辉石8%、普通辉石14%、残余橄榄石10%组成。见少量褐铁矿、磁铁矿、菱镁矿。蛇纹石主要为纤维状，辉石具绢石化，粒径0.2～1.5mm。辉石残余粒径一般为0.05～0.6mm，最高干涉色为二级顶部鲜艳干涉色斜消光，具平行消光者为顽火辉石，消光角较大者为普通辉石。橄榄石在超镁铁堆积层序中为主要堆积相。橄榄石大多蚀变成蛇纹石，偶见水镁石、碳酸盐。虽然橄榄石的蛇纹石化较广泛，但可见橄榄石残晶。

2. 闪长玢岩

岩石类型主要有闪长玢岩、角闪闪长玢岩和石英闪长玢岩3种。它们均呈脉状穿插于蚀变斜辉橄榄岩中，脉体产状较陡，脉体边部可见冷凝边。脉非单一脉体，而是数条脉大致平行产出。岩石的蚀变强度和构造变形强度不如变质橄榄岩强烈，宏观上具有蛇绿岩单元中的岩墙群特征。可能为基性、超基性岩浆的分异产物。

(1)闪长玢岩

岩石呈灰绿色,具斑状结构,基质细晶结构,斑晶由中长石(具绢云母化)20%、暗色矿物 15%组成;基质为石英 2%、更长石 48%、绿泥石 10%、白云石 4%等;副矿物为少量磷灰石 0.3%、金属矿物 0.5%等。斑晶含量占 30%～35%,大小 1～3mm,基质 60%～65%,粒度 0.2～0.5mm。岩石蚀变明显,暗色矿物蚀变为绿泥石、白云石。

(2)角闪闪长玢岩

灰绿色、绿灰色蚀变黑云角闪闪长玢岩,岩石具斑状结构,基质细晶结构,斑晶为中长石 8%、角闪石 25%、黑云母 2%;基质为石英 3%、中长石 50%、正长石 5%、角闪石 4%;副矿物为磷灰石 0.3%。斑晶粒度 1～3mm,基质 0.2～0.3mm。中长石均不同程度绢云母化形成绢云母鳞片集合体;角闪石蚀变为绿泥石,保留有角闪石假象;黑云母基本未蚀变。

(3)石英闪长玢岩

深灰色、灰绿色蚀变石英闪长玢岩,岩石具斑状结构,基质细晶结构。斑晶由中长石 25%、暗色矿物 15%组成;基质为石英 2%、中更长石 37%、绢云母 3%、绿泥石 10%等。斑晶大小为 1～2.5mm;0.05～0.2mm。石英被熔蚀为浑圆状;中长石强烈绢云母化形成绢云母鳞片集合体;暗色矿物蚀变为绿泥石,据假象推测可能为角闪石,次为黑云母。

3. 硅质岩

岩石类型单一,主要为条带状硅质岩,岩石呈灰绿色,具隐晶质结构、鳞片粒状变晶结构,条带状构造。主要由微粒石英集合体 68%、绢云母鳞片集合体 30%和白钛石 1%～2%组成。岩石质地坚硬致密,裂隙发育,其中充填有石英细脉,脉宽 0.3～0.5mm。岩石重结晶明显,硅质物重结晶成微粒石英条带,泥质物重结晶为绢云母鳞片条带,条带宽度一般在 0.3～2.5mm。岩石粒度极细,粒径 0.01～0.05mm,单偏光下无色,正交偏光下显弱光性。

(二)班公错—怒江结合带

1. 基性岩墙

(1)辉长岩

岩石类型单一,主要为蚀变辉长岩。岩石呈深灰—灰黑色,具细粒辉长结构,半自形晶柱状结构,块状构造。矿物粒径在 0.52～2mm 间,个别达 4mm,主要由斜长石 50%～52%,辉石 42%～45%,次闪石 4%～5%,方解石 1%～2%,磁铁矿 2%及少量绢云母组成。

(2)石英辉长岩

岩石为深灰色、灰黑色(风化面灰绿色)石英辉长岩,岩石主要由斜长石 60%～65%、辉石 35%～38%、碱性长石及石英 0.5%和少量不透明金属矿物组成。岩石具斑状结构、辉长结构,块状构造。

2. 基性熔岩

(1)蚀变玄武岩

岩石呈灰绿色,具斑状结构,基质间粒结构,斑晶较多,大小不一,斑晶含量约 33%,由斜长石 23%～25%和辉石 8%～10%组成,粒径 2～3mm,基质由斜长石 20%、绿黝帘石 12%、角闪石 18%、绿泥石 15%及少量绢云母等组成。角闪石呈浅黄色,具多色性,呈柱状或纤状,斜消光,消光角 15°～25°,有的可见菱形解理。

(2)杏仁状玄武岩

岩石呈灰—灰绿色、深灰色,具斑状结构,基质具间隐结构。岩石中斑晶含量约占 15%,由自形程度较高的板柱状斜长石组成,大小 0.6～1.5mm,发育较为清晰的钠长石律双晶和卡钠复合双晶,An 值为 58～60。基质成分以杏仁体 3%～5%,斜长石 50%,绿泥石 25%～30%,绿帘石 2%～3%等组成。斜长石为细小板条微晶,大小 0.03～0.12mm。

(3)橄榄玄武岩

岩石呈灰黑色—灰绿色，具斑状结构，基质间粒结构，斑晶主要由透辉石 8%～10%和橄榄石 5%～8%组成，橄榄石粒径 0.5～1mm，多蚀变为次闪石或蛇纹石；透辉石粒径 1～5mm，基本未蚀变。基质由斜长石 35%、绿黝帘石 12%～15%、透辉石 8%～10%、绿泥石 10%～15%及少量绢云母等组成。基质由拉长石板条不规则分布，其间充填粒度 0.02～0.1mm 的透辉石、绿泥石、白钛石、磁铁矿形成间粒结构。

(4)枕状玄武岩

灰绿色、绿灰色蚀变枕状玄武岩，岩枕大小为 15cm×30cm～20cm×60cm，岩石粒度由岩枕核心至边缘逐渐变细，在边部形成一冷凝壳(边)，宽 2～4cm。岩石呈灰绿色，具粗玄结构，气孔状构造、枕状构造，主要由斜长石 55%～57%、角闪石(绿泥石化)8%～10%、方解石 20%～22%、钛铁矿 5%～7%、磁铁矿 3%～5%及少量绢云母、褐铁矿等组成。

3. 硅质岩

岩石类型单一，主要为条带状硅质岩，岩石呈灰绿色，具隐晶质结构、鳞片粒状变晶结构，条带状构造。主要由硅质物玉髓及少量微粒石英组成。质地坚硬致密，裂隙发育，其中充填有石英。岩石重结晶明显，硅质物重结晶成微粒石英，其中可见放射虫，呈圆状，直径为 0.2～0.5mm，多数被玉髓代替，少数边缘仍可见内部结构。

(三)古昌结合带

1. 变质橄榄岩类

(1)变斜辉橄榄岩

岩石呈灰黑色、黑色，主要由蛇纹石 95%、顽火辉石 2%、磁铁矿 3%组成，具残余网状结构，块状构造，蛇纹石呈细纤状，干涉色一级灰色，有些次生磁铁矿沿矿物解理和裂隙析出，岩石中有辉石残留，呈柱状，突起较高，具平行消光。

(2)碎裂化白云石化超基性岩

岩石受力作用形成具碎裂结构、角砾状构造的构造角砾岩，角砾成分为白云石蚀变岩 90%，其中见错碎的铬尖晶石，因此完全可以推测原岩是超基性岩经强烈白云石化(碳酸岩化)和构造作用形成的构造蚀变岩。角砾大小 3～5mm，被褐铁矿 0.5%、白云石 7%和错碎的铬尖晶石 1%～2%充填胶结而成，铬尖晶石呈棕褐色。岩石中有后期白云石细脉穿插分割，使岩石呈现角砾状构造，脉宽 0.1～1mm。

2. 基性岩墙群

基性岩墙群主要见于古昌北侧，以包变辉长岩为主，包括层状辉长岩和块状辉长岩。岩石由于强烈的构造作用具强烈的片理化，显示出韧性变形特征。

(1)块状辉长岩

岩石呈灰绿色，主要由斜长石 36%、绿帘石 40%、绿泥石 13%、石英 8%、方解石 3%等组成，具细粒辉长结构，块状构造，斜长石呈粒柱状，表面洁净，显负突起，颗粒边缘有绿泥石不均匀分布，绿泥石呈浅绿色细鳞片状集合体；绿帘石结晶较大，约 4mm，突起及干涉色高，薄片中可见后期方解石、石英脉不规则穿插。

(2)层状辉长岩

浅灰色、灰绿色、深灰色层状辉长岩，岩石呈层状或似层状产出，层厚 50～120cm。岩石主要由斜长石 72%、辉石 16%、角闪石 12%组成半自形柱状结构，嵌晶含长结构，岩石粒度为 0.8～4mm，为细—中粒结构，斜长石为基性斜长石，辉石中包有斜长石晶体形成嵌晶结构，角闪石中包有辉石晶体。岩石蚀变较为强烈，主要有钠黝帘石化、绿泥石化、绢云母化。

3. 基性熔岩

主要为强烈蚀变的玄武岩，岩石宏观上表现出强烈的构造变形特征，显示为绿片岩的外观特征，片理构造十分发育。岩石呈浅绿或灰绿色，具变余斑状结构，基质变余粗玄结构，斑晶含量约33%，由斜长石23%和辉石10%组成，大小0.5～4mm，斜长石具柱状晶体的规则外形，多蚀变为绢云母、绿帘石、黝帘石，少数斜长石残留，可见钠式双晶。

4. 斜长花岗岩

呈脉状穿插于变玄武岩或斜辉橄榄岩中，为玄武岩浆分异的残留体。岩石呈浅灰白色，由斜长石47%、石英42%、黑云母4%、角闪石7%及少量绿黝帘石、绢云母组成，具细粒花岗结构，矿物粒度较细(0.2～0.8mm)，岩石中以斜长石和石英为主，斜长石具柱状外形，表面多绢云母化，可见残留的钠式双晶；石英呈不规则粒状生于斜长石柱状晶体之中。

5. 硅质岩

为紫红色含放射虫硅质岩，岩石多呈碎块状或透镜状产于蚀变斜辉橄榄岩中。岩石主要由硅质物玉髓及放射虫组成，见微量方解石、白云石，岩石具隐晶质结构，岩石具重结晶形成微粒石英，粒度0.1～0.3mm；放射虫多重结晶，内部结构不清，但岩石中较易找到。

三、岩石化学、地球化学特征

(一)拉布错蛇绿岩移置岩片

拉布错蛇绿岩主要由变质橄榄岩及穿插其间的闪长岩脉(墙)构成。应属班公错—怒江蛇绿岩带东巧蛇绿岩群的范畴，是班—怒洋壳南向俯冲会聚晚期北向逆冲过程中形成的构造移置岩片。

1. 变质橄榄岩

变质橄榄岩类的岩石类型主要为强蛇纹石化和全蛇纹石化纯橄榄岩、二辉橄榄岩、斜辉橄榄岩等。岩石蚀变和构造变形强烈，主要有蛇纹石化、碳酸盐化、绿泥石化、硅化、碎裂化、片理化，具有变形强烈的变质橄榄岩类岩石特征。

(1)岩石化学特征

岩石化学分析成果及主要特征参数见表3-2、表3-3。从表中可以看出，五件样品的岩石化学成分变化范围较窄，SiO_2含量在37.2%～40.52 %之间，TiO_2含量0.05%～0.06%，K_2O为0.06%～0.16%，Na_2O为0.05%～0.2%，MgO含量为37.68～39.03%，MgO/TFe为5.1～6.1，与世界超基性岩平均含量相比较明显偏低；CIPW标准矿物计算结果列于表3-4，由表中可以看出，标准矿物主要为橄榄石(ol)59.23%～78.45%及辉石(hy)12.17%～34.02%，且主要为镁橄榄石和顽火辉石，少量铁橄榄石、正铁辉石和透辉石，不出现石英，说明为镁质超基性岩类，与特罗多斯方辉橄榄岩特征相似。

对超基性岩进行岩石化学图解，在图3-7中，样品投影点全部位于镁质区；图3-8及图3-9表明岩石属贫碱质岩石和贫铝质岩石。对变质橄榄岩进行FAM图解(图3-10)判别，岩石样品投影点全部集中于MgO端元的变质橄榄岩区。

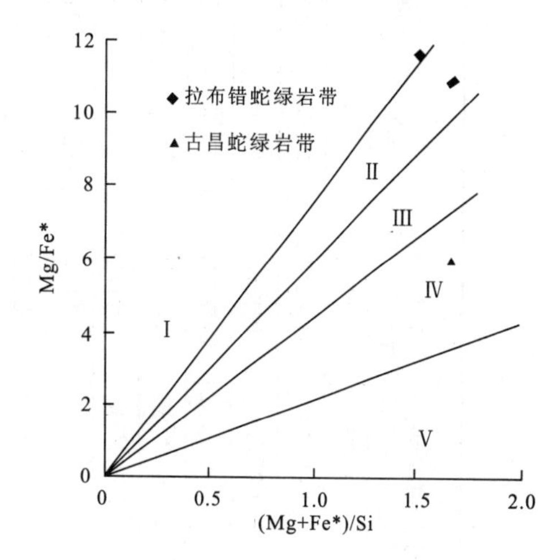

图3-7　超基性岩 Mg/Fe^*-$(Mg+Fe^*)/Si$ 图解

Ⅰ.高镁质区；Ⅱ.镁质区；Ⅲ.铁镁质区；Ⅳ.镁铁质区；Ⅴ.铁质区

(2)地球化学特征

稀土总量为3.807×10^{-6}～48.72×10^{-6}，明显高于球粒陨石的稀土总量；轻稀土总量与重稀土总量的比值为3.88～15.6，表明轻稀土相对重稀土富集；δEu为0.27～0.74，铕负异常明显，表明岩浆分异程度较高；$(La/Yb)_N$为2.93～13.07；$(La/Sm)_N$为0.66～3.96，显示轻、重稀

表 3－2　蛇绿岩岩石化学成分表

岩带	序号	样品编号	岩石名称	氧化物百分含量(w_B%)												总量
				SiO_2	TiO_2	Al_2O_3	Fe_2O_3	FeO	MnO	MgO	CaO	Na_2O	K_2O	P_2O_5	Loss	99.6
拉布错移置岩片	1	$LP8GS_1$	斜辉橄榄岩	38.14	0.05	0.56	5.79	1.66	0.07	38.70	0.44	0.05	0.06	0.04	14.04	99.79
	2	$LP14GS_1$	斜辉橄榄岩	37.70	0.05	0.72	5.39	1.94	0.17	38.62	0.65	0.05	0.06	0.04	14.40	99.47
	3	$LP15GS_1$	闪长玢岩	60.66	0.84	15.02	1.54	4.15	0.14	3.53	3.16	2.86	2.25	0.24	5.08	99.43
	4	$LP21GS_1$	斜辉橄榄岩	40.52	0.06	0.63	5.99	0.91	0.12	37.68	0.76	0.05	0.06	0.03	12.62	100.25
	5	$D3002GS_1$	二辉橄榄岩	38.66	0.05	0.62	4.19	2.42	0.11	39.75	1.65	0.15	0.05	0.03	12.57	100.53
	6	$D3003GS_1$	二辉橄榄岩	37.20	0.05	0.62	5.89	0.75	0.08	39.03	0.89	0.20	0.16	0.02	15.64	99.71
班公错—怒江结合带	7	$D1014GS_1$	硅质岩	92.88	0.13	2.03	0.42	0.62	0.12	0.82	0.76	0.25	0.45	0.04	1.19	100.04
	8	$D1012GS_1$	玄武岩	43.78	1.13	16.68	7.29	2.76	0.19	4.37	14.94	3.17	0.16	0.06	5.51	100.03
	9	$D2035GS_1$	变玄武岩	45.86	1.85	11.83	5.06	6.76	0.16	7.64	5.94	3.77	0.28	0.09	10.79	99.8
	10	$D4034GS_1$	蚀变玄武岩	38.12	3.65	11.08	6.07	3.36	0.13	2.15	17.34	3.66	2.01	0.24	11.99	99.58
	11	$D4056GS_1$	蚀变枕状玄武岩	51.72	0.83	15.97	4.76	3.40	0.16	5.73	9.37	3.17	2.15	0.13	2.19	99.4
	12	$D5022GS_1$	蚀变玄武岩	50.42	1.38	16.44	5.92	3.78	0.29	4.00	7.96	3.56	3.00	0.33	2.32	99.46
	13	$RP2GS_1$	蚀变玄武岩	51.86	0.88	15.17	3.74	2.45	0.15	2.19	8.07	6.00	0.45	0.33	8.17	99.34
	14	$RP16GS_1$	蚀变玄武岩	47.46	0.91	12.29	4.17	6.88	0.26	9.48	7.74	4.47	0.11	0.12	5.45	99.65
	15	$D1012GS_2$	辉长岩	49.20	0.95	15.24	3.16	6.26	0.20	7.19	9.75	3.56	0.11	0.05	3.98	99.49
	16	$D3108GS_1$	石英辉长岩	55.18	0.85	16.03	5.16	1.52	0.26	1.49	6.21	4.59	2.32	0.35	5.53	99.45
古昌结合带	17	$D3072GS_2$	斜长花岗岩	72.68	0.28	13.48	0.90	1.96	0.03	1.36	2.66	3.36	0.99	0.07	1.68	100.04
	18	$D2049GS_1$	变辉绿岩	52.44	1.85	15.16	5.43	4.64	0.17	5.09	7.09	3.17	0.92	0.14	3.94	99.98
	19	$D1017GS_1$	辉长岩	44.32	0.12	27.72	0.67	1.89	0.05	4.55	18.35	0.35	0.11	0.02	1.83	99.48
	20	$D3072GS_4$	变辉长岩	59.36	0.43	15.10	2.96	4.02	0.13	4.73	5.57	2.58	0.62	0.07	3.91	99.85
	21	$D3072GS_5$	变辉长岩	56.00	0.54	16.00	2.38	3.27	0.09	2.82	7.47	4.57	0.62	0.07	6.02	100.32
	22	$D2056GS_1$	蛇纹石化橄榄岩	38.36	0.07	0.45	6.61	0.39	0.10	39.39	0.76	0.20	0.05	0.02	13.92	100.44
	23	$D3071GS_1$	蚀变斜辉橄榄岩	36.78	0.16	1.93	10.57	1.94	0.14	35.30	1.01	0.48	0.11	0.02	12.00	99.6

表 3-3　岩石化学指数统计表

岩带	序号	样品编号	岩石名称	各类岩石化学指数																
				δ	A/NKC	A/NK	(K+N)/A	LI	FL	MF	含铁指数	碱度指数	钾质指数	镁质指数	钠钾比值	戈氏指数	分异指数	ANKC	SL	AR
拉布错移置岩片	1	$LP8GS_1$	斜辉橄榄岩	−0.002	0.59	3.80	0.26	−33.31	20.00	16.14	15.32	0.24	54.55	84.68	1.27	10.20	0.92	0.59	84.48	1.22
	2	$LP14GS_1$	斜辉橄榄岩	−0.002	0.54	4.89	0.20	−33.60	14.47	15.95	15.19	0.24	54.55	84.81	1.27	13.40	0.92	0.54	84.60	1.16
	3	$LP15GS_1$	闪长玢岩	1.479	1.17	2.10	0.48	10.10	61.79	61.71	61.71	55.42	44.03	38.29	1.93	14.48	62.67	1.17	24.63	1.78
	4	$LP21GS_1$	斜辉橄榄岩	−0.005	0.41	4.28	0.23	−31.29	12.64	15.48	14.56	0.25	54.55	85.44	1.27	9.67	0.92	0.41	85.23	1.16
	5	$D3002GS_1$	二辉橄榄岩	−0.009	0.19	2.06	0.49	−34.76	10.81	14.26	13.70	0.43	25.00	86.30	4.56	9.40	1.79	0.19	85.93	1.19
	6	$D3003GS_1$	二辉橄榄岩	−0.022	0.29	1.23	0.81	−33.49	28.80	14.54	13.65	0.80	44.44	86.35	1.90	8.40	3.15	0.29	85.67	1.63
班公错-怒江结合带	7	$D1012GS_1$	玄武岩	14.217	0.51	3.10	0.32	−14.07	18.23	69.69	68.80	23.78	4.80	31.20	30.13	11.96	21.53	0.51	25.21	1.24
	8	$D2035GS_1$	变玄武岩	5.735	0.68	1.82	0.55	−9.49	40.54	60.74	60.55	20.91	6.91	39.45	20.47	4.36	37.62	0.68	32.63	1.59
	9	$D4034GS_1$	蚀变玄武岩	−6.588	0.28	1.35	0.74	−13.73	24.64	81.43	80.97	50.19	35.45	19.03	2.77	2.03	31.71	0.28	12.67	1.50
	10	$D4056GS_1$	变枕状玄武岩	3.246	0.65	2.12	0.47	−3.55	36.22	58.75	58.29	38.73	40.41	41.71	2.24	15.42	40.64	0.65	30.07	1.53
	11	$D5022GS_1$	蚀变玄武岩	5.800	0.70	1.81	0.55	−1.55	45.18	70.80	70.40	48.54	45.73	29.60	1.80	9.33	49.24	0.70	19.93	1.74
	12	$RP2GS_1$	蚀变玄武岩	4.696	0.61	1.46	0.68	1.51	44.42	73.87	73.51	78.02	6.98	26.49	20.27	10.42	58.13	0.61	14.88	1.77
	13	$RP16GS_1$	蚀变玄武岩	4.703	0.57	1.64	0.61	−12.18	37.18	53.82	53.80	22.32	2.40	46.20	61.79	8.59	39.35	0.57	37.77	1.59
	14	$D1012GS_2$	辉长岩	2.172	0.64	2.55	0.39	−9.73	27.35	56.71	56.62	22.14	3.00	43.38	49.21	12.29	32.18	0.64	35.52	1.34
	15	$D3108GS_1$	石英辉长岩	3.920	0.75	1.59	0.63	6.59	52.67	81.76	81.16	87.39	33.57	18.84	3.01	13.46	62.31	0.75	10.06	1.90
古昌结合带	16	$D3072GS_2$	斜长花岗岩	0.638	1.18	2.04	0.49	18.40	62.05	67.77	67.77	103.08	22.76	32.23	5.16	36.14	76.70	1.18	15.87	1.74
	17	$D2049GS_1$	变辉绿岩	1.772	0.79	2.44	0.41	−3.48	36.58	66.42	65.90	27.40	22.49	34.10	5.24	6.48	40.96	0.79	29.77	1.45
	18	$D1017GS_1$	辉长岩	0.160	0.81	39.89	0.03	−10.56	2.45	36.01	35.87	6.48	23.91	64.13	4.84	228.08	3.70	0.81	60.23	1.02
	19	$D3072GS_4$	变辉长岩	0.626	1.00	3.07	0.33	3.29	36.49	59.61	59.30	27.53	19.38	40.70	6.33	29.12	47.82	1.00	31.91	1.37
	20	$D3072GS_5$	变辉长岩	2.072	0.73	1.95	0.51	3.49	41.00	66.71	66.54	61.58	11.95	33.46	11.21	21.17	54.02	0.73	20.71	1.57
	21	$D2056GS_1$	蚀变斜橄榄岩	−0.013	0.25	1.17	0.85	−33.75	24.75	15.09	14.09	0.55	20.00	85.91	6.08	3.57	2.30	0.25	85.44	1.52
	22	$D3071GS_1$	蚀变辉橄榄岩	−0.056	0.70	2.12	0.47	−35.53	36.88	26.17	24.86	1.26	18.64	75.14	6.63	9.06	5.42	0.70	74.21	1.50

表 3-4　CIPW 标准矿物含量一览表

岩带	序号	样品编号	岩石名称	CIPW 标准矿物含量(重量百分比)																	
				ap	il	mt	ne	lc	q	c	fa	fo	ol	en	fs	hy	wo	di	or	ab	an
拉布错移置岩片	1	LP8GS$_1$	斜辉橄榄岩	0.12	0.11	2.19					6.94	64.13	71.08	21.44	2.11	23.54		0.73	0.41	0.51	1.32
	2	LP14GS$_1$	斜辉橄榄岩	0.12	0.11	2.16					7.22	65.93	73.15	18.6	1.85	20.45		1.26	0.41	0.51	1.84
	3	LP15GS$_1$	闪长玢岩	0.59	1.69	2.36			22.97	2.86				9.32	5.54	14.86			14.06	25.64	14.99
	4	LP21GS$_1$	斜辉橄榄岩	0.07	0.13	2.03					5.49	53.75	59.23	31.15	2.89	34.03		2.09	0.41	0.51	1.52
	5	D3002GS$_1$	二辉橄榄岩	0.07	0.11	1.96					6.59	69.12	75.71	11.91	1.03	12.94		6.43	0.36	1.44	1
	6	D3003GS$_1$	二辉橄榄岩	0.05	0.11	2					6.73	71.72	78.45	11.21	0.95	12.17		3.71	1.12	2.03	0.35
班公错-怒江结合带	7	D1012GS$_1$	玄武岩	0.14	2.28	4.86	9.43				0.5	0.63	1.13					37.33	1	11.1	32.72
	8	D2035GS$_1$	变玄武岩	0.24	3.95	6.71					1.31	2.89	4.2	12.79	5.24	18.03		12.95	1.83	35.79	16.31
	9	D4034GS$_1$	蚀变玄武岩	0.64	7.92	5.38	19.16	3.76									27.07	18.3	8.79		8.99
	10	D4056GS$_1$	变枕状玄武岩	0.31	1.61	4.83					0.43	1.12	1.55	6.44	2.26	8.7		18.71	13.05	27.58	23.64
	11	D5022GS$_1$	蚀变玄武岩	0.81	2.7	6.06	0.14				2.14	3.93	6.07					14.47	18.31	30.79	20.68
	12	RP2GS$_1$	蚀变玄武岩	0.85	1.84	4.15	0.52										1.49	19.12	2.89	54.72	14.42
	13	RP16GS$_1$	蚀变玄武岩	0.31	1.84	6.31	1.93				4.87	12.45	17.32					20.89	0.71	36.72	14
	14	D1012GS$_2$	辉长岩	0.12	1.88	4.23					2.29	4.32	6.6	6.27	3.01	9.28		19.27	0.71	31.48	26.44
	15	D3108GS$_1$	石英辉长岩	0.88	1.73	3.92			6.2					1.4	1.55	2.94		10.88	14.65	41.46	17.37
古昌结合带	16	D3072GS$_2$	斜长花岗岩	0.16	0.55	1.33			41.63	2.26				3.46	2.49	5.95			5.97	29.11	13.04
	17	D2049GS$_1$	变辉绿岩	0.36	3.67	4.68			7.27					10.63	5.95	16.57		8.35	5.67	28.01	25.44
	18	D1017GS$_1$	辉长岩	0.05	0.23	0.77					1.19	3.84	5.03	0.88	0.25	1.13		13.97	0.65	3.05	75.14
	19	D3072GS$_4$	变辉长岩	0.16	0.85	3.16			21.13	0.23				12.33	6.97	19.3			3.84	22.84	28.47
	20	D3072GS$_5$	变辉长岩	0.16	1.1	3.03			8.92					3.5	2.17	5.67		13.27	3.9	41.2	22.74
	21	D2056GS$_1$	蚀变斜橄榄岩	0.05	0.15	2.06					6.62	67.73	74.35	16.26	1.44	17.7		3.2	0.36	1.95	0.21
	22	D3071GS$_1$	蚀变辉橄榄岩	0.05	0.34	3.77					12.63	65.44	78.07	6.21	1.09	7.29		1.92	0.77	4.65	3.15

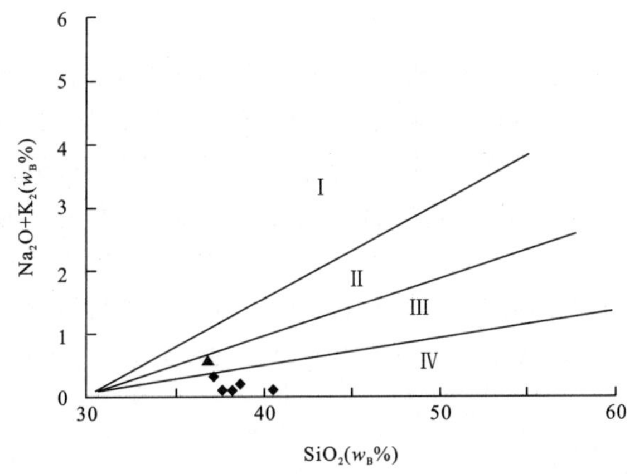

图 3-8　超基性岩的 SiO_2 -(Na_2O+K_2O)图解

Ⅰ.高碱质区；Ⅱ.碱质区；Ⅲ.弱碱质区；Ⅳ.贫碱质区

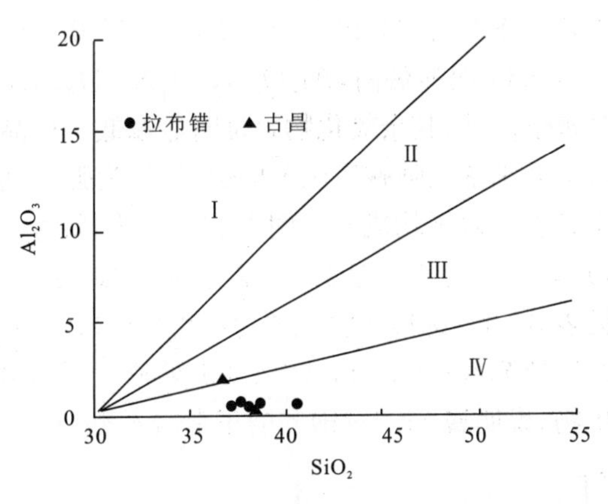

图 3-9　超基性岩的 Al_2O_3 - SiO_2 图解

Ⅰ.高铝质区；Ⅱ.铝质区；Ⅲ.弱铝质区；Ⅳ.贫铝质区

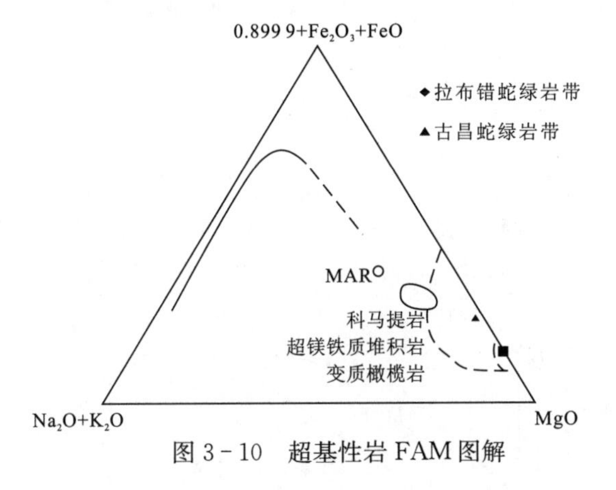

图 3-10　超基性岩 FAM 图解

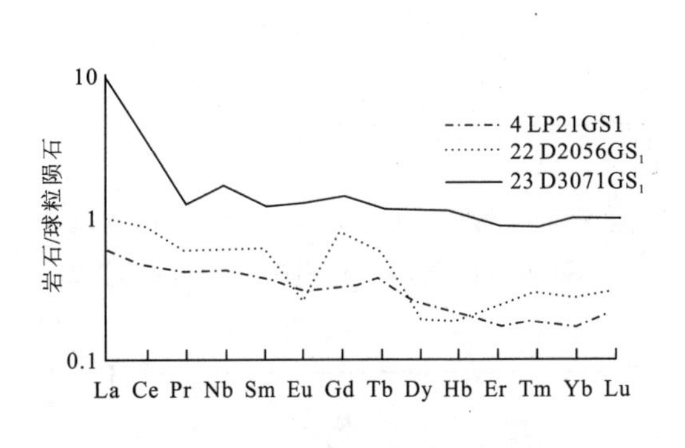

图 3-11　超基性岩稀土配分曲线

土分馏明显，为轻稀土富集型。稀土配分曲线(图 3-11 中 4 号曲线)为右倾斜滑型，重稀土部分 Yb 有明显富集。变质橄榄岩$(La/Yb)_N$ - Yb_N 图解，样点全部位于上地幔附近(图 3-12)。

经洋脊玄武岩标准化的超基性岩的微量元素蛛网图见图 3-13 中 4、22、23 号曲线，五条曲线形态基本吻合，总体表现为波峰、波谷明显的跳跃型曲线。亲石元素中，大离子亲石元素 K、Rb、Sr、Ba 和放射性元素 Th 丰度值普通较高，其中强烈富集放射性元素 Th，Rb 也有明显富集；非活动性元素 Ta、Zr、Hf、Nb 相对较稳定，其中 Ta 有明显富集，强烈亏损 Nb。

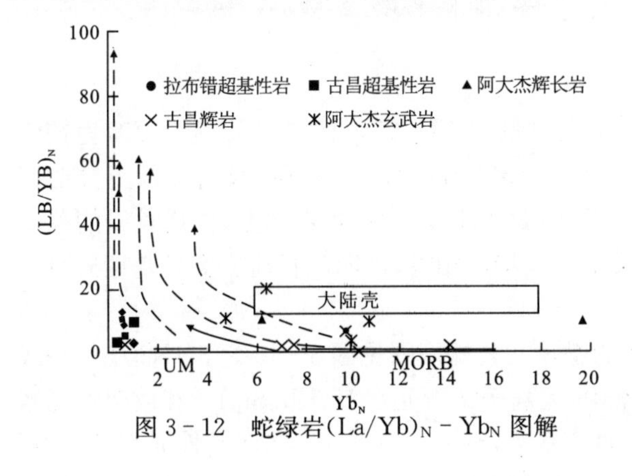

图 3-12　蛇绿岩$(La/Yb)_N$ - Yb_N 图解

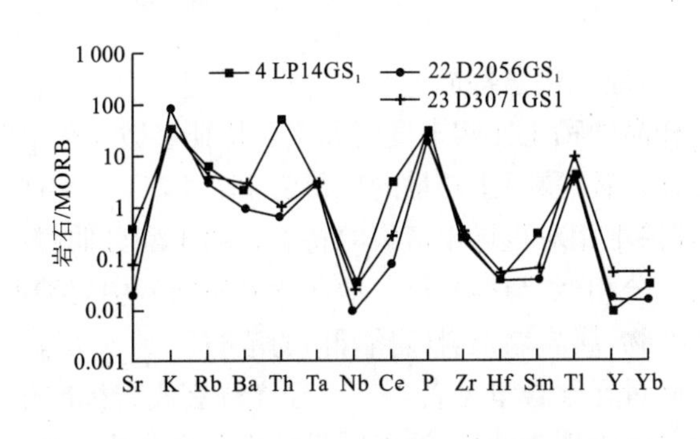

图 3-13　超基性岩微量元素蛛网图

2. 闪长玢岩

岩石类型有闪长玢岩、角闪闪长玢岩、石英闪长玢岩，呈岩墙(脉)状穿插于蚀变超基性岩中。

(1)岩石化学特征

闪长岩 SiO_2 含量 60.66%，TiO_2 含量 0.84%，K_2O+Na_2O 为 5.11%，MgO 为 3.53%，Al_2O_3 为 15.02%，SiO_2 明显偏高，Al_2O_3、K_2O、Na_2O、MgO、TFe 偏低；与世界(R. A. Daly，1933)闪长岩相比，除 SiO_2 含量偏高外，其余氧化物含量明显偏低。样品在(K_2O+Na_2O)-SiO_2 和 Al_2O_3-SiO_2 图(图 3-14、图 3-15)中分别落入强碱质区及弱铝质区，为强碱、弱铝质岩石。在图 3-16 中，落入拉斑玄武质区，接近大西洋中脊玄武岩平均成分。图 3-17 中，样品落入洋脊辉长岩区和菲律宾海辉长岩区，紧邻菲律宾辉长岩区的边部，表明闪长岩形成于有限扩张环境，是玄武质岩浆分异的产物。闪长岩的 CIPW 标准矿物计算结果见表 3-4。标准矿物主要为石英(Q)22.97%、钾长石(or)14.06%、钠长石(ab)25.64%、钙长石(an)14.99%、紫苏辉石(hy)14.86%及少量磷灰石(ap)、钛铁矿(il)、磁铁矿(mt)、刚玉(c)分子，不出现 SiO_2 不饱和矿物，说明属 SiO_2 过饱和的正常岩石类型。

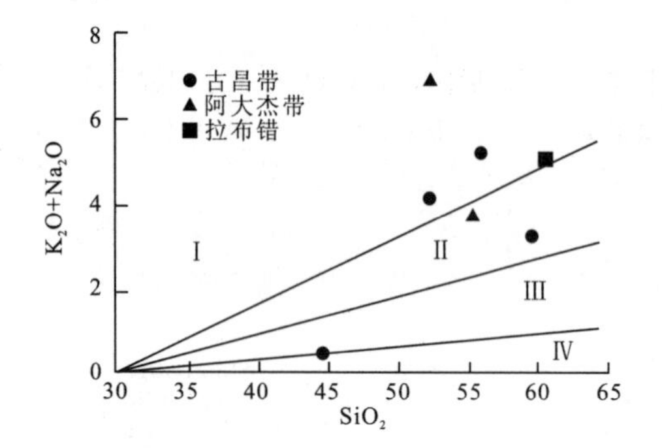

图 3-14　辉长岩类(K_2O+Na_2O)-SiO_2 图解

Ⅰ.强碱质区；Ⅱ.碱质区；Ⅲ.弱碱质区；Ⅳ.贫碱质区

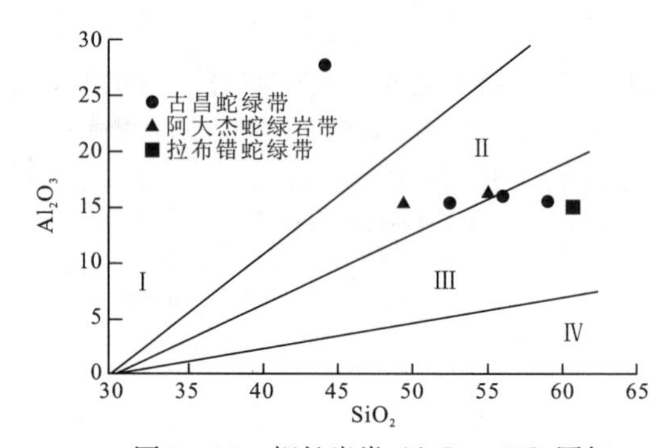

图 3-15　辉长岩类 Al_2O_3-SiO_2 图解

Ⅰ.高铝质区；Ⅱ.铝质区；Ⅲ.弱铝质区；Ⅳ.贫铝质区

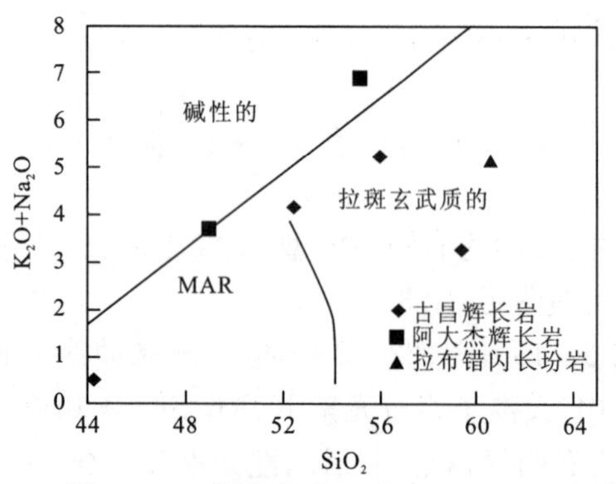

图 3-16　辉长岩(K_2O+Na_2O)-SiO_2 图解

MAR. 大西洋中脊玄武岩平均成分

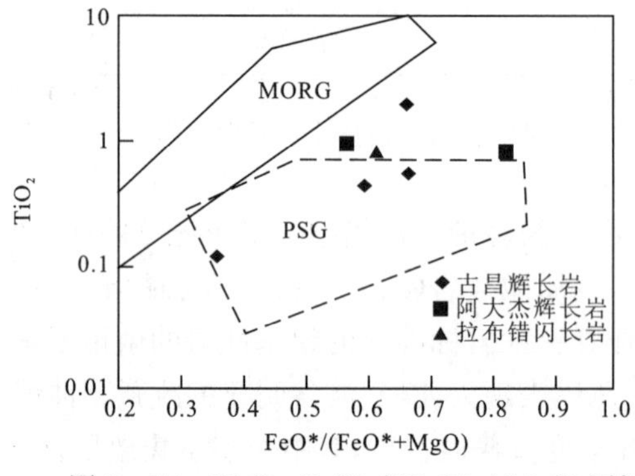

图 3-17　Ti_2O-FeO^*/(FeO^*+MgO)图解

PSG. 菲律宾海辉长岩；MORG. 洋中脊辉长岩

(2)地球化学特征

样品的稀土元素丰度值和主要特征参数见表 3-5。稀土总量为 185.07×10^{-6}，δEu 为 0.70，为铕弱负异常。轻、重稀土总量的比值为 11.33，$(La/Yb)_N$ 为 11.96；$(La/Sm)_N$ 为 2.88；显示轻、重稀土分馏明显，轻稀土相对重稀土富集的特点。稀土配分曲线(图 3-18 中 3 号曲线)为平坦右倾型，同辉长岩的稀土曲线十分相似，与西藏班戈地区觉翁蛇绿岩中岩墙群的稀土曲线特征相近，说明闪长玢岩类是基性岩浆分异的产物，属岩墙杂岩(岩墙群)的范畴。

微量元素含量见表 3-6。经洋脊玄武岩标准化绘制的微量元素蛛网图见图 3-19 之 3 号曲线。曲线形态总体表现为波峰、波谷明显的跳跃型曲线。亲石元素中，大离子亲石元素 K、Rb、Sr、Ba 和放射性元素 Th 相对富集，其中强烈富集放射性元素 Th，Rb、Ba 也有明显富集，Sr 有一定亏损；非活动性元素 Ta、Zr、Hf、Nb 相对较稳定，其中 Ta、Zr 有明显富集，强烈亏损 Nb、Hf。稀土元素 Ce、Sm、Yb、Y 丰值偏低，相对富集 Ce、Sm。综上，微量元素所反映的特征与前述超基性岩的微量元素特征是基本相同的，不同的是元素含量高于超基性岩很多，说明闪长岩类岩石与超基性岩在形成环境方面有着密切的联系，随着岩浆的结晶分异，后期造成了某些微量元素的富集。

表 3-5 蛇绿岩稀土元素分析成果表

岩带	序号	编号	岩石名称	稀土元素丰度值($\times10^{-6}$)														主要特征参数				
				La	Ce	Pr	Nd	Sm	Eu	Gd	Tb	Dy	Ho	Er	Tm	Yb	Lu	∑REE	LREE	HREE	L/H	δEu
拉布错移置岩片	1	LP8GS$_1$	斜辉橄榄岩	1	33	4.5	3.6	0.92	0.1	0.42	0.35	0.2	0.27	2	0.31	0.1	0.34	47.11	43.120	3.990	10.81	0.43
	2	LP14GS$_1$	斜辉橄榄岩	1.5	30	4	3.6	0.95	0.1	0.45	0.4	0.2	0.21	1.7	0.3	0.1	0.42	43.93	40.150	3.780	10.62	0.41
	3	LP15GS$_1$	闪长玢岩	35	80	9.2	37	7.4	1.45	4.8	0.85	4	0.64	2.3	0.35	1.7	0.38	185.07	170.050	15.020	11.32	0.70
	4	LP21GS$_1$	斜辉橄榄岩	0.91	1.28	0.14	0.52	0.14	0.037	0.17	0.028	0.19	0.043	0.13	0.02	0.18	0.019	3.807	3.027	0.780	3.88	0.74
	5	D3002GS$_1$	二辉橄榄岩	1.8	36	5	2.2	0.7	0.1	1.2	0.4	0.22	0.19	0.38	0.2	0.08	0.25	48.72	45.800	2.920	15.68	0.33
	6	D3003GS$_1$	二辉橄榄岩	1.6	12	3.5	2.4	0.9	0.1	1.4	0.3	0.2	0.19	0.38	0.18	0.09	0.3	23.54	20.500	3.040	6.74	0.27
班公错—怒江结合带	7	D1014GS$_1$	硅质岩	3	10	4	3	1	0.28	0.8	0.4	0.8	0.27	0.48	0.15	0.3	0.2	24.68	21.280	3.400	6.26	0.93
	8	D1012GS$_1$	玄武岩	42	64.7	5.62	27	4.91	1.77	4.25	0.6	3.86	0.61	1.72	0.2	1.2	0.13	158.57	146.000	12.570	11.61	1.17
	9	D2035GS$_1$	变玄武岩	11.9	24.3	3.93	18.7	4.42	1.3	4.17	0.74	4.87	0.85	2.54	0.3	1.83	0.24	80.09	64.550	15.540	4.15	0.92
	10	D4034GS$_1$	蚀变玄武岩	33.9	57.9	8.74	42.4	9.42	2.9	7.47	1.15	7.28	1.17	3.02	0.36	1.97	0.23	177.91	155.260	22.650	6.85	1.03
	11	D4056GS$_1$	蚀变枕状玄武岩	19	36	4.5	15	5.2	1.05	3.4	0.6	2.75	0.44	1	0.25	1.8	0.3	91.29	80.750	10.540	7.66	0.72
	12	D5022GS$_1$	蚀变玄武岩	23	65	6.7	25	7.2	1.9	5.8	0.95	4.2	0.9	1.9	0.35	1.8	0.48	145.18	128.800	16.380	7.86	0.88
	13	RP2GS$_1$	蚀变玄武岩	17	48	4.5	17	3.6	0.76	2.2	0.4	1.9	0.48	1.7	0.38	0.88	0.4	99.2	90.860	8.340	10.89	0.77
	14	RP16GS$_1$	蚀变玄武岩	3.3	25	4.5	6.8	1.9	0.68	2.5	0.32	3.1	0.68	2.2	0.28	1.9	0.47	53.63	42.180	11.450	3.68	0.96
	15	D1012GS$_2$	辉长岩	62	114	13.4	52.3	9.83	0.39	6.53	1.13	7.41	1.5	4.53	0.62	3.61	0.46	277.71	251.920	25.790	9.77	0.14
	16	D3108GS$_1$	石英辉长岩	21	60	6	22	5.1	1.3	3.7	1.1	2.5	0.58	2.9	0.4	1.15	0.52	128.25	115.400	12.850	8.98	0.88
古昌结合带	17	D3072GS$_2$	斜长花岗岩	10.9	20.9	2.52	11.6	2.9	0.64	3.2	0.54	4.54	0.91	3.24	0.43	3.08	0.42	65.82	49.460	16.360	3.02	0.65
	18	D2049GS$_1$	变辉绿岩	12	30	2.5	16	6.5	1.55	5.4	1.3	5.9	1.2	3.4	0.25	2.6	0.28	88.88	68.550	20.330	3.37	0.78
	19	D1017GS$_1$	辉长岩	0.57	1.01	0.12	0.65	0.18	0.11	0.24	0.034	0.21	0.051	0.13	0.014	0.1	0.019	3.438	2.640	0.798	3.31	1.63
	20	D3072GS$_4$	变辉长岩	5.4	20	2.8	4	1.8	0.52	1.9	0.6	1.5	0.32	0.8	0.26	1.3	0.28	41.48	34.520	6.960	4.96	0.86
	21	D3072GS$_5$	变辉长岩	6.2	24	3.2	7.5	3	0.68	2.6	0.9	2	0.48	1.2	0.25	1.4	0.32	53.73	44.580	9.150	4.87	0.73
	22	D2056GS$_1$	蛇纹石化橄榄岩	0.32	0.72	0.07	0.36	0.12	0.02	0.21	0.028	0.065	0.014	0.051	0.01	0.05	0.01	2.048	1.610	0.438	3.68	0.39
	23	D3071GS$_1$	蚀变斜辉橄榄岩	3.12	2.99	0.15	1.01	0.23	0.093	0.38	0.057	0.37	0.082	0.2	0.028	0.19	0.032	8.932	7.593	1.339	5.67	0.97

表 3－6　蛇绿岩微量元素分析成果表

岩带	序号	样品编号	岩石名称	微量元素丰度值(×10⁻⁶)																				
				Sc	Li	Be	Nb	Ga	Zr	Th	Sr	Ba	Rb	Ta	U	Hf	V	Co	Cr	Ni	Cu	Zn	Bi	B
拉布错移置岩片	1	LP8GS$_1$	斜辉橄榄岩		8.1		1.17		31.8	10.8	58	36	13	0.5	1.39	1.14	12	70	480	500				
	2	LP14GS$_1$	斜辉橄榄岩		8.4		1.23		27	12	44	30	12	0.5	1.39	0.97	8.4	56	410	500				
	3	LP15GS$_1$	闪长玢岩		125		16.7		216	13.2	190	410	80	0.7	3	5.98	82	14	100	150				
	4	LP21GS$_1$	斜辉橄榄岩	7.71	4.2	1.21	0.7	6.57	32.4	0.74	6.3	9.5	7.9	0.5	0.29	1.23	13.6	82	420	2320	1	37.6	0.025	57.2
	5	D3002GS$_1$	二辉橄榄岩	80	10	0.6	5	7.6	<10	1.22	20	50	5	1.22	1.33	0.91	20	26	350	440	82	120		
	6	D3003GS$_1$	二辉橄榄岩	42	10	1	<5	3.6	<10	1.22	25	50	5	1.22	1	1.02	20	43	750	670	60	62		
班公错—怒江结合带	7	D1014GS$_1$	硅质岩	2.1	15	1.2	10	2.5	25	1.89	30	170	6	0.5	1.47	0.57	30	76	26	25	32	40	0.22	18
	8	D1012GS$_1$	玄武岩	23.2	25	2.81	33.4	39.9	72.1	6.59	2590	208	8.2	1.83	0.92	3.86	229	29.1	452	196	126	77.3	0.056	16.8
	9	D2035GS$_1$	变玄武岩	38.5	34.7	2.93	10.4	33	88	10.7	290	188	12.6	1.58	0.4	3.46	310	45.3	292	175	82.4	105	0.048	27
	10	D4034GS$_1$	蚀变玄武岩	23.2	18.9	2.51	36.6	24.6	160	19.4	300	661	29.4	3.04	3.24	5.4	278	37.9	140	107	45.1	96.8	0.035	26.7
	11	D4056GS$_1$	蚀变枕状玄武岩	24	34	0.8	5	9.6	56	4.58	30	490	8	0.5	2.33	3.09	135	22	86	27	101	56	0.1	20
	12	D5022GS$_1$	蚀变玄武岩	34	32		11.4		137	7.12	400	390	78	1.01		4.36	140	26	13	18				
	13	RP2GS$_1$	蚀变玄武岩	6	39		14		170	7.12	320	700	30	0.59		4.71	120	19	52	33				
	14	RP16GS$_1$	蚀变玄武岩	76	16		5.54		44.6	1.68	340	420	15	0.63		1.79	240	40	280	125				
	15	D1012GS$_2$	辉长岩	3.28	104	6.35	68.4	23.4	209	25.3	239	53.7	192	4.17	3.55	7.65	5.88	1	1.9	10	2.6	120	0.1	69.1
	16	D3108GS$_1$	石英辉长岩	13	41		12.1		173	6.54	700	600	67	0.74	2.27	4.67	150	19	26	20	40	86	0.1	53
古昌结合带	17	D3072GS$_2$	斜长花岗岩	9.73	7.25	1.56	2.42	16.2	95.7	0.18	108	404	44.3	0.5	0.24	2.99	19.4	8.5	15.4	20.2	2.45	22.6	0.022	16.1
	18	D2049GS$_1$	变辉绿岩	48	45	2	5	9	150	2.85	130	220	5	1.01	1.73	4.67	175	22	90	46	42	160	0.15	25
	19	D1017GS$_1$	辉长岩	23.2	3.2	1.59	0.43	17.6	20.7	0.62	107	79	6.2	0.5	0.61	1.04	50.9	17.6	37.5	30.6	3.3	10.9	0.014	18
	20	D3072GS$_4$	变辉长岩	18	17	0.5	5	4.6	54	1.59	145	180	5	0.5	1.33	1.81	165	20	76	36	56	69	0.1	16
	21	D3072GS$_5$	变辉长岩	16	20	0.8	5	7.6	66	2.1	290	150	6	0.5	1.16	2.36	110	14	22	15	50	54	0.1	15
	22	D2056GS$_1$	蚀变斜橄榄岩	5.81	3	1.32	0.32	7.77	21.9	0.12	2.1	18.6	5.9	0.5	0.4	0.94	11.3	77.3	254	2200	1	16.3	0.032	76.1
	23	D3071GS$_1$	蚀变辉橄榄岩	8.29	3.5	1.47	0.94	15.5	27.3	0.2	9.93	56.9	8.7	0.5	0.92	1.41	31	20	1370	1580	2.3	53.5	0.027	12.6

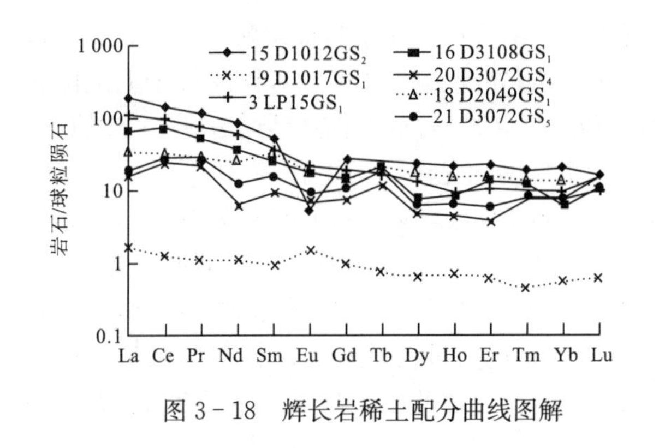

图 3－18　辉长岩稀土配分曲线图解

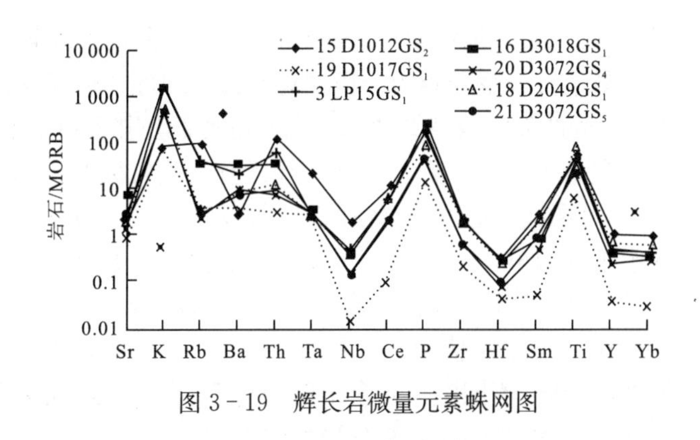

图 3－19　辉长岩微量元素蛛网图

（二）班公错—怒江结合带

班公错—怒江结合带与区域上东巧蛇绿岩群相当，图区蛇绿岩组合不完整，仅见基性岩墙群单元、基性熔岩类和硅质岩。

1. 基性岩墙（群）

（1）岩石化学特征

区内分布极为有限，岩石类型单一，为蚀变辉长岩、石英辉长岩，岩石化学成分列于表 3－2。从表中可以看出，SiO_2 含量在 49.20%～55.18%之间，TiO_2 含量 0.85%～0.95%，K_2O+Na_2O 为 3.67%～6.91%，MgO 为 1.49%～7.19%，Al_2O_3 为 15.24%～16.03%，与世界同类岩石相比（S. R. Nockolds，1954 和 F. H. Hatch，*et al.*，1973），SiO_2、K_2O、Na_2O 明显偏高，Al_2O_3、MgO、TFeO、TiO_2 偏低。与中国辉长岩（黎彤等，1963）相比，除 SiO_2 偏高外，其他岩石化学成分比较接近。将岩石进行（K_2O+Na_2O）－SiO_2 和 Al_2O_3－SiO_2 图解（图 3－14、图 3－15），在图 3－14 中，一件样品落入强碱质区，另一件样品位于碱质区紧邻强碱质区的区域，表明岩石为碱质—强碱质岩石，在图 3－15 中，样点全部落入铝质区。图 3－16 中，一件样品落入碱质区，另一件位于碱质与拉斑玄武质的分界线上。对辉长岩进行 FAM 图解（图 3－20），一件样品投入岩墙群区内，另一件位于各区之外，可能与岩石的强烈硅化蚀变有关，结合区内辉长岩的其他特征分析，无疑应属蛇绿岩中岩墙群单元。将岩石的氧化物百分含量进行 TiO_2－FeO^*/（FeO^*＋MgO）图解（图 3－17），两件样品全部位于洋中脊辉长岩外紧邻菲律宾海辉长岩的过渡区，不具有洋脊辉长岩的岩石化学特征，与雅鲁藏布江带、东巧地区和特罗多斯等蛇绿岩中的辉长岩均存在明显的差异，表明班—怒带在图区范围内的扩张是有限的。

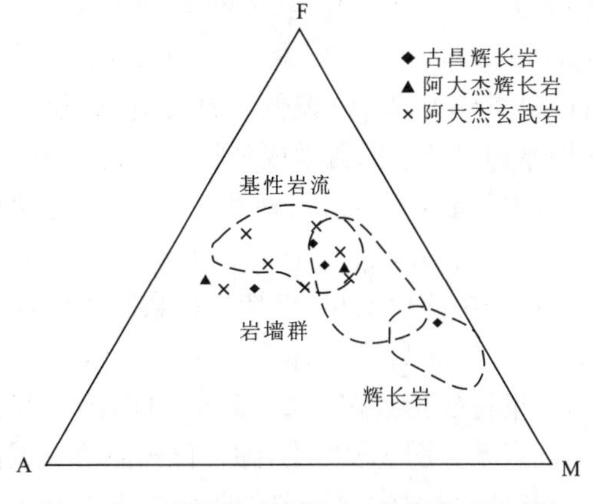

图 3－20　蛇绿岩中辉长岩、玄武岩 FAM 图

CIPW 标准矿物计算结果列于表 3－4，由表中可以看出，辉长岩的标准矿物主要为钠长石（ab）31.48%、钙长石（an）26.44%、透辉石（di）19.27%及橄榄石（ol）6.6%、辉石（hy）9.28%，不出现石英，说明岩石为 SiO_2不饱和岩石；石英辉长岩标准矿物主要有钾长石（or）14.65%、钠长石（ab）41.46%、钙长石（an）17.37%、透辉石（di）10.88%及少量紫苏辉石（hy）2.94%、石英（q）6.2%，标准矿物中出现了石英，说明岩石为 SiO_2过饱和岩石，这可能与岩石的硅化蚀变作用有关。

（2）地球化学特征

两件样品的稀土元素丰度值和主要特征参数见表 3－5。从表中可以看出，稀土丰度总量偏高，为 128.25×10^{-6}～277.71×10^{-6}，δEu 为 0.14～0.88，为铕略亏损型。轻稀土总量与重稀土总量的比值为 8.98～9.77，$(La/Yb)_N$ 为 9.98～10.61；$(La/Sm)_N$ 为2.51～3.84；显示轻稀土富集型。稀土配分曲线（图 3－18 中 15、16 号曲线）总体为向右缓倾型—平坦型，其中石英辉长岩为弱负铕异常，而辉长岩铕亏损强烈，表现为强负铕异常，表明后者的稀土分馏程度较前者强烈。综上稀土元素特征反映出辉长岩类岩石是富集地幔岩浆分异的产物。对辉长岩进行$(La/Yb)_N-Yb_N$图解分析（见图3－12），样品位于上地幔靠近下地壳的部位，表明岩浆源自上地幔上部，不排除有下地壳物质的少量加入。这与前述结论是基本一致的。

微量元素含量见表3－6。经洋脊玄武岩标准化的微量元素蛛网图见图3－19中15、16号曲线。其中除15号曲线跳跃剧烈，规律性不明显外，另一条曲线（16号曲线）的形态与图区古昌辉长岩基本吻合。从图中不难看出，亲石元素中，大离子亲石元素K、Rb、Sr、Ba和放射性元素Th相对其他元素明显富集，其中尤以Th、Rb更明显；非活动性元素Ta、Zr、Hf、Nb中，Ta、Zr有相对富集，Nb、Hf相对亏损；稀土元素Ce、Sm、Yb、Y丰值偏低，相对富集Ce、Sm。综上，微量元素所反映的特征与前述超基性岩的微量元素特征基本相同，不同的是元素丰值均高于超基性岩，说明辉长岩类岩石与超基性岩在形成环境方面有着密切的联系，可能是同源岩浆分异的结果。

2. 基性熔岩

（1）岩石化学特征

岩石类型为蚀变玄武岩、蚀变杏仁状玄武岩、枕状玄武岩等，多呈构造岩片状产出，是东巧蛇绿岩群在图区的主要岩石组合单元。

从表3－2中可以看出，SiO_2含量在38.12%～51.86%之间，TiO_2含量为0.83%～3.65%，K_2O+Na_2O为3.33%～6.45%，MgO为2.15%～9.48%，Al_2O_3为11.08%～16.68%，Na_2O远大于K_2O，与世界大洋拉斑玄武岩（Hyndman D W，1972）相比，K_2O、Na_2O明显偏高；FeO、Fe_2O_3、MgO偏低，与中国西南拉斑玄武岩（梅厚钧，1981）的化学成分较为接近。图3－21中，七件样品有五件落入碱性玄武岩区，另两件分别落入苦橄岩和霞石岩区。岩石的各种指数见表3－3，从表中可以看出，里特曼指数除一件样品为负值（－6.6）和另一件样品为14.2外，其余五件样品的里特曼指数在3.2～5.8之间，绝大部分属碱钙性岩系。图3－22中，除一件样品落入碱性系列外，其余六件样品位于碱性和亚碱性系列的过渡区，即实线和虚线之间或线上。Al_2O_3－“An”图解中（图3－23），七件样品有五件落入拉斑玄武岩区，另两件落入钙碱性玄武岩区。在图3－24中，样点全部位于拉斑玄武岩区的洋岛和岛弧拉斑玄武岩区或附近。根据K_2O和Na_2O的相对含量进行K_2O-Na_2O图解（图3－25），除两件样品落入钾质区外，其余五件样品均位于钠质区，说明玄武岩总体应属钠质系列岩石。在图3－26中，四件样品落入洋脊玄武岩区，另三个样点位于洋岛玄武岩区外的左右两侧；图3－27中，五件样品落入洋脊玄武岩区，另两件分别岛弧玄武岩区和板内玄武岩区。在图3－28中，有三件样品落入洋脊玄武岩区，另外四件全部落入岛弧拉斑玄武岩区，再将样点投影在图3－29中，有四件位于岛弧拉斑玄武岩区，洋脊玄武岩区和洋岛拉斑玄武岩区各一件，另一件落入板内。

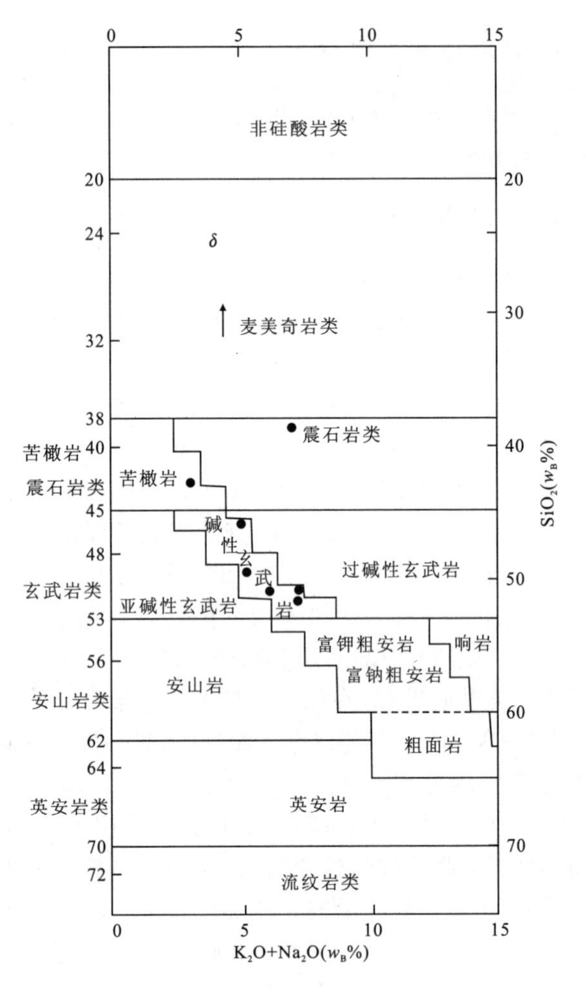

图3－21　玄武岩$SiO_2-(K_2O+Na_2O)$图
（E. A. Maiddlemost，1972）

对玄武岩进行FAM图解（图3－17），七件样品中有六件落入基性熔岩区。综上，蚀变玄武岩具有富钠、低镁、铁的岩石化学特征，除1～2件样品为碱性系列岩石外，多数反映出亚碱性系列的拉斑玄武岩系列，包括洋岛和岛弧拉斑玄武岩系列，其形成环境既有洋脊环境，也有洋岛环境，反映出洋脊—洋岛的过渡环境，揭示班-怒洋盆在图区内的扩张是有限的，应为有限洋盆环境的产物。

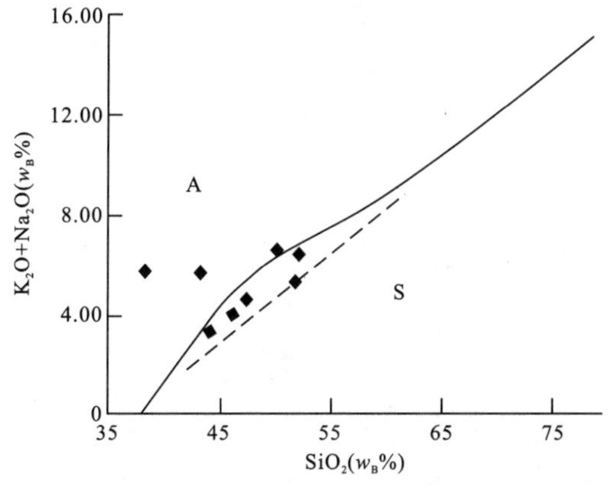

图 3-22　玄武岩(K_2O+Na_2O)- SiO_2 图
实线. Macdonald(1968)；A. 碱性系列；S. 亚碱性系列
虚线. Irvine(1971)

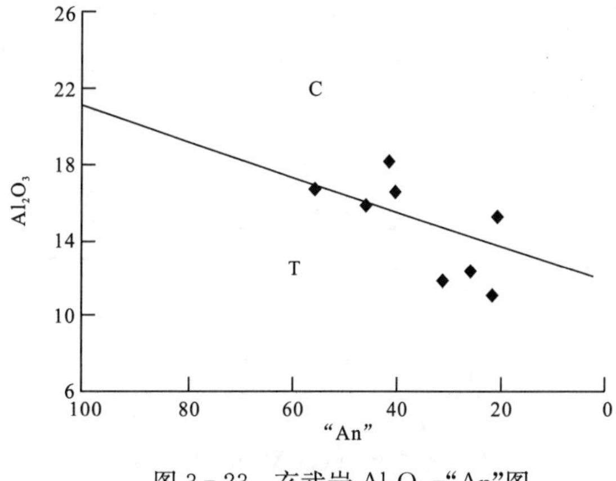

图 3-23　玄武岩 Al_2O_3 -"An"图
(Irvine T N,1971)
T. 拉斑玄武岩系列；C. 钙碱性系列

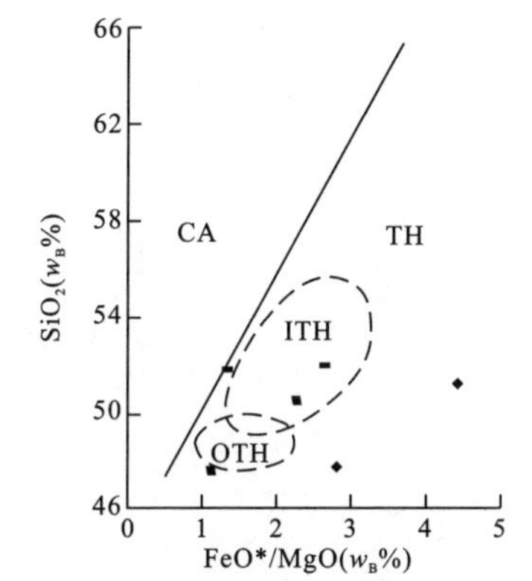

图 3-24　火山岩 FeO^*/MgO 对 SiO_2 变异图
CA. 钙碱性；TH. 拉斑玄武岩；
OTH. 岛弧玄武岩；ITH. 洋岛玄武岩

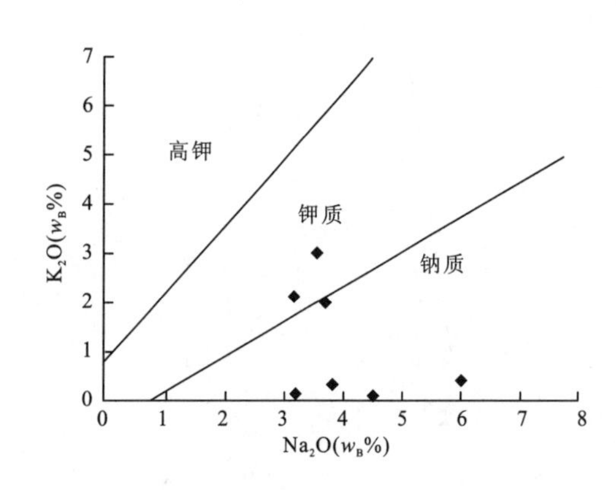

图 3-25　玄武岩 K_2O-Na_2O 关系图
(Mlddemost F A K,1972)

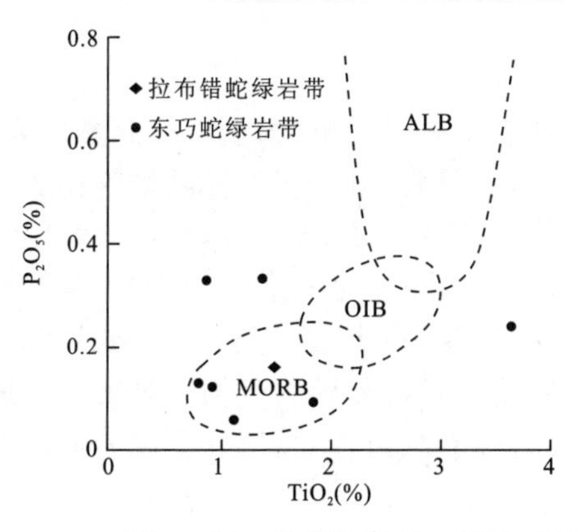

图 3-26　玄武岩 P_2O_5 - TiO_2 图解
ALB. 碱性玄武岩；MORB. 洋脊玄武岩；
OIB. 洋岛玄武岩

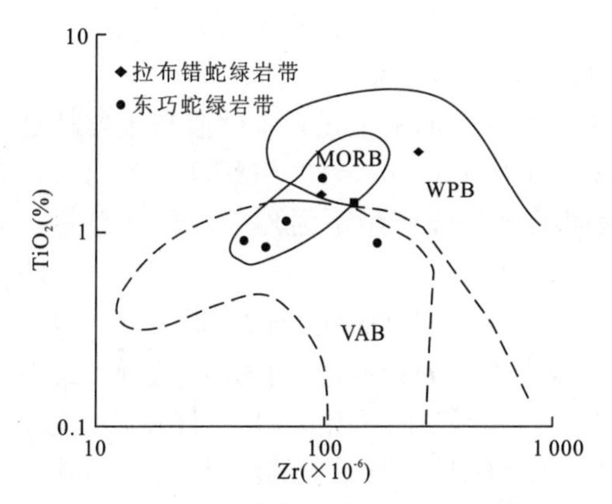

图 3-27　玄武岩 TiO_2 - Zr 关系图
WPB. 板内玄武岩；MORB. 洋脊玄武岩；
VAB. 岛弧玄武岩

玄武岩类的 CIPW 标准矿物计算结果列于表 3-4。七件样品中有五件出现了橄榄石(ol)、霞石(ne)，其中一个样品还同时出现白榴石(lc)，标准矿物反映岩石具有碱性或偏碱性、SiO_2不饱和的特点。对标准矿物进行图解分析，在图 3-30 中，一件样品含量为 0，落入三角形 Ne′的顶点，另一件位于三角形底边靠亚碱性一侧，其余五件样品有四件位于亚碱性系列区，仅一件投入碱性系列区，说明玄武岩总体应属亚碱性系列岩石。对玄武岩进行 An-Ab′-Or 图解(图 3-31)，有两件样品投在普通和钾质区的分界线附近，其余五件全部落入钠质区，说明岩石属钠质玄武岩，这与前述结论是一致的。

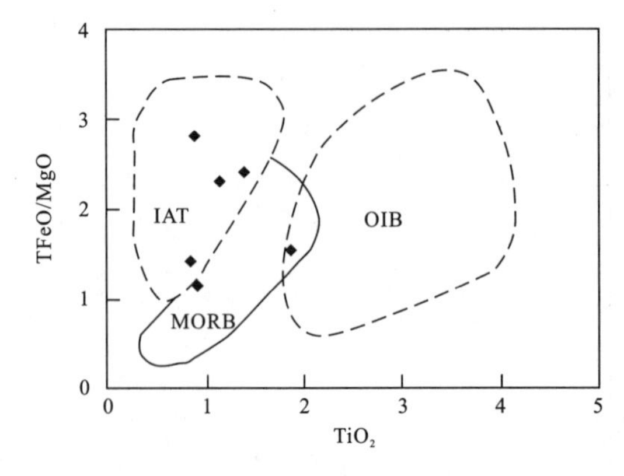

图 3-28　玄武岩 TFeO/MgO-TiO_2图解

IAT. 岛弧拉斑玄武岩；OIB. 洋岛玄武岩；
MORB. 洋脊玄武岩

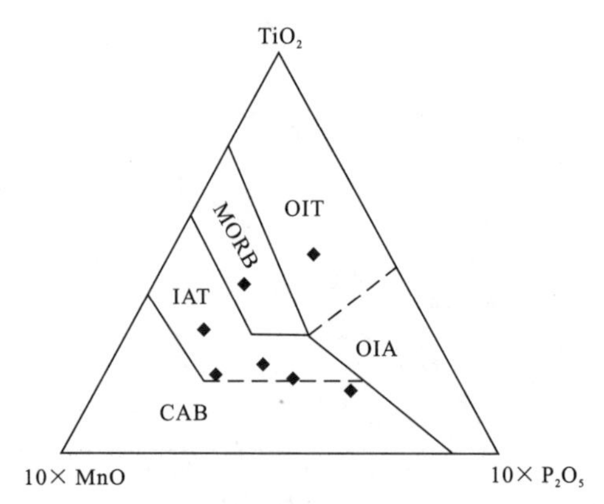

图 3-29　玄武岩 TiO_2-10×MnO-10×P_2O_5

OIT. 洋岛拉斑玄武岩；OIA. 洋岛碱性玄武岩；CAB. 钙碱性玄武岩
MORB. 洋中脊玄武岩；IAT. 岛弧拉斑玄武岩

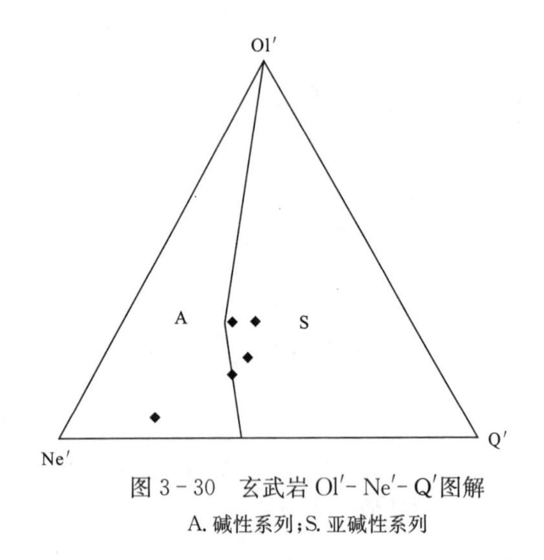

图 3-30　玄武岩 Ol′-Ne′-Q′图解

A. 碱性系列；S. 亚碱性系列

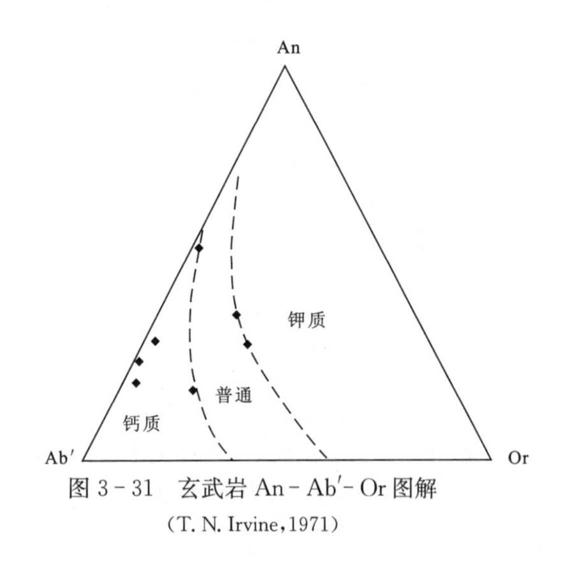

图 3-31　玄武岩 An-Ab′-Or 图解

(T. N. Irvine，1971)

(2)地球化学特征

玄武岩样品的稀土元素丰度值和主要特征参数见表 3-5。从表中可以看出，稀土丰度总量偏高，为 53.63×10^{-6}～177.91×10^{-6}，δEu0.72～1.17，其中两件样品为铕弱正异常，其余五件样品均为铕弱负异常，表明稀土分馏作用不强烈。轻稀土总量与重稀土总量的比值为 3.68～11.6，$(La/Yb)_N$ 为 1.01～20.33；$(La/Sm)_N$ 为 1.06～5.21，其中 1～2 件样品的比值偏高，多数样品的比值较低，总体显示为轻稀土略富集型。稀土配分曲线(图 3-32 中 8～13 号曲线)总体为向右缓倾型—平坦型。与区内辉长岩的稀土配分曲线形态十分相似，从而揭示了它们之间的亲缘性，均为富集地幔岩浆分异的产物。对玄武岩进行 $(La/Yb)_N$-Yb_N 图解(图 3-12)，样点较分散，总体位于洋脊或靠近洋脊附近，不具洋脊玄武岩的典型特征，显示为有限扩张背景下的洋脊—洋岛环境。

微量元素含量见表 3-6。经洋脊玄武岩的标准化后的微量元素蛛网图见图 3-33 中 8～14 号曲线。七条曲线总体表现为波峰、波谷明显的跳跃型曲线。从图中不难看出，亲石元素中，大离子亲石元素 K、Rb、Sr、Ba 和放射性元素 Th 相对其他元素明显富集，其中尤以放射性元素 Th 更明显；非活动性元素 Ta、Zr、Hf、Nb 中，Ta、Zr 有相对富集，Nb、Hf 明显亏损；稀土元素 Ce、Sm、Yb、Y 丰值偏低，相对富集 Ce、Sm。表明不同性质的微量元素在岩浆分异过程中其分异程度是不同的。综上，微量元素所反映的特征与前述辉长岩的微量元素特征是基本相同的，说明玄武岩类岩石与辉长岩在形成环境方面有着密切的联系，可能为同源岩浆分异的产物。

3. 硅质岩

岩石类型主要为紫红色、浅绿灰色条带状硅质岩。硅质岩仅一件样品，其岩石化学成分列于表 3-2

中。由表可知，SiO_2为92.88%，属纯硅质岩(91.0%～99.8%)，Al_2O_3为2.03%，与纯硅质岩(1.78%～3.08%)较接近，SiO_2/ Al_2O_3为45.75，远低于纯硅质岩(80～1 400)，表明含有一定的陆源泥质沉积物。据有关研究，$Al_2O_3/(Al_2O_3+Fe_2O_3)$是判别硅质岩形成环境的良好指标。硅质岩的$Al_2O_3/(Al_2O_3+Fe_2O_3)$的比值为0.83，与大陆边缘硅质岩(0.5～0.9)相当，说明硅质岩形成于大陆边缘盆地。

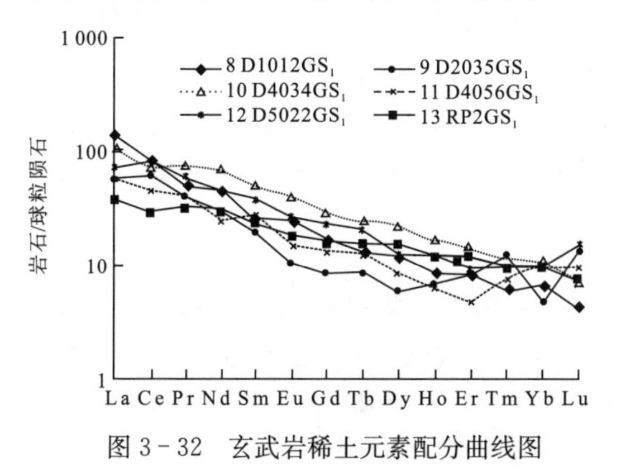

图3-32　玄武岩稀土元素配分曲线图

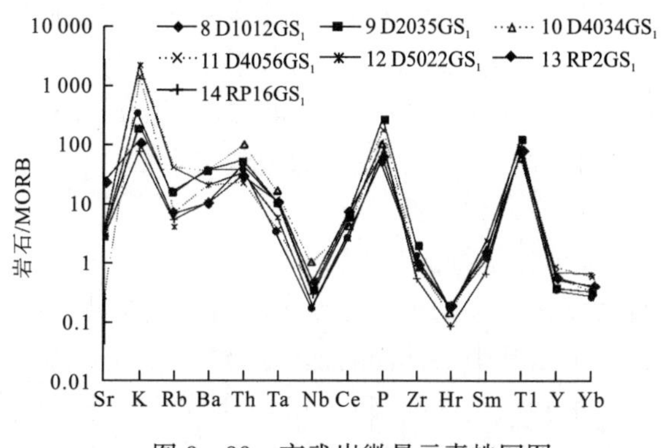

图3-33　玄武岩微量元素蛛网图

Sugisaki等通过研究太平洋洋底及大陆边缘的860个硅质岩及页岩的岩石化学分析资料，将MnO/TiO_2和Fe_2O_3/TiO_2比值作为判断沉积物离大陆远近的指标。在离大陆5 620km以内的大陆架和大陆斜坡地区，MnO/TiO_2为0.11～0.49，Fe_2O_3/TiO_2为8.35～9.30；在距大陆1 000km以外的开阔大洋底部，上述比值则较高，MnO/TiO_2值为0.50～3.52，Fe_2O_3/TiO_2为9.8～13.09。而本区硅质岩MnO/TiO_2为0.92，Fe_2O_3/TiO_2为3.23，说明硅质岩形成于有限洋盆环境。

硅质岩的稀土元素含量列于表3-5。稀土总量为24.68×10^{-6}，具不明显铕异常，δEu值0.93。近年来，Murray对利用稀土元素进行沉积环境分析后认为，La_N/Ce_N比值能很好地反映硅质岩的沉积古地理环境。在大陆边缘区$La_N/Ce_N=1$。在深海和远洋环境中$La_N/Ce_N=2\sim3$，在洋中脊环境中，$La_N/Ce_N\geqslant3.78$。本区硅质岩La_N/Ce_N值为0.78，硅质岩形成环境接近大陆边缘盆地，这与硅质岩氧化物判别的形成环境基本一致。$W(Ce)/W(Ce^*)$为0.47，与大洋盆地硅质岩(0.6±0.13)接近，La_N/Ce_N为0.78，与大陆边缘硅质岩(0.5～1.5)相当，说明硅质岩形成于大陆边缘盆地——大洋盆地。

微量元素含量列于表3-5，从表中可以看出，明显富集Ba、Th、K、Ce、Sm、Tb，而Sr、Ti、Y等含量明显偏低。据Murray的研究，洋中脊和大洋盆地硅质岩的$W(V)$明显高于大陆边缘硅质岩，而$W(Y)$则相反，所以洋中脊和大洋盆地硅质的$W(V)/W(Y)$明显高于大陆边缘硅质岩。硅质岩的$W(V)$为30×10^{-6}，$W(Ti)/W(V)$为26，与大陆边缘硅质岩($W(V)$为20×10^{-6}，$W(Ti)/W(V)=40$)和大洋盆地硅质岩($W(V)$为38×10^{-6}，$W(Ti)/W(V)=25$)的重叠区，说明硅质岩形成于大陆边缘——大洋盆地环境，这与常量元素和稀土元素得出的结论是基本一致的。

(三)古昌结合带

古昌蛇绿岩组合相对较完整，主要由变质橄榄岩类、基性岩墙(群)、基性熔岩类、斜长花岗岩和硅质岩等组成。现将各单元岩石的岩石化学、地球化学特征分述于后。

1.变质橄榄岩

(1)岩石化学特征

变质橄榄岩的岩石化学成分列于表3-2。从表中可以看出，两件样品的岩石化学成分变化范围较窄，SiO_2含量为36.78%和38.36%，TiO_2含量为0.16%和0.07%，K_2O为0.11%和0.05%，Na_2O为0.48%和0.2%，Al_2O_3为0.45%和1.93%，MgO含量为35.30%和39.39%，TFeO为7.0%和12.51%。与世界超基性岩平均含量相比较，SiO_2、MgO、TFeO明显偏低，Na_2O、K_2O、Al_2O_3明显偏高。与特罗多斯斜辉橄榄岩(Menzics和Allen,1974)相比，SiO_2偏低，与岛湾(IrvineF和indlay,1972)和塞迈尔(Glennie,1974)橄榄岩比较接近。

CIPW 标准矿物计算结果列于表 3－4。从表中可以看出，标准矿物主要为橄榄石(ol)74.35%～78.07%，次为辉石(hy)7.29%～17.7%及少量钠长石(ab)、透辉石(di)等组成。其中以镁橄榄石(fo)和顽火辉石(en)为主，说明超基性岩为镁质超基性岩。

对超基性岩进行岩石化学图解，在图 3－7 中，两件样品的投影点较分散，一件位于铁镁质区，另一件落入镁铁质区；在图 3－8 中，一件样品落入弱碱质区，另一件位于贫碱质区。图 3－9 中，一件样品落入贫铝质区，另一件落入弱铝质区与贫铝质区的界线附近，说明岩石属弱—贫铝质岩石；图 3－10 中，岩石投影点之一位于超镁铁质堆积岩区，其二位于变质橄榄岩区，由于样点较少，规律性不明显，结合岩石学特征分析，蚀变斜辉橄榄岩应为变质橄榄岩类岩石。综上，变质橄榄岩具有低钛、弱碱、弱铝、富镁的特点，与特罗多斯方辉橄榄岩相接近。

(2)地球化学特征

变质橄榄岩类的稀土元素丰度值及主要特征参数见表 3－5。两件样品的稀土总量为 2.048×10^{-6} 和 8.932×10^{-6}，其中一件样品低于球粒陨石稀土总量，另一件略高于球粒陨石的稀土总量；轻稀土总量与重稀土总量的比值为 3.68 和 5.67，表明轻稀土相对重稀土富集；δEu 为 0.39 和 0.97，为铕强亏损—弱亏损型，表明稀土元素的分馏程度是不相同的；$(La/Yb)_N$ 分别为 3.72、9.54，$(La/Sm)_N$ 为 1.63、8.27，亦显示轻稀土略富集。稀土配分曲线(图 3－11 中 22、23 号曲线)总体表现为右倾斜滑型—平坦型，其中之一铕负异常明显，且重稀土 Gd、Tb 略有富集，另一条曲线铕亏损不明显，轻稀土 La、Ce 有明显富集。这可能与超基性岩的分馏和蚀变强度不同有关。对岩石进行 $(La/Yb)_N－Yb_N$ 图解(图 3－12)分析，两件样品全部落入上地幔附近，表明变质橄榄岩是地幔岩浆分异的结果。

变质橄榄岩的微量元素含量见表 3－6。经洋脊玄武标准值进行标准的微量元素曲线见图 3－13 中 22、23 号曲线。从图中不难看出，亲石元素中，大离子亲石元素 K、Rb、Sr、Ba 和放射性元素 Th 相对其他元素明显富集，其中尤以放射性元素 Th 更明显，大离子亲石元素 Rb 也有明显富集；非活动性元素 Ta、Zr、Hf、Nb 中，Ta、Zr 有相对富集，其中 Ta 富集更强烈，Nb 强烈亏损，Hf 亏损不明显；稀土元素 Ce、Sm、Yb、Y 表现不明显，其中之一相对富集 Y。综上，微量元素反映的特征与前述拉布错超基性岩和阿大杰带的辉长岩和玄武岩大同小异，说明它们形成的大地构造背景是基本相同的，可能同为地幔岩浆分异的产物。

2. 基性岩墙(群)

(1)岩石化学特征

辉绿(长)岩属蛇绿岩的岩墙群单元，四件样品的岩石化学分析成果见表 3－2。从表中可以看出，SiO_2 含量在 44.32%～59.36%之间，TiO_2 含量 0.12%～1.85%，K_2O+Na_2O 为 0.46%～5.19%，Fe_2O_3 为 0.67%～5.43%，FeO 为 1.89%～4.64%，MgO 为 2.82%～5.09%，Al_2O_3 为 15.1%～27.72%。与世界同类岩石相比(S. R. Nockolds，1954 和 F. H. Hatch et al，1973)，除一件样品与其相近外，其余三件样品的 SiO_2、K_2O、Na_2O 明显偏高，Al_2O_3、MgO 、TFeO、TiO_2 偏低，但与中国辉长岩(黎彤等，1963)相比，除 SiO_2 偏高外，其他岩石化学成分比较接近。岩石$(K_2O+Na_2O)－SiO_2$ 图解(图 3－14)中，四件样品有两件落入强碱质区，一件样品位于碱质区，另一件位于弱碱质区和贫碱质区的分界线上，总体表现为偏碱质—强碱质系列岩石；在图 3－15 中，一个样点落入高铝质区，两件样品位于铝质区，还有一件投在弱铝质与贫铝质区的界线上；图 3－16 中，四件样品全部落入拉斑玄武质区，与大西洋中脊玄武岩的平均成分接近；对辉长岩进行 FAM 图解(图 3－20)，两件样品投入岩墙群区内，一件样品辉长岩区与岩墙群区的重叠部位靠近岩墙群区，还有一件位于各区之外，可能与岩石的强烈硅化蚀变有关，表明辉长岩无疑应属蛇绿岩中的岩墙群单元。将岩石的氧化物 $TiO_2－FeO^*/(FeO^*+Mg)$ 图解(图 3－17)，一件样品位于洋中脊辉长岩与菲律宾海辉长岩的过渡区，另外三件样品均落入菲律宾海辉长岩区，不具有洋脊辉长岩的岩石化学特征。与特罗多斯、塞甫路斯蛇绿岩中的辉长岩存在明显的差异，是班－怒带有限扩张背景下的产物。

CIPW 标准矿物计算结果列于表 3－4，由表中可以看出，辉长岩的标准矿物主要为钠长石(ab)3.05～41.2、钾长石(or)0.65～3.9、钙长石(an) 22.74～75.14、透辉石(di) 8.35～13.97、辉石(hy)1.13～16.57。其中一件样品出现橄榄石(ol)6.6，不出现石英，说明岩石为 SiO_2 不饱和岩石；其余三件样品标准矿物中出现了石英，说明岩石为 SiO_2 过饱和岩石，这可能与岩石的强烈硅化蚀变作用有关。

(2)地球化学特征

四件样品的稀土元素丰度值和主要特征参数见表3-5。从表中可以看出，稀土丰度总量为$3.438\times10^{-6}\sim88.88\times10^{-6}$，轻稀土总量与重稀土总量的比值为3.37～4.96，显示轻稀土相对重稀土富集；$(La/Yb)_N$分别为2.41～3.31，$(La/Sm)_N$为1.13～1.93，亦为轻稀土略富集型。稀土配分曲线(图3-18中18～21号曲线)均为平坦型，其中19号曲线为典型的球粒陨石型，铕为正异常，其余三条为铕弱负异常的平坦型曲线，但丰值明显高于19号曲线。与西藏班戈地区觉翁蛇绿岩和塞甫路斯特罗多斯蛇绿岩中的辉长岩岩墙(群)的稀土曲线特征十分相近。对辉长岩进行$(La/Yb)_N-Yb_N$图解(图3-12)分析，其中一件样品落入上地幔附近，另三件位于洋中脊附近。揭示辉长岩可能源自上地幔，但不是典型洋中脊环境的产物。

微量元素含量列于表3-6。经洋脊玄武岩标准化的微量元素蛛网图见图3-19中18～21号曲线，19号曲线亲石元素K、Rb、Sr、Ba和放射性元素Th明显富集，非活动性元素Nb严重亏损，其余三条曲线(18、20、21号曲线)的形态基本吻合。亲石元素中，大离子亲石元素K、Rb、Sr、Ba和放射性元素Th相对其他元素略有富集；非活动性元素Ta、Zr、Hf、Nb中，Ta、Zr有相对弱富集，Nb、Hf明显亏损；稀土元素Ce、Sm、Yb、Y丰值相对偏低，相对弱富集Ce、Sm。综上，微量元素所反映的特征与前述超基性岩和玄武岩的特征是基本相同的，不同的是元素丰度值高于超基性岩，说明辉长岩类岩石、超基性岩和玄武岩存在密切的联系，可能是同源岩浆分异的所致。

3.斜长花岗岩

(1)岩石化学特征

细粒斜长花岗岩为本测区新发现的蛇绿岩成员，分布十分有限，空间上与蛇绿岩具有密切关系，可能为地幔岩浆分异的残余。

斜长花岗岩的岩石化学成分见表3-2。从表中看出，$SiO_2$72.68%，K_2O 0.99%，FeO^* 2.86%，TiO_2 0.28%，Na_2O 3.36%，Al_2O_3 13.48%，MgO 1.36%。与塞浦路斯蛇绿岩中的斜长花岗岩化学成分对比，SiO_2和K_2O含量偏高，FeO和TiO_2含量较低，Na_2O、Al_2O_3、MgO含量接近其平均成分。R_1-R_2图解上(图3-34)，样点落入地幔分离的花岗岩区。说明斜长花岗岩可能是蛇绿岩地幔岩浆分异的残留体或端元组分，属蛇绿岩中淡色岩石组分。

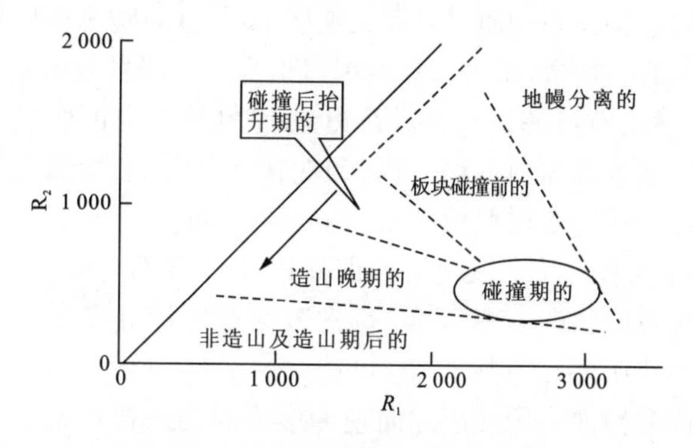

图3-34　斜长花岗岩R_1-R_2图解

斜长花岗岩CIPW标准矿物计算结果见表3-4。从表中得知，标准矿物主要由石英(q)41.63、钾长石(or)5.97、钠长石(ab)29.11、钙长石(en)13.04及少量辉石(hy)5.95、磁铁矿(mt)1.33组成，这与岩石薄片鉴定结果是基本一致的。

(2)地球化学特征

斜长花岗岩的稀土元素含量见表3-5。稀土总量为65.82×10^{-6}，δEu为0.65，为铕弱亏损型；轻、重稀土的比值为3.02，$(La/Yb)_N$为2.06，$(La/Sm)_N$为2.29，显示轻稀土相对重稀土略富集型。稀土配分曲线(图3-35)为平坦型，曲线形态与辉长岩的稀土曲线形态基本相同，说明斜长花岗岩与辉长岩有着密切的联系，是基性岩浆分异的端元组分。

微量元素含量见表3-6。微量元素含量均高于洋脊花岗岩。选用K_2O和11个元素含量与洋脊花岗岩相比进行标准化后绘制的微量元素曲线见图3-36，曲线形态与洋脊花岗岩的曲线形态十分接近，但丰值高于洋脊花岗岩。说明斜长花岗岩可能形成于洋脊环境。

综上所述，图区蛇绿岩的岩石化学特征具有其自身的独特性，与雅鲁藏布江蛇绿岩及世界著名的塞浦路斯、特罗多斯蛇绿岩存在明显的差异。图区内不同的岩带，蛇绿岩的发育程度、蛇绿岩组合、岩石学、岩石化学和地球化学特征亦存在诸多不同之处，就是同一岩带的不同部位蛇绿岩的各种特征也具有较明显的差异性，具有地域性、多样性、差异性的特征，这些特征恰好说明了图区蛇绿岩形成环境的特殊性，它不

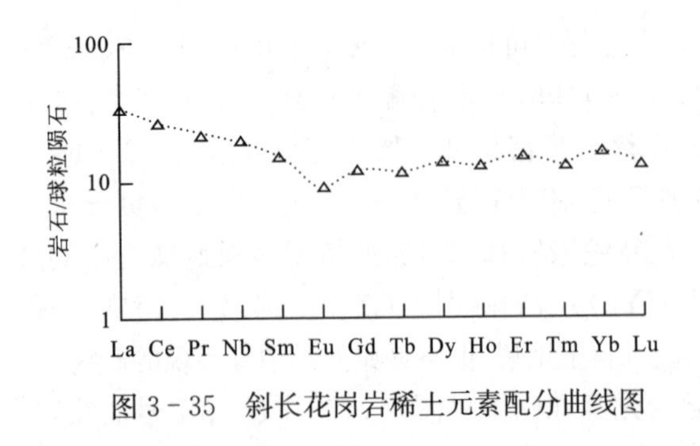

图 3-35　斜长花岗岩稀土元素配分曲线图

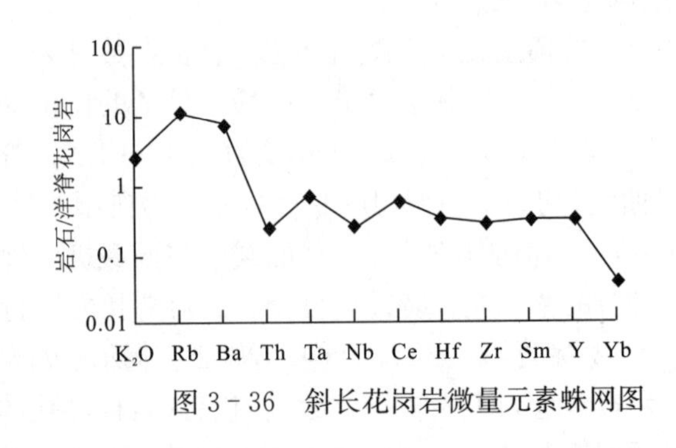

图 3-36　斜长花岗岩微量元素蛛网图

是开阔大洋环境的产物，而显示出有限扩张环境的蛇绿岩特征，可能形成于盆地形态、盆地地貌和盆底地形极为复杂的、扩张十分有限的多岛(有限)洋盆地。

四、蛇绿岩区域对比

(一)层序对比

1.蛇绿岩层序的建立

(1)东巧蛇绿岩群假层序

东巧蛇绿岩群主要受控于图区铁杂—日雍构造混杂带，多呈构造岩(残)片状星散分布于基质木嘎岗日岩群深海含硅质岩复理石地层中，与基质均为断层接触。蛇绿岩组合极不完整，常为一个或两个蛇绿岩单元岩石构成，带内仅见蛇绿岩组合的上部岩石单元，主要为岩墙群单元和基性熔岩单元。岩墙群为蚀变辉长岩、石英辉长岩等岩石类型，基性熔岩有蚀变杏仁状玄武岩、块状玄武岩和枕状玄武岩，上覆沉积层为深海含放射虫硅质岩复理石。蛇绿岩的下部岩石单元仅见蚀变强烈的变质橄榄岩类，其间有少量闪长玢岩脉穿插，呈构造移置岩片分布于拉布错南侧山脊附近，它可能是班公错—怒江洋壳南向俯冲会聚晚期北向逆冲形成的构造移置岩片，应属东巧蛇绿岩群下部岩石组合。将上述不同蛇绿岩残片进行拼凑，恢复的东巧蛇绿岩层序由下而上为：变质橄榄岩、基性岩墙群、基性熔岩和上覆深海硅泥质沉积物(图 3-37)。从蛇绿岩的假层序可以看出，其间缺少蛇绿岩组合中的堆积岩单元，这可能是图区独特的构造背景所决定的。

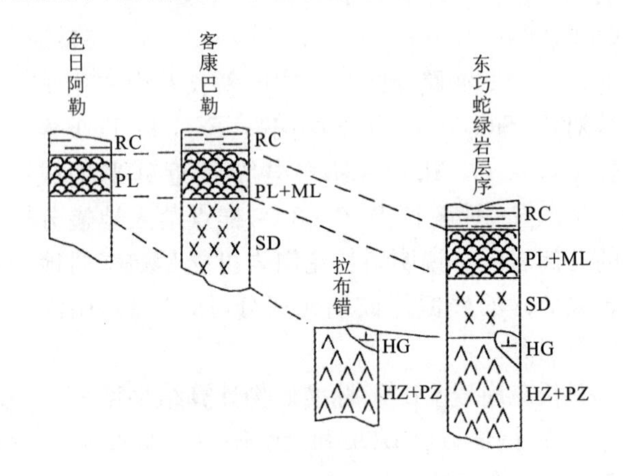

图 3-37　东巧蛇绿岩层序恢复
图例同图 3-39

(2)古昌蛇绿岩层序

古昌蛇绿岩受姐尼索拉—拉嘎拉构造混杂带控制，呈构造残片状断续分布于混杂带内，蛇绿岩片赋存的基质(即深海沉积物)出露较少，仅局限地段见放射虫硅质岩片及深水复理石沉积物。蛇绿岩组合亦不完整，多为 1～3 个成员构成。图区日巴一带仅出露基性火山岩和少量硅质岩片；古昌附近相对较好，有变质橄榄岩、蚀变辉长岩、斜长花岗岩及硅质岩片；古昌以东卡木一带见有层状辉长岩、块状辉长岩片。将这些不同地域、不同组合的蛇绿岩残片进行拼贴组合，可以得到相对完整的蛇绿岩假层序(图 3-38)，由下至上为变质橄榄岩、层状辉长岩、基性岩墙群、基性熔岩和上覆硅泥质沉积物。与东巧蛇绿岩群一样缺少堆积杂岩单元，不同的是古昌蛇绿岩出现了蛇绿岩的端元组分——斜长花岗岩。古昌蛇绿岩赋存的基质和构造混杂带的规模远不如前者，显然处于次级或从属的地位，说明古昌结合带代表的洋盆可能为班公错—怒江洋盆的次级分支，是班公错—怒江洋盆扩张时期的次级扩张带。

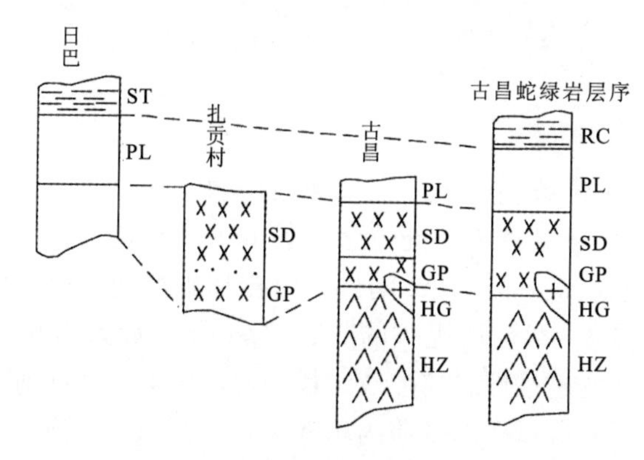

图 3-38 古昌蛇绿岩层序恢复

图例同图 3-39

2. 蛇绿岩层序对比

区内蛇绿岩层序不完整，很难找到蛇绿岩层序完整的剖面，多由 1～3 个蛇绿岩岩石单元构成，最多不超过 4 个。根据岩石组合特点，对测区蛇绿岩层序进行进行了恢复，恢复后的蛇绿岩剖面层序基本上可与塞迈尔、特罗多斯、岛湾，雅鲁藏布江及班—怒带上丁青、班戈等地的蛇绿岩剖面层序进行对比(图 3-39)。

从图中可看出，除缺少堆晶岩单元外，总体层序可与世界典型蛇绿岩剖面层序进行对比；与雅鲁藏布江带白岗、大竹区等地的蛇绿岩剖

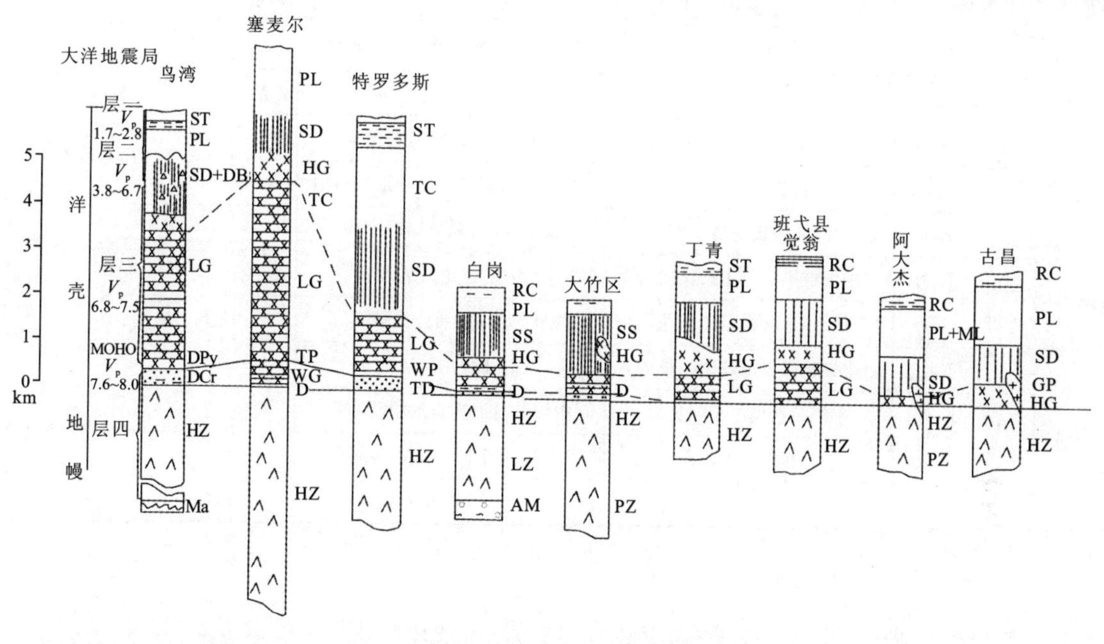

图 3-39 班公错—怒江结合带中段蛇绿岩剖面与几个典型蛇绿岩剖面以及大洋地震剖面的对比

ST. 沉积岩；RC. 放射虫燧石；PL. 枕状熔岩；ML. 块状熔岩；SD. 席状岩墙杂岩；SS. 席状岩床杂岩；HG. 均质辉长岩、闪长岩、斜长花岗岩；LG. 堆晶岩；ST. 橄长岩；GP. 层状辉长岩＋苦橄岩；MG. 异剥橄岩＋层状辉长岩；WP. 异剥橄榄岩＋辉石岩；Py. 辉石岩；D. 纯橄岩、含长纯橄岩；Cr. 铬铁矿；HZ. 斜辉橄榄岩；PZ. 二橄榄岩；Ma. 变质晕圈；SM. 蛇纹混杂带；AM. 混杂变质砾岩；V_P. 3.8～6.7，地震 P 波速度—堆积岩与大非堆积岩的界线；SMOHO. 地震莫霍面

面层序进行对比，除堆晶岩单元不如前者发育外，其余蛇绿岩单元均可对比；与班—怒带东段丁青、班戈等地蛇绿岩层序基本一致，不同的是测区蛇绿岩堆晶岩单元不发育，而且岩墙杂岩单元的岩石类型更复杂，出现了闪长岩类及斜长花岗岩等端元组分。图区内古昌蛇绿岩群与东巧蛇绿岩群的剖面层序完全可以对比，但各单元的岩石类型亦存在一定的差异，变质橄榄岩单元中，古昌蛇绿岩缺少二辉橄榄岩；岩墙杂岩单元中，古昌蛇绿岩中出现了层状辉长岩和斜长花岗岩，而东巧蛇绿岩中出现了闪长质岩石类型。综上所述，通过蛇绿岩的区域对比，可以看出测区蛇绿岩的剖面层序及岩石类型与世界各地蛇绿之间既存在诸多的相同或相似之处，也存在明显的差别，即使是同一蛇绿岩带不同的蛇绿岩剖面出露地，蛇绿岩的发育程度、剖面层序和各单元岩石组合等方面的差异也是显而易见的。这些异同性恰好揭示了测区蛇绿岩形成的大地构造环境是不尽相同的，更大程度说明图区蛇绿岩可能形成于有限扩张环境的局限洋盆。

五、蛇绿岩时代及成因

(一)拉布错蛇绿岩时代

拉布错蛇绿岩构造移置岩片(块)与中、下侏罗统曲色组或色哇组地层呈断层接触。其形成时代缺乏宏观的地质判据,可以利用硅质岩中的放射虫时代和蚀变超基性岩的同位素年龄值予以确定。目前只能依靠蚀变超基性岩的同位素年龄大致确定。蚀变超基性岩的$^{40}Ar/^{39}Ar$同位素由桂林矿产地质研究院测试中心测定,其原始测定数据见表3-7和图3-40、图3-41。所提供的$^{40}Ar/^{39}Ar$坪年龄为139.35±0.3Ma,等时线年龄为137.93±2.76Ma。说明拉布错蚀变超基性岩的形成时代为晚侏罗世。如前所述该超基性岩移置岩片属东巧蛇绿岩范畴,区域上,东巧蛇绿岩群赋存的基质为木嘎岗日岩群(JM),前人在硅质岩中获有大量中晚侏罗世化石(姜春发,1984;李红生,1987),晚侏罗世放射虫(王乃文,1988)及早中侏罗世古藻类化石(1∶20万昌都、洛隆幅区调报告)。综上,可以将拉布错蛇绿岩移置岩片的形成时代大致确定为侏罗纪。

表3-7　测区中酸性侵入岩岩石序列划分表

岩石序列	时代	代号	岩石名称	岩石结构	年龄及测试方法(Ma)	主要分布地区
后碰撞序列	古新世	$E_1\gamma\delta\pi$	花岗闪长斑岩	斑状结构,基质微粒结构		赛尔角岩带
		$E_1\delta o\mu$	石英闪长玢岩	斑状结构,基质微晶—细粒结构		
		$E_1\delta\mu$	闪长玢岩	斑状结构,基质微晶结构		
碰撞序列	晚白垩世	$K_2\xi\gamma$	中细粒黑云母正长花岗岩	中细粒花岗结构		错果错岩带
		$K_2\eta\gamma$	(斑状)中细粒黑云二长花岗岩	斑状结构,中细粒花岗结构	94(K-Ar)	
俯冲序列	早白垩世	$K_1\gamma\delta$	中细粒黑云母花岗闪长岩	中细粒花岗结构		物玛岩带
		$K_1\delta\eta o$	中细粒石英二长闪长岩	中细粒自形半自形粒状结构		
		$K_1\delta o$	中粒石英闪长岩	中粒自形半自形粒状结构		
		$K_1\delta$	细粒闪长岩	细粒自形半自形粒状结构	112(K-Ar)	

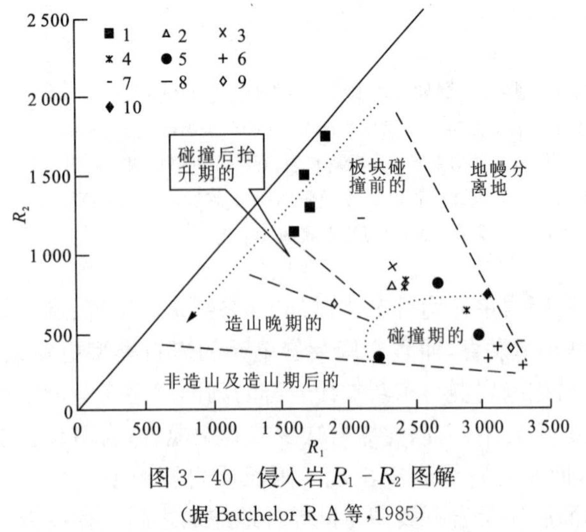

图3-40　侵入岩R_1-R_2图解

(据Batchelor R A等,1985)

1～4.早白垩世俯冲侵入岩序列:1.细粒闪长岩;2.中粒石英闪长岩;3.细粒石英二长闪长岩;4.细粒黑云母花岗闪长岩;5～6.为晚白垩世碰撞侵入岩序列;5.中细粒黑云母二长花岗岩;6.中细粒钾长花岗岩;7～9.为古新世后碰撞侵入岩序列;7.闪长玢岩;8.石英闪长玢岩;9.花岗闪长斑岩;10.中侏罗世英云闪长岩

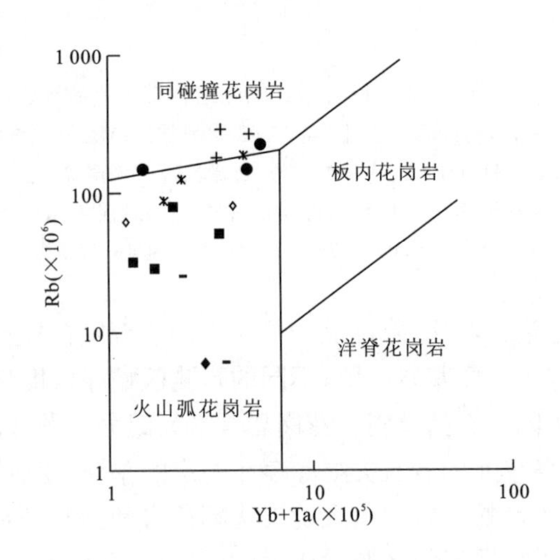

图3-41　侵入岩(Yb+Ta)-Rb图解

(据Peaice等,1984)

图例同图3-60

阿布山组(K_2a)与拉布错蛇绿岩的角度不整合时限揭示了拉布错蛇绿岩构造侵位的时代上限。其构造侵位的时代下限可以从如下方面间接获得,一是图区内的沙木罗组(J_3K_1s)与下伏木嘎岗日岩群的角度不整合面提供的时限为晚侏罗世—早白垩世;二是图区内钙碱性岛弧型火山岩揭示的时限为中侏罗世—早白垩世。综上,基本可以确定拉布错蛇绿岩的构造侵位时代为晚侏罗世之后,晚白垩世以前。

(二)阿大杰蛇绿岩(带)时代

用来确定蛇绿岩形成时代的放射虫和同位素测试成果未得到,现根据宏观地质依据和前人有关资料予以确定。野外调查过程中发现,沙木罗组(J_3K_1s)角度不整合于木嘎岗日岩群之上,该不整合面时限揭示了蛇绿岩形成时代的上限;区域上,前人在放射虫硅质岩中获得大量中晚侏罗世化石(姜春发,1984;李红生,1987)及晚侏罗世放射虫(王乃文,1988);1∶20万昌都、洛隆幅区调工作中,在与木嘎岗日岩群相当的罗冬群获得中侏罗世古藻类化石;东巧超基性岩底部的变质晕圈中角闪石K-Ar年龄为179Ma(王希斌,1983),可能代表超基性岩的初始构造侵位年龄。综上,大致可确定蛇绿岩的形成时代主要为早—中侏罗世,部分可能跨晚侏罗世。蛇绿岩的构造侵位时代可以根据图区两个不整合面的时限确定,沙木罗组(J_3K_1s)与木嘎岗日岩群(JM)的角度不整合面时限揭示了蛇绿岩构造侵位的时代下限;而阿布山组(K_2a)或竟柱山组(K_2j)与下伏地层的不整合面揭示了蛇绿岩构造侵位的时代上限,因此,班公错—怒江结合带之蛇绿岩的构造侵位时代应为晚侏罗世—早白垩世以后,晚白垩世之前。

(三)古昌蛇绿岩(带)时代

古昌蛇绿岩主要分布于古昌、日巴两地,与木嘎岗日岩群为断层接触。显示出构造侵位的特点。竟柱山组(K_2j)与木嘎岗日岩群间的角度不整合面揭示了蛇绿岩形成时代的上限。时代下限可根据基质时代和其中的硅质岩中的放射虫时代确定,放射虫鉴定分析成果未得到,尚不能为蛇绿岩的形成时代提供依据,蛇绿岩赋存的基质木嘎岗日岩群的时代据区域对比为侏罗纪,大致可以确定蛇绿岩的形成时代为侏罗纪。本次工作中,在蛇绿岩的辉长岩中获得$^{40}Ar/^{39}Ar$等时线年龄和坪年龄分别为128.44±2.57Ma和124.63±0.6Ma,年龄值由桂林矿产地质研究院测试中心提供,分析测试的原始数据见表3-8和图3-42、图3-43。综上,结合区域资料综合分析,大致确定蛇绿岩的形成时代主要为侏罗纪,但不排除跨及早白垩世的可能性,这与班戈地区的觉翁蛇绿岩群的时代是基本一致的。其构造侵位的时代下限难以定夺,如果以图区早白垩世岛弧型火山岩的出现为其下限,竟柱山组与下伏地层的不整合面为其上限,则大致可以确定蛇绿岩构造侵位时代为早白垩世—晚白垩世。

表3-8 测区岩浆岩同位素年龄测定结果一览表

样品编号	岩石单位	岩石名称	K(%)	$^{40}Ar(\times10^{-6})$	$^{40}Ar/^{40}K$	空气氩(%)	年龄值(Ma)
$D3040TM_1$	K_1q	安山岩	1.24	0.009 92	0.006 71	40.6	112±3.0
$D2015TM_1$	$J\gamma\delta o$	英云闪长岩	2.75	0.032 64	0.009 95	11.1	164±2.0
$D2015TM_1$	$J\gamma\delta o$	英云闪长岩	2.75	0.033 50	0.010 2	16.3	168±2.2
$D1010TM_1$	$K_1\delta$	细粒闪长岩	2.30	0.018 39	0.006 70	31.3	112±2.2
收集	$K_1\eta\gamma$	二长花岗岩					94
收集	K_1m	安山岩					106

注:以上样品由成都地质矿产研究所分析测试中心杨大雄、朱青测试。

第二节 中酸性侵入岩

测区中酸性侵入岩分布面积约600余平方千米,约占岩浆岩分布面积的1/3。总体来看,区内侵入岩岩体数量多,规模小,具有多种岩石类型,在时空分布上,常与火山岩相伴产出。

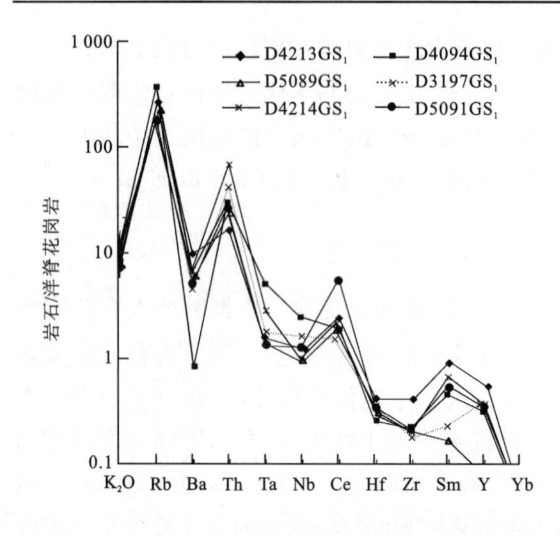

图 3-42　二长花岗岩与正长花岗岩的微量元素比值蛛网图

图中点线为洋脊花岗岩(Mar45°N)；短划虚线为火山弧花岗岩(牙买加)；点划线为同碰撞花岗岩(阿曼)

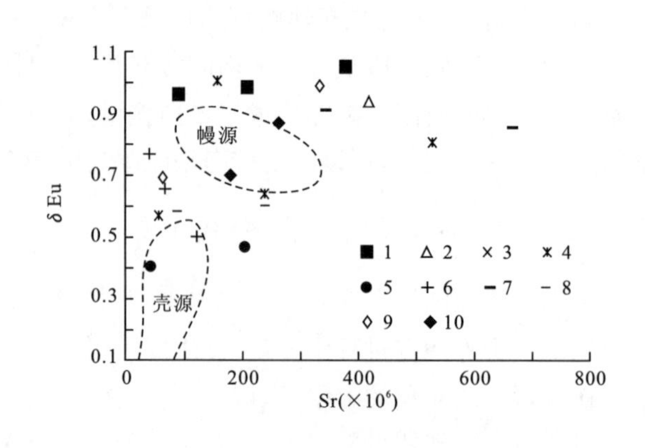

图 3-43　侵入岩的 δEu-Sr 图解

(据霍玉华等,1986)

1～4. 早白垩世俯冲侵入岩序列：1. 细粒闪长岩；2. 中粒石英闪长岩；3. 细粒石英二长闪长岩；4. 细粒黑云母花岗闪长岩；5～6. 晚白垩世碰撞侵入岩序列：5. 中细粒黑云母二长花岗岩；6. 中细粒钾长花岗岩；7～9. 古新世后碰撞侵入岩序列；7. 闪长玢岩；8. 石英闪长玢岩；9. 花岗闪长斑岩；10. 中侏罗世英云闪长岩

一、侵入岩岩石序列的划分

根据测区侵入岩岩体规模、构造环境及与本区构造演化的关系等，将本区侵入岩划分为 3 个侵入岩岩石序列，由早至晚分别为俯冲侵入岩序列、碰撞侵入岩序列和后碰撞侵入岩序列(以下分别简称俯冲序列、碰撞序列和后碰撞序列，见表 3-7)。

二、侵入岩的基本特征

(一)早白垩世俯冲侵入岩序列

俯冲型侵入岩岩体主要分布于测区中西部达朵希巴、滴乌仁栋及扎弄郎当日等地，在测区南部扎拉波、扎日阿牛场一带有少量出露，其空间分布多集中于物玛火山岩带内，并与岛弧型火山岩伴生。岩体数量有近 20 个，均呈较小的岩株及岩瘤状出露，面积多在 5～30km² 之间，个别岩体达 80km²。岩体多为简单深成岩体，属 1 次岩浆脉动所形成的单一侵入体，少数岩体为由 2 次或 3 次脉动形成的不同侵入体组成的复式深成侵入杂岩体。俯冲侵入岩序列主要岩石类型有细粒闪长岩、细粒石英闪长岩、细粒石英二长闪长岩及少量(斑状)细粒黑云角闪花岗闪长岩等，以闪长岩和和花岗闪长岩为主。

1. 细粒闪长岩($K_1\delta$)

(1)产出特征

岩体主要分布于测区中西部旦俄日、达朵希巴牛场一带及中部岗茹沟口等地。区内共见该类型的岩体 7 个，岩体均属岩浆 1 次脉动侵入形成的简单深成岩体，分布面积 2～20km²，呈小型岩瘤或岩株产出，空间分布多与"岛弧型"火山岩伴生。岩体侵位于侏罗系多仁组(J_3d)、日松组(J_3r)类复理石地层及白垩系去申拉组(K_1q)火山岩地层中。

本次于细粒闪长岩中获取同位素年龄 112±2.2Ma(K-Ar 法，表 3-8)，结合岩体产出特点及围岩时代，确定其形成时间为早白垩世。

(2)岩石学特征

岩石具细粒半自形粒状结构，块状构造。岩石主要造岩矿物为斜长石(常为中长石)、普通角闪石、普通辉石组成，或含少量石英、正长石、黑云母等(表 3-9)。岩石矿物粒度 0.5～2mm，斜长石半自形柱状，可见环带构造。斜长石表面蚀变分布绢云母鳞片，普通角闪石常蚀变为绿泥石，偶见透辉石包含于角闪石中。副矿物为磷灰石、榍石和金属矿物，其中金属矿物含量一般为2%～3%。

表3-9 早白垩世俯冲侵入岩序列岩石及矿物特征一览表

岩石单位	样品编号	岩石名称	岩石结构	主要矿物及含量(%)	副矿物及含量(%)
细粒闪长岩 ($K_1\delta$)	$D4099b_1$	蚀变细粒含石英闪长岩	细粒半自形粒状结构	石英3，中长石62，普通角闪石30，透辉石0.5	磷灰石0.5，榍石0.5，金属矿物3
	$D5051b_3$	蚀变闪长岩	细粒半自形粒状结构	中长石67，普通角闪石17，绿泥石12	白钛1，金属矿物3
	$D3169b_2$	蚀变闪长岩	变余细粒半自形粒状结构	斜长石82，普通辉石，角闪石18	磷灰石少，榍石少
	$D3170b_1$	细粒黑云母闪长岩	细粒半自形粒状结构	斜长石78，正长石5，普通辉石12，黑云母3	磷灰石0.2，榍石0.1，金属矿物2
中粒石英闪长岩 ($K_1\delta o$)	$D4086b_1$	中粒角闪辉石石英闪长岩	中粒半自形粒状结构	石英7，中长石62，正长石3，黑云母7，角闪石13，透辉石5	磷灰石0.3，金属矿物2.7
	$D4180b_1$	中粒黑云角闪石英闪长岩	中粒半自形粒状结构	石英10，中长石70，正长石2，黑云母7，普通角闪石8	磷灰石0.5，金属矿物1.5
中细粒石英二长闪长岩 ($K_1\delta\eta o$)	$D4084b_1$	中细粒角闪石英二长闪长岩	中细粒半自形粒状结构	石英10，中长石48，正长石20，黑云母4，普通角闪石15	磷灰石0.3，榍石0.5，金属矿物2
	$D4196b_1$	中细粒角闪石英二长闪长岩	中细粒半自形粒状结构	石英8，中长石52，正长石20，黑云母4，角闪石10，绿帘石1	磷灰石0.5，金属矿物4
中细粒花岗闪长岩 ($K_1\gamma\delta$)	$D4204b_1$	中细粒黑云角闪花岗闪长岩	中细粒花岗结构	石英23，中长石60，正长石5，黑云母6，普通角闪石4	磷灰石锆石0.5，榍石0.5，金属矿物1
	$W01b_1$	中粗粒黑云角闪花岗闪长岩	中粗粒花岗结构	石英26，斜长石53，正长石12，黑云母1，绿泥石4，绿帘石少	榍石2，磁铁矿2
	$D4212b_1$	斑状细粒黑云角闪花岗闪长岩	斑状结构，基质细粒花岗结构	斑晶：石英15，黑云母3，中长石45；基质：石英10，中长石5，正长石16，黑云母4	磷灰石锆石0.5，金属矿物1.5

(3)岩石化学特征

岩石化学全分析测试成果表明(表3-10)，细粒闪长岩中SiO_2含量为49.72%～56.54%，Al_2O_3为16.04%～18.37%，K_2O为0.75%～1.95%，Na_2O含量为3.15%～4.99%。硅-碱图划分为亚碱性岩石系列，并靠近碱性岩石区。岩石里特曼指数(σ)为2.14～2.8，表明属钙碱性岩；FAM图解结论表明属钙碱性岩石，洪大卫碱指数(Na_2O+K_2O)/Al_2O_3(分子比)为0.33～0.51，其结论亦为钙碱性岩。岩石分异指数(DI)为32.3～55.9，反映岩石为中性略偏酸性，岩浆分异程度中等；岩石铝饱和指数A/NKC(分子比)为0.75～0.93，A/NK比值1.96～3.02，属次铝型岩石。

(4)岩石地球化学特征

细粒闪长岩岩石稀土元素及微量元素分析测试成果见表3-11。

测试结果表明，岩石中稀土元素总量∑REE为83.99×10^{-6}～235.46×10^{-6}，平均值148.65×10^{-6}，其中LREE为62.95×10^{-6}～195.90×10^{-6}，HREE为10.04×10^{-6}～18.50×10^{-6}，L/H比值6.27～9.42，平均8.27。Ce_N/Yb_N比值12.22，表明岩石分离结晶程度中等。稀土配分曲线形态及起伏均较一致，呈平缓右倾型，轻稀土曲线段倾斜明显，重稀土段上下起伏状，反映岩石稀土分馏较明显，尤以轻稀土分馏更为突出。岩石中δEu值为0.88～1.06，平均值0.97，反映岩石Eu亏损程度极低，负异常不明显，个别具弱富集特征。岩石中δCe值为1.15～1.82，平均1.46，具有Ce富集特征。稀土曲线表明，除Ce具正异常外，岩石中还具有一致的Er正异常和Yb负异常。

岩石微量元素中，过渡族元素同地幔岩(据Bougault估算，1974)相比，除V高于地幔2～3倍外，Co、Cr、Ni、Cu及Zn等元素均低或极低；大离子亲石元素同“平均花岗岩”(据维诺格拉多夫，1962)相比，Sr及Ba含量仅为其0.3～0.7倍，Rb极低，Rb/Sr为0.08～0.92，平均比值为0.34；非活动性亲石元素同维氏值酸性岩相比，Hf含量高出3～5倍，Zr、Nb及Ta均较低。

表 3-10　早白垩世俯冲侵入岩序列岩石化学成分特征表

岩石单位	样品编号	岩石名称	氧化物含量(w_B%)													
			SiO_2	Al_2O_3	Fe_2O_3	FeO	CaO	MgO	K_2O	Na_2O	TiO_2	P_2O_5	MnO	H_2O^+	H_2O^-	Loss	ΣGS
$K_1\delta$	D4099GS$_1$	蚀变细粒闪长岩	49.72	18.11	3.03	4.83	9.59	5.88	0.75	3.15	0.99	0.18	0.17	2.32	0.26	3.60	100.00
	D5051GS$_3$	蚀变细粒闪长岩	52.12	16.04	3.12	5.25	7.74	6.03	1.95	3.15	1.10	0.25	0.26	2.44	0.06	2.82	99.83
	D5060GS$_1$	蚀变细粒闪长岩	53.24	17.61	2.39	4.99	6.65	3.53	1.61	3.66	1.13	0.33	0.18	2.78	0.20	4.12	99.44
	D3170GS$_1$	细粒黑云母闪长岩	56.54	18.37	3.72	2.89	5.67	2.90	1.05	4.99	0.58	0.26	0.28	1.34	0.50	2.16	99.41
$K_1\delta o$	D4180GS1	中粒黑云角闪石英闪长岩	66.44	15.45	1.82	2.36	3.60	1.96	2.41	4.00	0.58	0.16	0.08	0.54	0.14	0.58	99.44
$K_1\delta\eta o$	D4084GS1	中细粒角闪石英二长闪长岩	64.26	14.47	1.92	3.59	4.47	2.43	3.27	2.95	0.68	0.13	0.14	1.02	0.26	1.28	99.59
$K_1\gamma\delta$	D4212GS$_1$	斑状细粒黑云母花岗闪长岩	69.86	13.80	1.45	2.40	2.50	1.33	3.27	2.68	0.40	0.09	0.11	1.38	0.04	1.49	99.38
	D4204GS$_1$	中细粒黑云角闪花岗闪长岩	67.30	14.81	1.61	2.05	3.71	1.72	3.05	3.56	0.54	0.14	0.08	0.58	0.06	0.77	99.34
	D5051GS$_1$	中细粒黑云角闪花岗闪长岩	66.02	15.21	2.20	1.94	3.82	1.80	2.56	3.66	0.43	0.09	0.11	1.06	0.06	1.36	99.20

岩石单位	样品编号	CIPW标准矿物含量(%)												里特曼指数σ	长英指数FL	固结指数	碱度指数	分异指数DI	洪大卫碱指数	铝饱和指数A/NKC
		ap	il	mt	q	c	en	fs	hy	di	or	ab	an							
$K_1\delta$	D4099GS$_1$	0.45	1.96	3.58			10.41	4.73	15.14	11.15	4.61	27.67	34.32	2.14	28.91	33.46	28.52	32.3	0.33	0.77
	D5051GS$_3$	0.62	2.15	4.25	1.36		11.88	5.08	16.96	10.71	11.87	27.5	24.61	2.8	39.72	30.97	35.48	40.7	0.45	0.75
	D5060GS$_1$	0.83	2.26	3.64	5.77		8.21	5.27	13.48	3.4	9.98	32.49	28.17	2.58	44.21	21.82	48.3	48.3	0.44	0.89
	D3170GS$_1$	0.64	1.14	3.61	6.04		7.01	4.86	11.87	1.53	6.38	43.49	25.34	2.64	51.58	18.81	64.39	55.9	0.51	0.93
$K_1\delta o$	D4180GS1	0.38	1.12	2.44	22.93	0.09	4.93	2.43	7.36		14.41	34.27	17.01	1.75	64.04	15.64	104.7	71.6	0.60	0.98
$K_1\delta\eta o$	D4084GS1	0.31	1.31	2.83	21.24		5	3.42	8.43	3.96	19.67	25.38	16.87	1.81	58.19	17.16	78.34	66.3	0.58	0.88
$K_1\gamma\delta$	D4212GS$_1$	0.21	0.78	2.15	34.14	1.56	3.39	2.8	6.19		19.73	23.18	12.07	1.31	70.41	11.95	114.9	77.1	0.58	1.11
	D4204GS$_1$	0.33	1.04	2.17	27.72		3.81	1.79	5.6	1.66	18.25	30.55	15.68	1.79	64.05	14.36	123.2	73.5	0.62	0.93
	D5051GS$_1$	0.21	0.84	2.38	23.81		4.37	2.64	7	0.71	15.47	31.64	17.94	1.67	61.95	14.88	105.8	70.9	0.58	0.97

注:表内样品由四川区调队测试中心分析测试。

表 3-11　早白垩世俯冲侵入岩序列岩石稀土、微量元素含量特征表

岩石单位	样品编号	岩石名称	稀土元素含量($\times10^{-6}$)															
			La	Ce	Pr	Nd	Sm	Eu	Gd	Tb	Dy	Ho	Er	Tm	Yb	Lu	Y	ΣREE
$K_1\delta$	D4099GS$_1$	蚀变细粒闪长岩	15.0	37.0	4.00	17.0	4.10	1.20	3.40	0.45	3.00	0.70	1.90	0.40	1.20	0.38	17.0	106.73
	D5051GS$_3$	蚀变细粒闪长岩	22.0	80.0	6.50	22.0	5.00	1.40	4.00	0.75	3.50	0.68	3.30	0.35	1.50	0.45	17.0	168.43
	D5060GS$_1$	蚀变细粒闪长岩	28.0	120.0	9.00	29.0	8.00	1.90	5.50	0.80	4.60	0.78	4.30	0.30	1.80	0.48	21.0	235.46
	D3170GS$_1$	细粒黑云母闪长岩	9.0	32.0	4.10	14.0	2.80	1.05	3.30	0.45	1.90	0.50	2.30	0.30	0.84	0.45	11.0	83.99
$K_1\delta o$	D4180GS$_1$	中粒黑云角闪石英闪长岩	33.6	52.0	5.48	22.3	4.12	1.04	2.80	0.42	2.43	0.45	1.22	0.16	1.01	0.12	9.0	136.13
$K_1\delta\eta o$	D4084GS$_1$	中细粒角闪石英二长闪长岩	41.1	71.9	7.71	31.7	6.85	1.19	4.74	0.73	4.68	1.02	3.11	0.41	2.36	0.35	23.2	201.05
$K_1\gamma\delta$	D4212GS$_1$	斑状细粒黑云母花岗闪长岩	40.0	88.0	8.00	26.0	5.20	0.90	4.50	0.85	4.40	0.90	2.60	0.38	2.90	0.52	25.0	210.15
	D4204GS$_1$	中细粒黑云角闪花岗闪长岩	54.9	77.5	7.66	31.2	5.50	1.21	3.84	0.58	3.16	0.57	1.44	0.22	1.36	0.16	12.6	201.90
	D5051GS$_1$	中细粒黑云角闪花岗闪长岩	21.0	44.0	5.20	16.0	3.10	0.92	2.50	1.10	2.10	0.50	1.80	0.31	1.25	0.30	12.0	112.08

岩石单位	样品编号	微量元素含量($\times10^{-6}$)																		稀土特征值	
		Rb	Cs	Sr	Ba	U	Th	Ta	Nb	Zr	Hf	Li	Sc	V	Cr	Co	Ni	Cu	Sn	L/H	δEu
$K_1\delta$	D4099GS$_1$	29	7.6	210	110		5.4	0.5	8.13	87	3.02	29	32	125	64	33	46		13	6.85	0.98
	D5051GS$_3$	83	5.4	90	210		6.43	0.59	10.9	103	3.3	24	26	140	65	22	44		5.6	9.42	0.96
	D5060GS$_1$	52	7	265	270		10.6	1.69	16.2	164	5.02	28	23	140	44	24	34		7	10.55	0.88
	D3170GS$_1$	32	10	380	320	1.24	1.87	0.5	5.81	97.5	3.03	20	9.4	140	13	17	15	62	4.6	6.27	1.06
$K_1\delta o$	D4180GS$_1$	99	10	421	439	0.71	9.74	0.94	11	151	4.75	37.5	8.83	69.6	26.3	6.8	27	11.6	9	13.77	0.94
$K_1\delta\eta o$	D4084GS$_1$	142	7	238	539	2.29	13.2	2.74	18.8	160	4.11	33.7	15.6	121	49.6	11.3	20.4	3	15	9.22	0.64
$K_1\gamma\delta$	D4212GS$_1$	182	10	55	110		24.8	1.75	13.2	108	3.71	44	11	40	7	18	16		15	9.86	0.57
	D4204GS$_1$	126	9.4	532	646	2.13	16.2	0.94	12	198	6.24	43.5	8.74	72.4	35.6	9.95	26.9	7.25	14	15.71	0.81
	D5051GS$_1$	91	4.2	160	290		13.9	0.62	10.5	96.5	3.31	17	10	84	20	12	18		10	9.15	1.01

注:表内样品主要由中国地调局宜昌地质矿产研究所岩矿测试中心分析测试,部分由四川区调队测试中心分析测试。

2. 中粒石英闪长岩($K_1\delta o$)

(1)产出特征

岩体分布于测区西部俄都及南部拉扎波等地,共有侵入体3个,多形成简单岩体。呈岩株状,单个岩株面积5～20km²。岩体侵位于侏罗系多仁组(J_3d)、日松组(J_3r)及二叠系下拉组(P_1x)碳酸盐岩地层内,围岩热接触变质明显,并产生宽度不等的角岩(化)带。

(2)岩石学特征

岩石呈中粒半自形粒状结构,块状构造。主要造岩矿物为石英、中长石、正长石、黑云母及普通角闪石等,或含有少量透辉石(表3-9)。副矿物为磷灰石及金属矿物。岩石中矿物粒度一般在2～4mm之间,中长石具明显的环带构造,黑云母、普通角闪石及透辉石常连生分布,透辉石多居于角闪石中心部位,而黑云母常分布于角闪石边缘,结晶顺序为"透辉石→普通角闪石→黑云母"。岩石中矿物具轻微蚀变,中长石表面分布绢云母鳞片,普通角闪石次闪石化,部分蚀变为绿泥石。

(3)岩石化学特征

分析测试表明(表3-10),细粒石英闪长岩SiO_2含量为66.44%,Al_2O_3为15.45%,K_2O为2.41%,Na_2O为4.00%。硅-碱图划分为亚碱性岩石系列。岩石里特曼指数(σ)为1.75,按其划分属钙性岩;在FAM图解上亦落入钙碱性岩石区,洪大卫碱度指数NK/A(分子比)为0.6,也表明属钙碱性岩石。岩石分异指数(DI)为71.6,反映为酸性岩石,岩浆分异程度较高;岩石铝饱和指数A/NKC(分子比)为0.98,A/NK为1.68,属次铝型岩石。

(4)岩石地球化学特征

中粒石英闪长岩岩石稀土元素及微量元素分析测试成果见表3-11。

测试结果表明,岩石中稀土元素总量∑REE为136.13×10^{-6},其中LREE为118.54×10^{-6},HREE为8.61×10^{-6},L/H比值13.77。Ce_N/Yb_N比值13.32,表明岩石分离结晶程度较高。稀土配分曲线呈光滑的平缓右倾型,重稀土比轻稀土曲线相对平缓,总体反映岩石稀土分馏较明显。岩石中δEu值为0.94,反映岩石Eu负异常不明显,亏损程度极低;δCe值为0.92,具极弱亏损。

岩石微量元素中,过渡族元素同地幔岩(据Bougault估算,1974)相比,V与地幔岩丰度相当,Cu及Zn略低,Co、Cr、Ni等元素极低;大离子亲石元素同"平均花岗岩"(据维诺格拉多夫,1962)相比,Sr含量略高,Ba及Rb含量仅为其0.5倍,Rb/Sr比值为0.24;非活动性亲石元素同维氏值酸性岩相比,除Hf含量高出4倍,Zr、Nb及Ta均较低。

3. 中细粒石英二长闪长岩($K_1\delta\eta o$)

(1)产出特征

测区内共有两个侵入体,位于测区西部俄都及中部扎弄郎当日一带,均形成简单岩体,

呈岩瘤及岩株状产出,面积分别为1km²、15km²。岩体侵位于日松组(J_3r)类复理石地层及去申拉组(K_1q)火山岩地层中,侵入带热接触变质明显。其中扎弄郎当日岩体为测区早白垩世去申拉组岛型火山岩(去申拉组)的侵入岩筒相。根据岩体与围岩接触关系及岛弧火山岩时代,确定其侵位时间为早白垩世。

(2)岩石学特征

岩石中细粒半自形粒状结构,块状构造。主要矿物为石英、中长石、正长石及暗色矿物黑云母、普通角闪石8%～15%等(表3-9)。副矿物为磷灰石、榍石及金属矿物,金属矿物含量一般达2%或以上。岩石中矿物粒度为1～3mm,少量中长石粒度逾3mm。中长石具环带构造,表面分布绢云母鳞片。正长石表面分布泥质物尘点。少数石英与正长石呈文象交生。岩石中,普通角闪石常有次闪石化,黑云母部分蚀变为绿泥石。

(3)岩石化学特征

岩石化学全分析测试表明(表3-10),中细粒粒石英二长闪长岩中SiO_2含量为64.26%,Al_2O_3为14.47%,K_2O为3.27,Na_2O为2.95%。硅-碱图划分为亚碱性岩石系列。

岩石里特曼指数(σ)为1.81,属钙碱性岩;在FAM图解上岩石落入钙碱性岩石区,洪大卫碱度指数

NK/A(分子)为 0.58,表明属钙碱性岩石,与前述结论一致。岩石分异指数(DI)为 66.3,反映属中酸性岩石,岩浆分异程度中等略偏高;铝饱和指数 A/NKC(分子比)为 0.88,A/NK 比值 1.72,属次铝型岩石。

(4)岩石地球化学特征

中细粒石英二长闪长岩岩石稀土元素及微量元素分析测试成果见表 3-11。

岩石中稀土元素总量 $\sum$REE 为 201.05×10^{-6},其中 LREE 为 160.45×10^{-6},HREE 为 17.40×10^{-6},L/H 比值 9.22。Ce_N/Yb_N比值 7.88,表明岩石分离结晶程度较低。稀土配分曲线呈平缓右倾型式,轻稀土曲线段斜率相对较大,重稀土相对平缓,总体反映岩石稀土分馏程度较弱。岩石中 δEu 值为 0.64,反映岩石 Eu 具明显亏损,负异常较明显;δCe 值为 0.97,极弱亏损。

岩石微量元素中,过渡族元素同地幔岩相比,V 高出 1 倍,Cu、Zn 及 Co、Cr、Ni 等元素均较低或极低;大离子亲石元素同"平均花岗岩"(据维诺格拉多夫,1962)相比,均略低,含量为其 0.6~0.8 倍,Rb/Sr 比值为 0.6;非活动性亲石元素同维氏值酸性岩相比,Hf 含量高出 4 倍,Zr、Nb 及 Ta 均较略低。

4. 细粒花岗闪长岩($K_1\gamma\delta$)

(1)产出特征

测区内有细粒花岗闪长岩侵入体 8 个,分布于测区南部次丁淌、龚杰掌马、敌别拉及中部萨纠杂等地,侵入体面积 2~40km^{2}不等。侵入体多组成简单深成岩体,部分侵入体与石英闪长岩或二长花岗岩及正长花岗岩等组成复杂深成岩体,呈小型岩瘤或岩株产出。岩体侵位于多仁组(J_3d)、日松组(J_3r)类复理石地层、去申拉组(K_1q)火山岩地层、多尼组陆源碎屑岩地层及下拉组碳酸盐岩地层中,围岩产生明显热接触变质。

在复杂深成岩体内,细粒花岗闪长岩侵入体与中粒石英闪长岩及中细粒二长花岗岩侵入体均呈脉动型侵入接触关系。

(2)岩石学特征

岩石呈中细粒、中粗粒花岗结构,或具斑状结构,基质具细粒花岗结构,块状构造。岩石中主要造岩矿物为石英、中长石、正长石及少量暗色矿物黑云母、普通角闪石。副矿物为磷灰石锆石、榍石及金属矿物。岩石中矿物粒度为 1~4mm,斑晶者粒度可达 3~7mm。中长石略显环带构造,普通角闪石常与黑云母连生。岩石蚀变轻微,中长石表面分布绢云母鳞片及黝帘石,正长石分布泥质物尘点,黑云母局部边缘蚀变为绿泥石。

(3)岩石化学特征

岩石化学全分析测试成果表明(表 3-10),细粒黑云母花岗闪长岩中 SiO_2 含量为 66.02%~69.86%,Al_2O_3为 13.80%~15.24%,K_2O 为 2.56%~3.27%,Na_2O 含量为 2.68%~3.66%。硅-碱图划分为亚碱性岩石系列。岩石里特曼指数(σ)为 1.31~1.79,表明均属钙性岩系;洪大卫碱指数 NK/A(分子比)为 0.58~0.62,按其划分方案属钙碱性岩石,与 FAM 图解结论一致。岩石分异指数(DI)为 70.9~77.1,反映为典型的酸性岩石,岩浆分异程度较高。岩石铝饱和指数 A/NKC(分子比)为 0.93~1.11,A/NK 为 1.62~1.74,属次铝—过铝型岩石,少量属铝过饱和岩石类型。

(4)岩石地球化学特征

岩石稀土元素及微量元素分析测试成果见表 3-11。

测试结果表明,细粒花岗闪长岩中稀土元素总量 $\sum$REE 为 112.08×10^{-6}~210.15×10^{-6},平均值 174.71×10^{-6},其中 LREE 为 90.22×10^{-6}~177.97×10^{-6},HREE 为 9.86×10^{-6}~17.05×10^{-6},L/H 比值 9.15~15.71,平均 11.57。Ce_N/Yb_N平均值 10.56,表明岩石分离结晶程度中等。岩石稀土配分曲线形态较一致,均呈平缓右倾型,轻稀土较重稀土段斜率大,倾斜更明显,反映岩石中轻稀土分馏更为明显,而重稀土分馏较弱。

岩石中 δEu 值较悬殊,为 0.57~1.01,平均值 0.79,反映岩石中 Eu 具弱亏损,呈明显负异常。δCe 值为 0.91~1.18,平均 1.04,具有 Ce 弱富集特征。岩石微量元素中,过渡族元素同地幔岩(据 Bougault 估算,1974)相比,V 略高于地幔岩丰度,Co、Cr、Ni、Cu 及 Zn 等元素均极低;大离子亲石元素 Rb、Sr、Ba 含量多低于"平均花岗岩"(据维诺格拉多夫,1962);非活动性亲石元素同维氏值酸性岩相比,Hf 含量高出 3~

6倍，Zr、Nb及Ta均略低。

（二）晚白垩世碰撞侵入岩序列

该序列侵入岩主体分布于测区南部，尤以测区南西分布较密集，测区中西部少量出露，与前述俯冲型侵入岩相比，其分布区已明显南移，岩体规模亦相对较大，总体上呈现不连续的带状分布特点。岩体以岩株状为主，多为两次或三次岩浆脉动形成的复杂深成岩体，主要岩石类型为（斑状）中细粒二长花岗岩及中细粒正长花岗岩。岩体多侵位于白垩系多尼组、郎山组陆缘碎屑岩及碳酸盐岩地层中，少数岩体侵位于侏罗系日松组类复理石地层中。

1. 中细粒二长花岗岩（$K_2\eta\gamma$）

（1）产出特征

区内计有侵入体6个，主要分布于测区南西嘎弱米弄多、卡古及次丁淌一带，测区西部扎扎勒一带少量出露（属盐湖岩基东延部分）。二长花岗岩侵入体多与正长花岗岩及花岗闪长岩等组成复杂深成岩体，并与正长花岗岩及花岗闪长岩侵入体呈脉动侵入接触关系。岩体多侵位于郎山组（K_1l）碳酸盐岩地层日松组（J_3r）类复理石地层中，并使围岩产生明显热接触变质，局部地段可见二长花岗岩侵入于早期闪长岩中，侵入体边部具较多次棱角状—次圆状的闪长岩捕虏体，呈明显的超动型侵入接触关系。

根据1∶25万革吉幅区调资料，盐湖岩体二长花岗岩中所取同位素年龄为94Ma（K－Ar法），结合本次调查获取的二长花岗岩侵入体及围岩接触关系、地质特征等，确定其侵位时期为晚白垩世。

（2）岩石学特征

岩石呈中细粒花岗结构，少量中粗粒花岗结构或斑状结构，块状构造，主要造岩矿物为石英、正长石、斜长石及少量暗色矿物黑云母等组成，副矿物为磷灰岩、锆石和金属矿物，少数见榍石（表3－12）。矿物粒度0.8～5mm，岩石中，斜长石为中长石或更长石，中长石部分显示环带构造，表面具绢云母及泥质物尘

表3－12　晚白垩世碰撞侵入岩序列岩石及矿物特征一览表

岩石单位	样品编号	岩石名称	岩石结构	主要矿物及含量（%）	副矿物及含量（%）
细粒二长花岗岩（$K_2\eta\gamma$）	D4089b_1	中细粒二长花岗岩	中细粒花岗结构	石英30，更长石27，正长石40，黑云母2	磷灰石锆石0.3，金属矿物0.7
	D4094b_1	斑状中细粒二长花岗岩	斑状结构，基质中细粒花岗结构	斑晶：石英10；基质：石英20，更长石28，正长条纹长石40，黑云母1	磷灰石锆石0.3，金属矿物0.7
	D4194b_1	中粒黑云母二长花岗岩	中粒花岗结构	石英28，中长石27，正长条纹长石40，黑云母3	磷灰石锆石0.5，金属矿物1
	D5051b_1	中粒角闪黑云二长花岗岩	中粒花岗结构	石英23，更长石30，正长石30，黑云母15	磷灰石锆石0.3，金属矿物1
	D5089b_1	中粗粒黑云母二长花岗岩	中粗粒花岗结构	石英25，更长石40，正长石27，黑云母3，绿帘石4	磷灰石锆石0.3，金属矿物0.7
	CP1b_1	中细粒黑云母二长花岗岩	中细粒花岗结构	石英26，中长石40，正长石30，黑云母3	磷灰石锆石0.3，金属矿物0.7
	D4213b_1	中粒角闪黑云二长花岗岩	中粒花岗结构	石英23，中长石38，正长石25，黑云母4，普通角闪石4	磷灰石锆石0.5，榍石0.5，金属矿物1
中细粒正长花岗岩（$K_2\xi\gamma$）	D3197b_1	细中粒正长花岗岩	细中粒花岗结构	石英30，斜长石5，正长石63，黑云母1	磷灰石0.1，金属矿物1
	D3208b_1	蚀变中细粒正长花岗岩	变余中细粒花岗结构	石英35，斜长石3，正长条纹长石60，黑云母0.5	磷灰石0.2，榍石少，金属矿物1
	D3218b_1	蚀变中细粒正长花岗岩	中细粒花岗结构	石英35，斜长石4，正长条纹长石60，黑云母0.2	金属矿物0.5
	D4214b_1	中粒黑云母正长花岗岩	中粒花岗结构	石英27，更长石10，正长条纹长石60，黑云母2	磷灰石锆石0.2，金属矿物0.3
	D4215b_1	中细粒黑云母正长花岗岩	中细粒花岗结构	石英25，更长石10，正长石62，黑云母2	磷灰石锆石0.2，金属矿物0.8
	D5091b_1	细粒黑云母正长花岗岩	细粒花岗结构	石英26，更长石10，正长石60，黑云母2	磷灰石锆石0.3，金属矿物1

点，正长石中常见少量钠长石条纹，并见钠长石净边。斑状岩石中斑晶矿物为石英，粒度 6mm 左右，含量约 10%。岩石中矿物不同程度蚀变，斜长石表面具黝帘石集合体，正长石表面具泥质物尘点，黑云母局部蚀变分解为绿泥石。

(3)岩石化学特征

岩石化学分析测试成果表明(表 3-13)，中细粒黑云母二长花岗岩中 SiO_2 含量为 66.68%～75.72%，Al_2O_3 为 12.30%～14.55%，K_2O 为 2.73%～4.21%，Na_2O 含量为 2.95%～4.99%。硅-碱图划分为亚碱性岩石系列。岩石里特曼指数(σ)为 1.36～2.59，表明属钙性-钙碱性岩系；FAM 图解亦均表明为钙碱性岩石类型。洪大卫碱指数 NK/A(分子比)为 0.54～0.68，个别达 1.04，按其划分方案除个别样品属碱性岩石外，其余均为钙碱性岩石。岩石分异指数(DI)为 69.5～94.2，为典型的酸性岩石，岩浆分异程度较高。岩石铝饱和指数 A/NKC(分子比)为 0.87～1.12，CIPW 标准矿物计算表明，钾、钠、钙三类长石中，钠长石含量较高，钙长石较低，多含少量刚玉，上述特征均反映岩石属次铝型—过铝型，少量为铝过饱和岩石类型。

表 3-13　晚白垩世碰撞侵入岩序列岩石化学成分特征表

岩石单位	样品编号	岩石名称	氧化物含量(w_B%)														
			SiO_2	Al_2O_3	Fe_2O_3	FeO	CaO	MgO	K_2O	Na_2O	TiO_2	P_2O_5	MnO	H_2O^+	H_2O^-	Loss	ΣGS
$K_2\eta\gamma$	$D4213GS_1$	中粒角闪黑云二长花岗岩	66.68	14.55	1.81	2.78	3.82	1.80	2.73	2.95	0.55	0.09	0.18	1.18	0.22	1.59	99.53
	$D4094GS_1$	斑状中细粒二长花岗岩	75.72	12.30	0.70	0.91	0.76	0.16	4.21	4.99	0.13	0.04	0.05	0.22	0.06	0.26	100.23
	$D5089GS_1$	中粗粒黑云母二长花岗岩	74.50	13.32	0.99	0.93	1.52	0.63	3.46	3.25	0.23	0.03	0.10	0.58	0.06	0.70	99.66
$K_2\xi\gamma$	$D3197GS_1$	细中粒正长花岗岩	77.86	11.60	0.64	0.89	0.22	0.24	4.81	2.17	0.05	0.04	0.06	0.82	0.04	0.76	99.34
	$D4214GS_1$	中粒黑云母正长花岗岩	76.14	12.32	0.64	0.68	1.09	0.47	4.21	2.77	0.10	0.08	0.04	0.48	0.06	0.80	99.34
	$D5091GS_1$	细粒黑云母正长花岗岩	77.02	12.07	0.74	0.74	0.65	0.08	4.69	2.77	0.10	0.03	0.04	0.52	0.04	0.54	99.47

岩石单位	样品编号	CIPW 标准矿物含量(%)												里特曼指数 σ	长英指数 FL	固结指数	碱度指数	分异指数 DI	洪大卫碱指数	铝饱和指数 A/NKC
		ap	il	mt	q	c	en	fs	hy	di	or	ab	an							
$K_2\eta\gamma$	$D4213GS_1$	0.21	1.06	2.58	27.58	0.01	4.58	3.26	7.85		16.48	25.47	18.76	1.36	59.79	14.92	88.98	69.5	0.54	0.99
	$D4094GS_1$	0.09	0.25		29.49		0.08	0.3	0.38	3.03	24.87	39.84		2.59	92.37	1.46	519.8	94.2	1.04	0.87
	$D5089GS_1$	0.07	0.44	1.17	38.13	1.55	1.59	1.18	2.77		20.67	27.75	7.44	1.43	81.53	6.82	265.1	86.6	0.68	1.12
$K_2\xi\gamma$	$D3197GS_1$	0.09	0.1	0.94	46.28	2.57	0.6	1.15	1.74		28.82	18.62	0.83	1.4	96.94	2.74	394.4	93.7	0.76	1.27
	$D4214GS_1$	0.19	0.19	0.83	41.34	1.43	1.2	0.83	2.03		25.22	23.78	4.99	1.47	86.49	5.36	391.6	90.3	0.74	1.11
	$D5091GS_1$	0.07	0.19	0.96	41.59	1.34	0.2	0.89	1.09		28	23.69	3.08	1.63	91.99	0.89	480.9	93.3	0.80	1.12

注：表内样品由四川区调队测试中心分析测试。

(4)岩石地球化学特征

二长花岗岩岩石稀土元素及微量元素分析测试成果见表 3-14。

岩石中 ΣREE 为 153.03×10^{-6}～243.88×10^{-6}，平均为 198.46×10^{-6}，LREE 为 114.60×10^{-6}～181.86×10^{-6}，HREE 为 15.43×10^{-6}～26.12×10^{-6}，其轻重稀土比值 L/H 为 6.96～7.43。Ce_N/Yb_N 平均值 6.48，表明岩石分离结晶程度较低。岩石稀土配分曲线形状较一致，均呈平缓右倾型，轻稀土段倾斜更明显，重稀土段近平坦状，分馏较弱。岩石中 δEu 值为 0.40～0.46，表明岩石中 Eu 元素具明显负异常，较强亏损。δCe 值为 0.94～1.64，具有弱富集特征。

岩石微量元素中，过渡族元素 Co、Cr、Ni、Cu 及 Zn 等元素均低于地幔岩丰度(据 Bougault 估算，1974)；大离子亲石元素 Rb、Sr、Ba 含量低于“平均花岗岩”(据维诺格拉多夫，1962)，而大幅度高于“洋脊花岗岩”(据 Pearce 等，1984)；非活动性亲石元素同维氏值酸性岩相比，Hf 含量高出 3～6 倍，Zr、Nb 及 Ta 均略低，同“洋脊花岗岩”相比，Ta、Nb 均略高，而 Zr 与 Hf 则均较低，为其 0.3～0.5 倍。

表 3-14　晚白垩世碰撞侵入岩岩石稀土、微量元素含量特征表

岩石单位	样品编号	岩石名称	稀土元素含量($\times10^{-6}$)															
			La	Ce	Pr	Nd	Sm	Eu	Gd	Tb	Dy	Ho	Er	Tm	Yb	Lu	Y	ΣREE
$K_2\eta\gamma$	$D4213GS_1$	中粒角闪黑云二长花岗岩	48.6	80.7	8.70	34.7	8.06	1.10	6.58	1.07	7.02	1.51	4.98	0.65	3.81	0.50	35.9	243.88
	$D4094GS_1$	斑状中细粒二长花岗岩	20.0	68.0	5.00	17.0	4.10	0.50	3.60	0.62	3.80	0.90	3.20	0.44	2.35	0.52	23.0	153.03
	$D5089GS_1$	中粗粒黑云母二长花岗岩	13.0	70.0	3.50	9.2	1.50	0.50	1.00	0.45	1.10	0.50	3.00	0.28	0.62	0.40	5.4	110.45
$K_2\xi\gamma$	$D3197GS_1$	细中粒正长花岗岩	12.0	50.0	10.0	12.0	2.00	0.50	2.70	0.72	4.50	1.00	3.80	0.52	2.35	0.62	27.0	129.71
	$D4214GS_1$	中粒黑云母正长花岗岩	39.9	61.6	6.20	23.4	3.71	0.57	3.28	0.58	4.19	0.81	2.80	0.44	3.06	0.46	21.5	172.50
	$D5091GS_1$	细粒黑云母正长花岗岩	51.0	180.0	13.00	29.0	5.70	1.10	3.40	0.80	4.40	0.90	4.30	0.50	2.75	0.60	23.0	320.45

岩石单位	样品编号	微量元素含量($\times10^{-6}$)																		稀土特征值	
		Rb	Cs	Sr	Ba	U	Th	Ta	Nb	Zr	Hf	Li	Sc	V	Cr	Co	Ni	Cu	Sn	L/H	δEu
$K_2\eta\gamma$	$D4213GS_1$	146	11	205	462	0.92	12.3	1.07	11.9	137	3.61	56.8	18.4	94.7	15.4	4.6	11.8	2.1	21	6.96	0.46
	$D4094GS_1$	219	8.3	40	38		22.3	3.31	24.1	70	3.01	17	2.9	12	11	6.2	19		13	7.43	0.40
	$D5089GS_1$	146	6.1	76	340		20.7	0.91	9.5	75	2.31	19	1.3	20	12	6.2	16		7	13.29	1.25
$K_2\xi\gamma$	$D3197GS_1$	286	7.4	66	200	7.11	29.1	1.2	15.9	59.6	2.7	12	4.2	10	14	5.6	12		9.4	5.34	0.66
	$D4214GS_1$	258	7.2	120	316	1.97	49	1.85	12	75.5	2.66	20.5	5.5	7.11	3.7	1	8.4	2.7	9.6	8.67	0.50
	$D5091GS_1$	179	8.8	42	160		17.6	0.65	9.81	65.5	2.66	10	3.5	11	14	5.5	14		11	15.85	0.76

注:表内样品主要由中国地调局宜昌地质矿产研究所岩矿测试中心分析测试,部分由四川区调队测试中心分析测试。

2. 中细粒正长花岗岩($K_2\xi\gamma$)

(1)产出特征

中细粒正长花岗岩侵入体较集中地分布于测区南西部嘎弱米弄多、卡古一带,共有侵入体 8 个,多与二长花岗岩侵入体组成复杂深成岩体,并与之呈脉动侵入接触关系。岩体均呈岩株状侵位于郎山组(K_1l)、多尼组(K_1d)碳酸盐岩地层和陆源碎屑岩地层中,围岩角岩化明显。

(2)岩石学特征

岩石具中细粒花岗结构,块状构造。主要造岩矿物为石英、正长石、正长条纹长石、斜长石(以更长石为主)及少量黑云母等,副矿物为磷灰岩、锆石和金属矿物,矿物粒度在 1～4mm 之间(表 3-12)。岩石中,石英呈浑圆状、港湾状及半自形粒状,少量正长石分布钠长石条纹。岩石中矿物轻微蚀变,正长条纹长石表面分布泥质物尘点,更长石分布绢云母鳞片,黑云母部分分解为绿泥石。

(3)岩石化学特征

正长花岗岩岩石分析测试表明(表 3-13),岩石中 SiO_2 含量为 76.14%～77.86%,Al_2O_3 为 11.60%～12.32%,K_2O 为 4.21%～4.81%,Na_2O 含量为 2.17%～2.77%。按硅-碱图划分为属亚碱性系列岩石。岩石里特曼指数(σ)为 1.4～1.63,表明均属钙性岩;洪大卫碱指数 NK/A(分子比)为 0.74～0.80,划分属钙碱性岩石类型,与 FAM 图解划分结论一致。岩石分异指数(DI)为 90.3～93.7,为岩浆分异程度极高的酸性岩石。岩石铝饱和指数 A/NKC(分子比)为 1.11～1.27。经 CIPW 标准矿物计算,钾、钠、钙三类长石中,钾长石含量较高,钙长石较低;岩石均含有刚玉(C),含量为 1.34%～2.57%,反映属典型的铝过饱和岩石类型。

(4)岩石地球化学特征

正长花岗岩岩石稀土元素及微量元素分析测试成果见表 3-14。

岩石中稀土总量 ΣREE 区间跨度较大,为 129.71×10^{-6}～320.45×10^{-6},平均为 207.55×10^{-6},LREE 为 86.5×10^{-6}～279.8×10^{-6},HREE 为 15.62×10^{-6}～17.65×10^{-6},其轻重稀土比值 L/H 为 5.34～15.85。岩石稀土配分曲线呈右倾型,轻稀土曲线段陡倾,重稀土部分平坦状,表明其轻分馏明显,而重稀土部分分馏较弱。岩石 δEu 值 0.50～0.76,Eu 亏损明显,δCe 为 0.94～1.68,显示弱富集特征。

岩石微量元素中，过渡族元素 Co、Cr、Ni、Cu 及 Zn 等元素均大幅低于地幔岩丰度(Bougault 估算，1974)。大离子亲石元素同“平均花岗岩”(据维诺格拉多夫，1962)相比，Rb 略高，Sr 及 Ba 含量均较低，为其 0.1～0.4 倍；大离子亲石元素均大幅度高于“洋脊花岗岩”丰度(据 Pearce 等，1984)；Rb/Sr 比值为 2.15～4.33。非活动性亲石元素同维氏值酸性岩相比，Hf 含量高出 2～3 倍，Zr、Nb 及 Ta 均略低，与“洋脊花岗岩”相比，Ta、Nb 均较高，而 Zr、Hf 则均较低，为其 0.1～0.3 倍。

(三)古新世后碰撞侵入岩序列

该类侵入岩主要分布于测区北部拿若、赛尔角一带，测区中部亦有零星出露。岩体数量多，规模小，均呈岩瘤状产出，属简单浅成岩体，其岩石类型主要有闪长玢岩、石英闪长玢岩及花岗闪长斑岩等。岩体侵位于木嘎岗日群、曲色组、色哇组复理石、类复理石地层和美日切错组火山岩地层中，围岩接触变质明显。岩体侵入接触带内多具铜、金矿化，是重要的找矿线索。

1. 闪长玢岩($E_1\delta\mu$)

(1)产出特征

区内有大小闪长玢岩侵入体近 10 个，均分布于测区北东赛尔角一带，呈岩瘤状产出，单个岩瘤面积 0.5～5km^2。岩体均由单一侵入体组成，岩石类型较少。岩体侵位于侏罗系曲色组(J_1q)、色哇组(J_2s)类复理石地层中，局部被新近系康托组(Nk)陆相河湖相地层不整合覆盖。

(2)岩石学特征

辉石闪长玢岩：岩石呈斑状结构，基质具微晶结构，块状构造。斑晶矿物为斜长石、正长石及辉石、黑云母等，粒度 0.2～2.4mm，含量 15%～40%不等，其中辉石含量约 10%。基质由斜长石、正长石及辉石组成(表 3-15)，矿物粒度为 0.02～0.05mm。副矿物为磷灰石、金属矿物及少量榍石。岩石具轻微蚀变，斜长石斑晶多具钠化，表面分布绢云母鳞片，辉石粘土化，黑云母部分蚀变为绿泥石。

表 3-15　古新世后碰撞侵入岩序列岩石及矿物特征一览表

岩石单位	样品编号	岩石名称	岩石结构	主要矿物及含量(%)	副矿物及含量(%)
古新世闪长玢岩($E_1\delta\mu$)	D1010b_1	蚀变闪长玢岩	斑状结构，基质微晶一隐晶结构	斑晶：斜长石 21，角闪石 8；基质：斜长石 49，角闪石 16，次生方解石 2	黄铁矿 1，钛铁矿 2
	D3149b_1	蚀变辉石闪长玢岩	斑状结构，基质细粒柱粒状结构	斑晶：斜长石 25，辉石 10，黑云母 5；基质：斜长石 45，辉石 10，褐铁矿 5	磷灰石 0.2，榍石少
	D3149b_2	蚀变闪长玢岩	斑状结构，基质微晶结构	斑晶：斜长石 13，正长石 2，黑云母 1；基质：斜长石 47，正长石 5，黑云母 5	磷灰石 0.1，榍石少，褐铁矿 0.5
	D4009b_1	蚀变闪长玢岩	斑状结构，基质细粒柱粒状结构	斑晶：斜长石 34，角闪石 9；基质：斜长石 38，角闪石 12，石英 3，黑云母 2	磁铁矿 2，白钛石少
	D4150b_1	蚀变黑云母闪长玢岩	斑状结构，基质细粒柱粒状结构	斑晶：更长石 25；基质：更长石 65，石英 2，黑云母 3	磷灰石 0.3，金属矿物 1，褐铁矿 3
	D2136b_1	闪长玢岩	斑状结构，基质微粒结构	斑晶：斜长石 34，正长石 1，普通角闪石 15；基质：斜长石 45，普通角闪石 3	磷灰石少，榍石少，金属矿物 2
古新世石英闪长玢岩($E_1\delta o\mu$)	D2062b_1	石英闪长玢岩	斑状结构，基质微晶结构	斑晶：斜长石 20，石英 5，正长石 1，黑云母 2，普通辉石 0.1；基质：斜长石 72	磷灰石 0.3，榍石 0.1
	D2064b_1	石英闪长玢岩	斑状结构，基质微晶结构	斑晶：斜长石 10，石英 10，黑云母 2；基质：斜长石 77	磷灰石少，金属矿物 0.5
	D2185b_1	石英闪长玢岩	斑状结构，不等粒结构	斑晶：斜长石 10，石英 15，黑云母 1；基质：斜长石 74	榍石少，金属矿物 0.5
古新世花岗闪长斑岩($E_1\gamma\delta\pi$)	D2100b_1	蚀变花岗闪长斑岩	斑状结构，基质微晶结构	斑晶：斜长石 5；基质：石英 30，斜长石 65	
	D3102b_1	花岗闪长斑岩	斑状结构，基质微粒结构	斑晶：斜长石 24，石英 2，黑云母 3，辉石 0.5，角闪石 0.5；基质：石英 43，斜长石 25，辉石 2	
	D5070b_1	花岗闪长斑岩	斑状结构，基质文象结构	斑晶：更长石 40；基质：石英 23，正长石 15，更长石 17，黑云母 3	磷灰石锆石 0.3，金属矿物 1.5

闪长玢岩:岩石斑状结构,基质具微晶—微粒结构,块状构造。斑晶矿物为斜长石、正长石和角闪石,或有黑云母等,粒度 0.2～2.8mm 之间,含量 30%～40%不等。基质由斜长石、普通角闪石等组成,矿物粒度 0.02～0.05mm。副矿物为磷灰石、金属矿物及少量榍石。

(3)岩石化学特征

闪长玢岩分析测试成果表明(表 3-16),岩石中 SiO_2 含量为 56.98%～60.46%,Al_2O_3 为 16.02%～16.28%,K_2O 为 2.55%～3.77%,Na_2O 含量为 3.08%～3.88%。硅-碱图划分为亚碱性岩石系列。岩石里特曼指数(σ)为 2.21～3.32,表明属钙碱性-碱钙性岩;洪大卫碱指数(Na_2O+K_2O)/Al_2O_3(分子比)为 0.49～0.64,划分属钙碱性岩石,与 FAM 图解划分结论一致。岩石分异指数(DI)57.1～72.4,反映岩石为中性—中酸性,岩浆分异程度较高。岩石铝饱和指数 A/NKC(分子比)为 0.83～1.1,A/NK 为 1.56～2.05,CIPW 标准矿物计算刚玉 c 含量 2.33%,属次铝—过铝型岩石,少数属铝过饱和类型。

表 3-16 古新世后碰撞侵入岩序列岩石化学成分特征表

岩石单位	样品编号	岩石名称	氧化物含量(w_B%)														
			SiO_2	Al_2O_3	Fe_2O_3	FeO	CaO	MgO	K_2O	Na_2O	TiO_2	P_2O_5	MnO	H_2O^+	H_2O^-	Loss	ΣGS
$E_1\delta\mu$	$D1010GS_1$	闪长玢岩	56.98	16.02	2.03	2.51	6.33	2.91	2.55	3.08	0.90	0.13	0.17	4.44	0.78	5.70	99.31
	$D3149GS_1$	辉石闪长玢岩	60.46	16.28	3.82	2.17	2.40	2.19	3.77	3.88	0.85	0.33	0.16	2.38	0.72	2.98	99.29
$E_1\delta o\mu$	$D2064GS_1$	石英闪长玢岩	75.90	13.24	1.01	0.49	0.92	1.18	3.59	2.52	0.10	0.06	0.01	1.24	0.32	1.43	100.45
	$D2062GS_1$	石英闪长玢岩	69.86	14.70	2.27	1.51	2.94	2.84	4.01	0.01	0.40	0.12	0.16	0.90	0.32	1.01	99.83
$E_1\gamma\delta\pi$	$D3102GS_1$	花岗闪长斑岩	64.64	15.36	4.07	1.94	2.62	1.49	1.95	5.11	0.46	0.23	0.12	1.30	0.22	1.92	99.91
	$D2100GS_1$	花岗闪长斑岩	76.12	13.53	1.07	0.70	0.98	0.01	2.49	3.53	0.05	0.40	0.04	1.12	0.14	1.60	100.52
J_2	$D2015GS_1$	细粒英云闪长岩	69.26	16.07	1.30	1.89	3.16	1.18	2.70	2.49	0.30	0.07	0.06	0.57	0.24	1.05	99.53

岩石单位	样品编号	CIPW 标准矿物含量(%)												里特曼指数 σ	长英指数 FL	固结指数	碱度指数	分异指数 DI	洪大卫碱指数	铝饱和指数 A/NKC
		ap	il	mt	q	c	en	fs	hy	di	or	ab	an							
$E_1\delta\mu$	$D1010GS_1$	0.33	1.82	2.54	13.15		5.3	2	7.3	7.02	16.13	27.84	23.89	2.21	47.07	22.32	75.97	57.1	0.49	0.83
	$D3149GS_1$	0.81	1.67	3.74	15.18	2.33	5.68	3.18	8.86		23.16	34.1	10.18	3.32	76.12	13.95	95.08	72.4	0.64	1.10
$E_1\delta o\mu$	$D2064GS_1$	0.14	0.19	0.87	43.93	3.71	2.96	0.96	3.92		21.44	21.57	4.22	1.14	86.91	13.49	231.6	87.0	0.61	1.36
	$D2062GS_1$	0.29	0.78	1.84	43.44	5.35	7.17	3.09	10.26		23.98	0.08	14	0.6	57.76	26.95	61.67	67.5	0.30	1.52
$E_1\gamma\delta\pi$	$D3102GS_1$	0.57	0.89	3.58	19.03	0.66	3.79	3.83	7.62		11.76	44.17	11.73	2.29	72.93	10.35	96.25	75.0	0.68	1.01
	$D2100GS_1$	0.95	0.1	1.03	44.97	4.24	0.036	1.31	1.34		14.88	30.21	2.3	1.09	86	0.13	345.4	90.1	0.63	1.32
J_2	$D2015GS_1$	0.16	0.57	1.74	35.6	3.52	2.99	2.35	5.34		16.18	21.41	15.47	1.02	62.16	12.36	119.1	73.2	0.44	1.26

注:表内样品由四川区调队测试中心分析测试。

(4)岩石地球化学特征

闪长玢岩岩石稀土元素及微量元素分析测试成果见表 3-17。

岩石稀土总量ΣREE 为 143.25×10^{-6}～215.48×10^{-6},LREE 为 115.67×10^{-6}～170.0×10^{-6},HREE 为 12.48×10^{-6}～20.48×10^{-6},轻重稀土比值 L/H 为 8.30～9.27。岩石稀土配分曲线呈平缓右倾型,轻重稀土曲线斜率相当,表明其稀土分馏较弱。岩石 Eu 弱—极弱亏损,δEu 值 0.84～0.92,δCe 为 0.89～0.90,亦显示弱亏损特征。

岩石微量元素中,过渡族元素与地幔岩丰度(Bougault 估算,1974)相比,V、Cu 及 Zn 均较高,是地幔岩的 2～3 倍,而 Cr、Co、Ni、等元素均较低。大离子亲石元素同"平均花岗岩"(据维诺格拉多夫,1962)相比,Sr 较高,Ba 含量略低,Rb 大幅偏低,为其 0.1 倍;同"洋脊花岗岩"丰度(据 Pearce 等,1984)相比,大离子亲石元素含量则均较高,其中 Ba 高出 8～16 倍;Rb/Sr 比值较低,为 0.01～0.07。非活动性亲石元素同维氏值酸性岩相比,Hf 含量高出 2～5 倍,Zr、Nb 及 Ta 均略低,而同"洋脊花岗岩"相比,Ta、Nb 均略高, Zr、Hf 均较低。

表 3-17　古新世后碰撞侵入岩序列岩石稀土、微量元素含量特征表

岩石单位	样品编号	岩 石 名 称	稀土元素含量($\times10^{-6}$)															
			La	Ce	Pr	Nd	Sm	Eu	Gd	Tb	Dy	Ho	Er	Tm	Yb	Lu	Y	ΣREE
$E_1\delta\mu$	$D1010GS_1$	闪长玢岩	80.0	12.00	30.0	8.00	2.00	6.60	1.00	5.50	1.10	3.00	0.28	2.50	0.50	25.0	80.0	215.48
	$D3149GS_1$	辉石闪长玢岩	51.1	6.39	22.1	4.74	1.24	3.60	0.61	3.66	0.56	1.97	0.31	1.57	0.20	15.1	51.1	143.25
$E_1\delta o\mu$	$D2064GS_1$	石英闪长玢岩	78.0	4.80	15.0	3.60	0.50	1.90	0.80	2.00	0.37	3.30	0.43	1.40	0.40	12.0	78.0	150.50
	$D2062GS_1$	石英闪长玢岩	77.4	8.18	33.0	5.82	0.99	4.32	0.68	4.64	0.90	2.71	0.40	2.58	0.34	22.2	77.4	217.56
$E_1\gamma\delta\pi$	$D3102GS_1$	花岗闪长斑岩	58.0	6.80	20.0	3.10	0.86	2.30	1.00	1.40	0.50	1.60	0.32	0.43	0.40	5.6	58.0	122.31
	$D2100GS_1$	花岗闪长斑岩	40.6	4.74	19.0	3.85	0.81	3.27	0.57	4.02	0.83	2.57	0.38	2.26	0.32	17.9	40.6	125.22
J_2	$D2015GS_1$	细粒英云闪长岩	66.0	3.70	28.0	7.50	1.30	4.40	0.80	2.30	0.60	1.10	0.20	1.00	0.27	18.0	66.0	173.17

岩石单位	样品编号	微 量 元 素 含 量 ($\times10^{-6}$)																	稀土特征值	
		Rb	Cs	Sr	Ba	U	Th	Ta	Nb	Zr	Hf	Li	Sc	V	Cr	Co	Ni	Cu	Sn	L/H	δEu
$E_1\delta\mu$	$D1010GS_1$	6		650	820	2.33	9.35	1.15	5	115	4.2	40	12	160	10	12	6.2	12		8.30	0.84
	$D3149GS_1$	25.1	7.3	350	431	0.82	7.71	0.67	13	139	4.2	39.3	13.3	174	68.1	19.2	53.3	76.2	14	9.27	0.92
$E_1\delta o\mu$	$D2064GS_1$	190	10	90	220		11.9	1.98	13.9	76.4	2.95	18	0.7	9	16	6.2	14		13	12.07	0.58
	$D2062GS_1$	178	11	242	574	3.03	21.8	1.97	13.4	182	5.57	37	7.56	48.1	20.6	14	10.9	10.3	10	10.79	0.60
$E_1\gamma\delta\pi$	$D3102GS_1$	63	4.5	340	450	1.39	6.91	0.8	12.1	114	3.4	27	4.7	68	34	12	29	16	7.6	13.68	0.98
	$D2100GS_1$	80.8	3.7	63.6	639	1.03	4.81	1.87	15.2	73.1	2.32	10.1	1.81	1	7.1	1	7.3	5.9	4.4	6.55	0.70
J_2	$D2015GS_1$	6		180	360	1	12.8	1.97	18	200	4.13	50	3	27	14	98	7.2	5	2.1	13.54	0.69

注:表内样品主要由中国地调局宜昌地质矿产研究所岩矿测试中心分析测试,部分由四川区调队测试中心分析测试。

2. 石英闪长玢岩($E_1\delta o\mu$)

(1)产出特征

石英闪长玢岩岩体主要分布于测区北部赛尼及北东赛尔角一带,共有岩体约 6 个,均呈岩瘤状产出,较大的岩瘤面积约 8km²。岩体均由单一侵入体组成,侵位于侏罗系曲色组(J_1q)、色哇组(J_2s)类复理石地层及美日切错组火山岩地层中,围岩热接触变质明显,岩体局部被期后断裂切割破坏或断失。

(2)岩石学特征

岩石具斑状结构,基质具微晶结构或不等粒结构,块状构造。斑晶矿物为斜长石、石英、正长石及黑云母等,或有少量普通辉石,斑晶矿物粒度 0.2~1.5mm,含量 22%~30%。基质矿物为微晶斜长石等,矿物粒度小于 0.02mm。副矿物为磷灰石、榍石及少量金属矿物(表 3-15)。岩石中矿物蚀变轻微,斜长石斑晶表面分布绢云母鳞片,黑云母部分蚀变为绿泥石。

(3)岩石化学特征

分析测试成果表明(表 3-16),石英闪长玢岩中 SiO_2 含量为 69.86%~75.90%,Al_2O_3 为 13.24%~14.70%,K_2O 为 3.59%~4.01%,Na_2O 含量为 0.01%~2.52%。以硅-碱图划分属亚碱性岩石系列。岩石里特曼指数(σ)为 0.6~1.14,表明为钙性岩;洪大卫碱指数(Na_2O+K_2O)/Al_2O_3(分子比)为 0.30~0.61,按其划分属钙碱性岩石,同 FAM 图解一致。岩石分异指数(DI)为 67.5~87.0,反映岩石为中酸性岩,岩浆分异程度较高。岩石铝饱和指数 A/NKC(分子比)为 1.36~1.52,CIPW 标准矿物计算刚玉 c 含量 3.71%~5.35%,均属强过铝(铝过饱和)岩石类型。

(4)岩石地球化学特征

岩石稀土及微量元素分析测试成果见表 3-17。

石英闪长玢岩中岩石稀土总量 ΣREE 为 150.50×10^{-6}~217.56×10^{-6},LREE 为 127.90×10^{-6}~178.79×10^{-6},HREE 为 10.60×10^{-6}~16.57×10^{-6},其轻重稀土比值 L/H 为 10.79~12.07,重稀土曲线近平坦状,表明轻稀土分馏相对较明显,而重稀土分瘤较弱。岩石 δEu 值为 0.58~0.60,显示 Eu 具较

强亏损，δCe 值为 0.89～1.68，具弱富集特征。

岩石微量元素中，过渡族元素 V、Cu、Zn、Cr、Co、Ni 等元素均低于地幔岩丰度（Bougault 估算，1974）。大离子亲石元素 Rb、Sr、Ba 均略低于“平均花岗岩”（据维诺格拉多夫，1962），Rb/Sr 比值为 0.74～2.11；同“洋脊花岗岩”丰度（据 Pearce 等，1984）相比，大离子亲石元素含量则均较高，其中 Rb 高出 40 余倍，Ba 亦高出 4～11 倍。非活动性亲石元素同维氏值酸性岩相比，Hf 含量高出 2～5 倍，Zr、Nb 及 Ta 均略低，而同“洋脊花岗岩”相比，Ta、Nb 均高出 1～2 倍，Zr、Hf 则均较低。

3. 花岗闪长斑岩（$E_1\gamma\delta\pi$）

（1）产出特征

花岗闪长斑岩体位于测区北西阿嘎勒及测区中部鸡岛错北侧一带，共有岩体 2 个，均属单一侵入体，呈小型岩瘤产出，面积 0.1～4km^2。岩体侵位于侏罗系多仁组（J_3d）等地层中，局部被新近系康托组不整合覆盖。

（2）岩石学特征

岩石具斑状结构，块状构造。斑晶矿物为斜长石、石英及黑云母、角闪石、辉石等，含量 5%～30%，多寡不等，粒度 0.4～5mm（表 3-15）。基质微粒结构，由石英、斜长石及辉石等矿物组成，矿物粒度多在 0.02～0.2mm 之间。副矿物为磷灰石、锆石及金属矿物，部分岩石中未见副矿物。岩石中斜长石斑晶常具反环带，外围较基性，核部较酸性。岩石蚀变较弱，斜长石表面具蚀变分解矿物绢云母及粘土矿物集合体，黑云母、角闪石局部析出褐铁矿，辉石未蚀变。

（3）岩石化学特征

岩石化学全分析测试成果表明（表 3-16），花岗闪长斑岩中 SiO_2 含量为 64.64%～76.12%，Al_2O_3 为 13.53%～15.36%，K_2O 为 1.95%～2.49%，Na_2O 含量为 3.53%～5.11%。以硅-碱图划分属亚碱性岩石系列。岩石里特曼指数（σ）为 1.09～2.29，表明为钙性—钙碱性岩；FAM 图解划分属钙碱性岩石；洪大卫碱指数 NK/A（分子比）为 0.63～0.68，与 FAM 图解结论一致。岩石分异指数（DI）75.0～90.1，反映岩石为典型的酸性岩，岩浆分异程度较高。岩石铝饱和指数 A/NKC（分子比）为 1.01～1.32，CIPW 标准矿物计算刚玉 c 含量 0.66%～4.24%，属强过铝型—铝过饱和岩石类型。

（4）岩石地球化学特征

岩石稀土元素及微量元素分析测试成果见表 3-17。

花岗闪长斑岩中稀土总量∑REE 为 122.31×10^{-6}～125.22×10^{-6}，轻稀土曲线段斜率相对较大，重稀土曲线近平坦状，表明轻稀土分馏较明显，重稀土分馏较弱。岩石 δEu 值 0.70～0.98，显示 Eu 具弱亏损特征，δCe 值为 0.91～1.20，无亏损或弱富集。

岩石微量元素中，过渡族元素同地幔岩丰度（Bougault 估算，1974）相比，V 及 Zn 略高，Cu 略低，Cr、Co、Ni 等元素均大幅偏低。大离子亲石元素 Rb、Sr、Ba 均略低于“平均花岗岩”（据维诺格拉多夫，1962），Rb/Sr 比值为 0.74～2.11；同“洋脊花岗岩”丰度（据 Pearce 等，1984）相比，大离子亲石元素含量则均高出 15～20 倍。非活动性亲石元素同维氏值酸性岩相比，Hf 含量高出 2～5 倍，Zr、Nb 及 Ta 均略低，而同“洋脊花岗岩”相比，Ta、Nb 均高出 1～3 倍，Zr、Hf 则均较低。

（四）中侏罗世花岗岩

1. 产出特征

测区内仅见一个岩体，出露于测区北东角拉不错南面，分布面积 2～3km^2。岩体由一个细粒英云闪长岩侵入体组成，其南北两侧侵位于二叠系龙格组碳酸盐岩地层中，接触变质明显，岩体边部具宽约 0.5m 细晶岩带。岩体东西两侧被第四系掩盖。

本次工作于该岩体细粒英云闪长岩中获取同位素年龄为 164±2.0Ma、168±2.2Ma（均为 K-Ar 法，表 3-8），确定其侵位形成时期为中侏罗世。

2. 岩石学特征

岩石具细粒花岗结构，块状构造。岩石由石英20%、斜长石74%、黑云母6%及少量白云母组成，副矿物仅见少量磷灰石。岩石矿物粒度约0.5～1mm，斜长石半自形柱状，可见钠长石双晶及不明显环带构造；石英他形粒状，有的生长于斜长石间空隙处；白云母为无色小片状。

3. 岩石化学特征

岩石化学全分析测试成果表明(表3－16)，英云闪长岩中SiO_2含量为69.26%，Al_2O_3为16.07%，K_2O为2.70%，Na_2O含量为2.49%。岩石里特曼指数(σ)为1.02，表明属钙性岩；岩石分异指数(DI)为73.19，反映为酸性岩石，分异程度较高；洪大卫碱度指数(Na_2O+K_2O)/Al_2O_3(分子比)为0.44，属钙碱性岩石，与FAM图解结论一致。铝饱和指数A/NKC(分子比)为1.26，属铝过饱和岩石类型。

4. 岩石地球化学特征

岩石稀土元素分析测试成果表明(表3－17)，岩石中稀土元素总量∑REE为173.17×10^{-6}，其中LREE为144.50×10^{-6}，HREE为10.67×10^{-6}，L/H比值13.54。Ce_N/Yb_N比值17.07，表明岩石分离结晶程度较高。稀土配分曲线呈右倾型，反映岩石中稀土分馏较为明显，轻重稀土相比之下，轻稀土分馏更为明显。岩石中δEu值为0.69，具明显Eu亏损；δCe值1.34，具有弱富集的特征。

岩石微量元素中，过渡族元素同地幔岩(据Bougault估算，1974)相比，除Zn高于地幔6倍外，Cu、V、Cr、Co及Ni等元素均低或极低；大离子亲石元素同“平均花岗岩”(据维诺格拉多夫，1962)相比，Sr及Ba含量仅为其0.4～0.6倍，Rb极低，Rb/Sr为0.03。高于大洋拉斑玄武岩丰度2～10倍；非活动性亲石元素同维氏值酸性岩相比，Hf含量高出4倍，Zr含量相当，Nb及Ta均较低。

三、侵入岩的成因与构造环境

近年来，随着造山带理论和新的测试技术的不断发展与完善，造山带侵入岩，尤其是花岗岩的研究得到了有力推动，并正以其得天独厚的条件，在造山带及岩石圈结构和动力学研究中地位日趋显著。与之相应，作为造山带地壳深部物质转换与能量转移的重要探针，侵入岩的调研工作亦采取与地球动力学紧密关联的研究途径，以构造-岩浆热事件的内在联系为纲，将其纳入到造山带统一的地球动力场中加以研究。由此，侵入岩的成因及其形成的构造环境即成为造山带侵入岩研究工作的核心和重要目标。根据侵入岩的矿物学、岩石学特征及岩石化学、岩石地球化学特征，结合岩体产状与分布特点等对测区各种不同类型侵入岩进行综合判别如下。

(一)早白垩世侵入岩

前已述及，测区早白垩世侵入岩主要岩石类型为细粒闪长岩、中粒石英闪长岩、中细粒石英二长闪长岩和细粒花岗闪长岩等。岩体主要分布于测区中部去申拉组火山岩分布区中部及周边，空间上与“岛弧型”火山岩伴生。岩体多为单一侵入体，少数由两个侵入体组成，并呈面积较小的岩株及岩瘤产出。

测区中部扎弄郎当日石英二长闪长岩体，位于去申拉组火山岩的火山机构中心，属侵入岩筒相，测区西部达朵希巴一带，闪长岩瘤亦围绕去申拉组火山岩火山口呈近圆形分布，属次火山岩相(详见火山岩章节)，上述事实不仅反映了闪长岩、石英闪长岩侵入体与去申拉组“岛弧型”火山岩的时间和空间配套性，而且表明了二者之间密切的起源和成因联系。

从岩石及矿物特征来看，上述各类型岩石中均含有大量暗色矿物角闪石及黑云母，闪长岩及石英闪长岩中含有辉石，副矿物中含较多榍石及磁铁矿，矿物组成均表现出深部源岩的特点。

岩石化学成分研究表明，岩石铝饱和指数A/NKC多在0.8～1.0之间，A/NK比值为1.62～3.02，NKC>A>NK，属次铝型岩石，极少量为过铝型。按近年来巴尔巴林(Barbarin)提出的划分方案，则其矿物组成、岩石化学等特征均与“含角闪石钙碱性花岗岩类(ACG)”一致；按SIMA成因划分属“科迪勒拉I型”花岗岩。

岩石化学成分组合参数 R_1-R_2 图解上，早白垩世闪长岩、石英闪长岩、石英二长闪长岩与花闪长岩等岩石样品均较一致地落入“板块碰撞前的”或“消减的活动板块边缘”构造环境，成因属“I 型科迪勒拉花岗岩”(图 3-40 中图例 1～4)；在微量元素(Yb+Ta)-Rb 图解上，上述侵入岩均落入“火山弧花岗岩”区(图 3-41)，与 R_1-R_2 图解结论一致。

上述岩石的稀土配分曲线均呈轻稀土部分较陡、重稀土部分平缓的右倾形态，岩石中 δEu 值多在 0.8 以上(平均值为 0.87)，在 δEu-Sr 图解上(图 3-43)，投点多位于“地幔源区”附近，表明其岩浆来源于地幔或壳幔结合部。

综上所述，测区早白垩世侵入岩形成于洋壳俯冲期的活动板块边缘，属岛弧岩浆岩，为继测区岛弧火山岩喷发之后的岩浆作用产物，其形成仅略滞后于火山岩。岩浆来源于地幔或壳幔结合部。

(二)晚白垩世侵入岩

测区晚白垩世侵入岩从空间分布来看，仍具有带状展布的特征，岩体多位于“岛弧岩带”以南，与岛弧型火山岩的分布已相对独立。主要岩石类型为二长花岗岩和正长花岗岩。岩体多由不同岩石类型的两个或以上侵入体组成，少数为单一侵入体，呈岩株状或岩枝状产出。

岩石中碱性长石多为正长条纹长石，暗色矿物以黑云母为主，角闪石少见，副矿物则以磷灰石、锆石为主，金属矿物较少，其矿物组成特征与巴尔巴林(Barbarin)所划分的“高钾钙碱性花岗岩类(KCG)”基本一致。

岩石化学成分表明，岩石中酸性程度较高，二长花岗岩的铝饱和指数 A/NKC 为 0.87～1.12，多数样品 A>NKC，正长花岗岩铝饱和指数为 1.11～1.27，均有 A>NKC，属强过铝型(SP)岩石。按 SIMA 成因划分属“S 型”花岗岩。

在综合多种岩石化学成分计算后的 R_1-R_2 图解上，晚白垩世二长花岗岩多数样品及所有正长花岗岩均落入“碰撞期的”或“同碰撞”、“同造山”花岗岩区；成因属“地壳熔融的花岗岩”；在微量元素(Yb+Ta)-Rb 图解上反映与 R_1-R_2 图解基本一致，多数二长花岗岩与所有正长花岗岩样品投点均落入“同碰撞花岗岩”区(图 3-41)。

岩石稀土配分曲线呈右倾型，轻稀土段倾斜更明显，重稀土段近平坦状，表明其轻分馏明显，而重稀土部分分馏较弱。岩石 δEu 值多在 0.40～0.76 之间，反映岩石中 Eu 元素具较强亏损的特征，同时亦反映了岩浆来源于地壳的特点。在 δEu-Sr(图 3-43)岩浆源区图解上，二长花岗岩与正长花岗岩样品投点位于“壳源区”及附近，表明其岩浆来源于地壳(近上地壳)。

岩石微量元素中亲石元素以洋脊花岗岩配分后所作的比值蛛网图显示，二长花岗岩与正长花岗岩的曲线形态较为一致，并与阿曼同碰撞型花岗岩近似，而与洋脊花岗岩及火山弧花岗岩有显著区别(图 3-43)。

综上所述，分析认为测区二长花岗岩与正长花岗岩岩浆来源于地壳(或上地壳)，属地壳局部熔融产物。岩石形成于“同碰撞(或同造山)”构造环境。

(三)古新世侵入岩

古新世侵入岩零星分布于测区北部及中部，北部相对较为密集。岩体均呈小型岩瘤状出露，均为单一侵入体，岩石类型较少，主要为闪长玢岩、石英闪长玢岩和花岗闪长斑岩。

岩石均呈斑状结构，少见不等粒结构，基质一般呈微晶—细晶结构，斑晶矿物为斜长石，或有少量暗色矿物及正长石等，晶形较好，与基质矿物粒度悬殊。岩石中暗色矿物为黑云母及角闪石。

(四)中侏罗世侵入岩

测区内中侏罗世侵入岩仅有一个岩体分布于测区北东拉布错南面一带，属一次岩浆脉动形成的独立侵入体，岩石类型为细粒英云闪长岩。

由岩石化学阳离子组合 R_1-R_2 图解显示，岩石投点于“同碰撞环境”边缘(图 3-40)；在微量元素(Yb+Ta)-Rb 图解上，岩石则落入“火山弧花岗岩”区(图 3-41)，与 R_1-R_2 图解结论相悖。

上述特征表明，该细粒英云闪长岩属铝过饱和岩石，δEu 值为 0.69，显示出具下地壳源区的特点，由各类特征综合判断，其形成的构造环境可能为“同碰撞”。

岩石的同位素年龄为 164±2.0Ma、168±2.2Ma(均为 K－Ar 法)，属中侏罗世。但是，测区岩浆岩研究及沉积建造与盆地演化均表明，中侏罗世本区尚未进入大规模的区域性的洋壳俯冲期，更谈不上“同碰撞”构造环境的出现。究竟该岩体是何成因？受控于何种动力学机制并形成于何种构造环境？该岩体的形成与本测区“班公湖—怒江缝合带”的碰撞有关，还是与测区外的“澜沧江缝合带”有关，抑或与其他尚待研究的不明缝合带的碰撞有关？均需进一步深入调研。

第三节　脉　岩

测区除第四系掩盖区及渐新世地层分布区外，其余地区均见有零星分布的岩脉，但以测区中部侏罗系、白垩系地层及测区北部侏罗系及上古生界地层中分部相对集中。岩脉类型较多，有辉绿岩脉、辉长岩脉、(石英)闪长玢岩脉、花岗斑岩脉、花岗细晶脉等，局部地区出露斜闪煌岩脉及与低温热液有关的石英脉、方解石脉和白云石脉等。

一、基性岩脉

1. 辉绿岩脉

岩脉侵位于侏罗系曲色组(J_1q)类复理石地层灰岩透镜体(块体)中及石炭系曲地组(C_2q)地层中，局部见辉绿岩脉侵位于闪长玢岩脉体中。脉体宽度不等，一般长数十米至 200 余米，宽度 0.5～10m。脉体与围岩接触界线多较平直(局部弯曲起伏状)，侵入接触现象明显，脉体边缘常见侵位变形构造并具围岩捕获体(图版Ⅲ－8)。于辉绿岩脉中获取同位素年龄为 141.36Ma(Ar－Ar 法)，结合脉体侵位的围岩时代等，判断辉绿岩脉侵位时期为早白垩世。

2. 辉长岩脉

辉长岩脉分布于测区北东陆谷扎那山麓南面局部、北西巴嘎栋及测区南东隅扎贡村北面等地。岩脉侵位地层有石炭系曲展金组(C_2z)、侏罗系曲色组(J_1q)等。脉体规模较大，长 2～4km，宽 20～50m，脉体多顺层侵入，延伸平直，接触带围岩常具烘烤边。脉体边部具细晶带。

3. 斜闪煌斑岩脉

测区内仅见于测区北东陆谷扎那山麓南面一带，为小规模岩脉群。岩脉侵位于石炭系曲地组(C_2q)碎屑岩地层中，有石炭系展金组(C_2z)、侏罗系曲色组(J_1q)等。脉体一般长 0.3～0.85km，宽 3～10m，脉体延伸平直，与围岩产状近一致，围岩热接触变质不明显。

二、中性岩脉

测区内主要为石英闪长玢岩脉和闪长玢岩脉，脉体较集中地分布于测区中部扎弄郎当日一带和测区北部赛尔角一带，总体上脉体多成群出露，具群居现象，其余地区仅有零星分布。(石英)闪长玢岩脉侵位地层较多，以侏罗系曲色组(J_1q)、色哇组(J_2s)、多仁组(J_3d)、日松组(J_3r)及白垩系去申拉组(K_1q)地层中较为多见。脉体一般规模较大，宽 2～15m，长几十米至几百米不等。围岩热接触变质明显。

三、酸性岩脉

1. 花岗斑岩脉

岩脉主要分布于测区西部桑桑、俄都一带，属盐湖岩基的东部外围。脉体数量极多，侵位于侏罗系日松组(J_3r)地层中。岩脉一般长 100～500m、2～10m,多顺层侵入或大角度穿切围岩,热接触变质作用明显。

2. 细晶岩脉

测区内仅于南部次丁淌一带帮丁岩体内见及,分布于岩体内部。岩脉一般沿岩体的节理产出,长几十至百余米,宽 0.4～1m。脉体延伸平直,走向近东西向及北西向。

岩石细晶结构,主要组成矿物为石英、正长石,偶含少量更长石和黑云母。岩石中副矿物为磷灰石,量极少。正长石后期局部蚀变为泥质物,黑云母绿泥石化。

3. 霏细岩脉

霏细岩脉主要见于测区西部曲赤前勒、旦俄日及北部赛尼南面一带,脉体多产于岩体边部。

岩石均具球粒结构、霏细结构,少量具斑状结构。岩石由球粒状长英集合体和霏细长英物组成,球粒直径 0.1～0.8mm,中心部位常见石英斑晶。岩石中长英物常具一定程度蚀变,见粘土矿物不均匀分布。

第四节　火山岩

一、概述

测区火山岩分布面积 1 400 余平方千米,总体来看,火山岩分布层位较多,具有多期次活动的特点。火山岩的主要形成时期为早侏罗世—晚侏罗世、早白垩世、晚白垩世、古新世和渐新世五个时期,分属燕山和喜马拉雅两个构造-岩浆活动旋回。

测区火山岩具有显著的时空分布特点,根据火山岩的成带性及其与区域构造的配套关系,以四条区域性深大断裂为界,将区内火山岩(包括蛇绿岩)共划分为五个火山岩带(以下简称岩带)。由南至北分别为错果错火山岩带、古昌结合带、物玛岩火山岩带、班公错—怒江结合带和赛尔角火山岩带(以下简称岩带)(表 3-18)。蛇绿岩已辟专题研究,其带内火山岩特征及属性在专题报告中介绍,故本节仅对上述另三个火山岩带进行总结和探讨。

表 3-18　测区火山岩分布特征一览表

火山岩带	形成时期	赋存及层位	分布及规模	岩相类型	主要岩石类型	喷发环境	年龄值(Ma)
赛尔角火山岩带	E_3	纳丁错组(E_3n)	分布零散,规模小	弱爆发—喷溢	流纹岩、英安质火山角砾岩	陆相	
	K_1	美日切错组(K_1m)	局部,规模小	喷溢	安山岩、安山质凝灰火山角砾岩	陆相	106
	J_1	曲色组(J_1q)	局部,规模小	喷发—沉积	玄武岩及玄武质凝灰岩,少量安山岩	海相	
班公错—怒江结合带	J	东巧蛇绿岩群(JD)	零散,局部集中	喷发—沉积	玄武岩、粗面玄武岩	海相	
物玛火山岩带	E_1	江巴组(E_1j)	局部,较大规模分布	爆发及喷发—沉积	霏细流纹岩、英安岩、火山角砾岩及流纹质沉火山碎屑岩	陆相湖泊	
	K_1	去申拉组(K_1q)	分布集中,大规模	喷溢—爆发,喷发—沉积	玄武岩、玄武安山岩、粗面安山岩及其火山碎屑岩	浅海—陆相	112±3
	J_3	多仁组(J_3d)、日松组(J_3r)	小规模,零散分布	喷发—沉积	橄榄玄武岩、玄武安山岩	海相	
古昌结合带	J	古昌蛇绿岩群(JG)	局部集中,规模小	喷发—沉积	玄武岩	海相	
错果错火山岩带	J_3K_1	则弄群(J_3K_1Z)	局部集中,较大规模	爆发	流纹质火山凝灰岩、火山角砾岩	陆相	

二、火山岩岩石特征

(一)错果错火山岩带

错果错火山岩带位于测区姐尼拉索—拉嘎拉断裂以南，区域上隶属冈底斯—念青唐古拉北部岩带。仅见一个火山岩层位，即晚侏罗—早白垩世则弄群(J_3K_1Z)火山岩。

晚侏罗—早白垩世酸性火山岩

(1)产出特征

该套火山岩为则弄群(J_3K_1Z)山岩。火山岩集中出露于测区南部错果错南面一带，平面上呈不规则团块状展布，分布面积约70km^2，东西向展布长约15km，南北向出露最宽约8km，其北部及中部被第四系洪冲积物大面积掩盖。

测区内，该套火山岩地层厚度巨大，达1 466.18m。岩石以酸性火山碎屑岩为主，呈块层—巨厚层状产出，局部层理不明。火山岩地层角度不整合于二叠系下拉组(P_1x)碳酸盐岩地层之上，平行不整合于下白垩统郎山组(K_1l)碳酸盐岩地层之下(图版Ⅳ-1)。

根据该套火山岩上覆郎山组灰岩中含缅甸中圆笠虫 *Mesorbitolina birmanica* (Sahni)及小中圆笠虫 *Mesorbitolina parva* (Douglass)，时限为早白垩世(K_1)，其下伏下拉组灰岩中含腕足及藻 *Garwoodiaceae*，时限为早二叠世(P_1)，确定其形成的大致时限为晚二叠世—早白垩世。

(2)岩石学特征

则弄群火山岩岩石类型较简单，以流纹质火山碎屑岩为主，包括流纹质岩屑晶屑凝灰岩、流纹质岩屑晶屑凝灰火山角砾岩，局部见少量含集块流纹质火山角砾岩。

流纹质岩屑晶屑凝灰岩：岩石具晶屑岩屑凝灰结构，含火山角砾凝灰结构，块状构造，局部见流动构造。岩石由火山凝灰物、充填物及胶结物，或少量火山角砾组成。凝灰物成分主要为石英晶屑、正长石晶屑、更长石晶屑及流纹质火山岩屑，局部含有少量酸性玻屑等，凝灰物粒度0.5～1.8mm；充填物及胶结物为霏细状长英物集合体、白钛石、褐铁矿，含量15%～35%。凝灰物中各类晶屑含量不一，晶屑多呈棱角状，石英晶屑多具熔蚀状外形。岩石中矿物具轻微蚀变，常表现为正长石表面分布泥质物尘点，斜长石类矿物局部分布绢云母等。

流纹质岩屑晶屑凝灰火山角砾岩：具晶屑岩屑凝灰火山角砾结构，块状构造。岩石中碎屑物成分与上述流纹质岩屑晶屑凝灰岩基本一致，仅以岩石中含较多角砾相区别。角砾成分为流纹质凝灰岩，砾径一般在2～5mm之间，含量50%～70%，与凝灰物含量互为消长。

英安岩：具斑状结构，块状构造。岩石由斑晶及基质两部分组成，斑晶矿物为更长石，粒度0.6～2mm，含量25%。基质具交织结构，由更长石板条、绢云母鳞片、粘土矿物、石英及褐铁矿等金属矿物组成。岩石中斜长石多绢云母化，少数硅化被石英集合体替代。

(3)岩石化学特征

于则弄群火山岩中共获取岩石化学全分析样品六件，其测试成果见表3-19。测试分析表明，流纹质岩屑晶屑凝灰岩中SiO_2含量为71.46%～74.86%，Al_2O_3含量较为集中，为13.37%～14.75%，K_2O含量为2.65%～4.23%，Na_2O含量为2.89%～3.44%。英安岩中SiO_2及Na_2O含量分别为70.96%和1.41%，均略低于流纹质岩屑晶屑凝灰岩。火山岩岩石化学定名与薄片一致，即以流纹质岩石为主，少量英安岩。岩石里特曼指数(σ)为0.96～1.83，均属较典型的钙性岩；长英指数较高，为69.8～88.02，赖特碱度率(AR)为1.94～2.57。综合分析表明，该套酸性火山岩属典型的亚碱性岩石系列，钙性岩石类型。

(4)岩石稀土元素特征

则弄群火山岩岩石稀土元素测试成果见表3-20。

稀土元素分析表明，流纹质岩中稀土元素含量特征较为一致，其稀土总量$\sum$REE为189.77×10^{-6}～207.47×10^{-6}，LREE为154.56×10^{-6}～178.08×10^{-6}，HREE为11.39×10^{-6}～14.71×10^{-6}，L/H为10.51～15.63。英安岩中轻、重稀土及总量均相对偏低，$\sum$REE为105.47×10^{-6}，LREE为84.80×

10^{-6}，HREE 为 7.67×10^{-6}。岩石 Ce_N/Yb_N 为 7.65～15.02。稀土配分曲线呈明显的右倾型式，反映出岩石中轻稀土明显富集，重稀土部分分馏明显的特征。δEu 值为 0.54～0.72，具弱—中等强度的 Eu 亏损；δCe 值多介于 0.86～0.92 之间，具弱亏损。

表 3-19　则弄群火山岩岩石化学成分特征表

样品编号	岩石名称	氧化物含量 (w_B%)														
		SiO_2	Al_2O_3	Fe_2O_3	FeO	CaO	MgO	K_2O	Na_2O	TiO_2	P_2O_5	MnO	H_2O^+	H_2O^-	Loss	ΣGS
CCP1GS$_1$	流纹质岩屑晶屑凝灰岩	71.46	13.37	0.26	1.79	2.29	0.39	3.79	3.44	0.35	0.16	0.10	1.52	0.40	2.20	99.60
CCP31GS$_1$	流纹质岩屑晶屑凝灰岩	72.10	14.75	1.27	0.79	0.92	0.94	3.69	3.07	0.20	0.06	0.03	1.00	0.56	1.65	99.47
CCP33GS$_1$	流纹质晶屑凝灰岩	72.82	14.44	0.78	0.51	1.96	0.16	2.65	2.89	0.15	0.06	0.03	1.96	0.46	2.92	99.37
CCP39GS$_1$	流纹质岩屑晶屑凝灰岩	74.86	13.43	1.16	0.53	0.98	0.08	4.23	2.89	0.20	0.04	0.02	0.62	0.34	1.12	99.54
D5109GS$_1$	流纹质火山角砾岩	73.42	13.26	1.17	1.47	1.74	0.78	3.37	3.05	0.33	0.05	0.11	0.86	0.06	1.04	99.79
CCP20GS$_1$	蚀变英安岩	70.96	13.98	1.72	0.21	2.25	0.47	3.79	1.41	0.38	0.10	0.07	3.00	0.68	4.06	99.40

样品编号	CIPW标准矿物含量(%)											里特曼指数σ	含铁指数	长英指数FL	钠钾比值	固结指数	赖特碱度率AR	分异指数DI
	ap	il	mt	q	c	en	fs	hy	or	ab	an							
CCP1GS$_1$	0.38	0.68	0.39	31.63		0.94	2.59	3.54	22.98	29.87	10.13	1.83	84.02	75.95	1.38	4.03	2.57	84.48
CCP31GS$_1$	0.14	0.38	1.58	37.46	4.27	2.39	0.66	3.05	22.27	26.57	4.27	1.57	68.45	88.02	1.27	9.65	2.29	86.29
CCP33GS$_1$	0.14	0.3	0.96	42.9	3.51	0.42	0.46	0.88	16.24	25.38	9.68	1.02	88.85	73.87	1.66	2.29	2.02	84.52
CCP39GS$_1$	0.09	0.38	1.33	40.21	2.44		0.38	0.58	25.4	24.88	4.7	1.59	95.41	87.9	1.04	0.9	2.34	90.49
D5109GS$_1$	0.12	0.63	1.71	37.88	1.58	1.97	1.42	3.39	20.14	26.15	8.41	1.35	77.19	78.68	1.38	7.93	2.37	84.17
CCP20GS$_1$	0.24	0.76	1.36	44.91	3.89	1.22	0.53	1.75	23.51	12.52	11.06	0.96	79.72	69.8	0.57	6.25	1.94	80.94

注：表内样品由四川区调队测试中心分析测试。

(5)岩石微量元素特征

微量元素分析结果表明(表 3-20)，流纹岩与英安岩特征较为一致。岩石中过渡族元素均较大幅度低于地幔岩丰度(据 Bougault，1974)。同洋脊花岗岩(ORG)相比，大离子亲石元素丰度明显高于洋脊花

表 3-20　则弄群火山岩稀土、微量元素含量特征表

样品编号	岩石名称	稀土元素含量 ($\times10^{-6}$)															
		La	Ce	Pr	Nd	Sm	Eu	Gd	Tb	Dy	Ho	Er	Tm	Yb	Lu	Y	ΣREE
CCP1GS$_1$	流纹质岩屑晶屑凝灰岩	36.0	71.0	10.00	31.0	5.60	0.96	3.70	0.71	3.80	0.66	2.60	0.42	2.40	0.42	23.0	192.27
CCP31GS$_1$	流纹质岩屑晶屑凝灰岩	46.0	80.0	11.00	29.0	4.50	0.76	2.41	0.40	3.20	0.60	2.40	0.35	2.50	0.38	22.0	205.50
CCP33GS$_1$	流纹质晶屑凝灰岩	48.0	84.0	10.00	30.0	5.20	0.88	2.72	0.48	2.80	0.54	2.00	0.28	2.20	0.37	18.0	207.47
CCP39GS$_1$	流纹质岩屑晶屑凝灰岩	48.8	78.2	7.14	23.6	4.87	0.67	2.93	0.52	3.07	0.58	2.01	0.32	2.28	0.28	14.5	189.77
D5109GS$_1$	流纹质火山角砾岩	48.0	180.0	14.00	36.0	8.00	1.55	6.20	1.21	6.80	1.40	5.40	0.70	3.10	0.50	27.0	339.86
CCP20GS$_1$	蚀变英安岩	22.0	38.0	5.20	15.0	4.00	0.60	2.20	0.26	1.90	0.48	1.20	0.32	1.00	0.31	13.0	105.47

样品编号	微量元素含量 ($\times10^{-6}$，Au：$\times10^{-9}$)																	稀土特征值	
	Rb	Cs	Sr	Ba	Th	Ta	Nb	Zr	Hf	Li	Sc	V	Cr	Co	Ni	W	Au	W	L/H	δEu
CCP1GS$_1$	138	4	125	600	14.2	0.94	9.14	198	5.94	51	4.4	30	2.6	4	5	0.8	1	0.8	10.51	0.64
CCP31GS$_1$	151	8	50	460	27	1.87	10.5	107	3.73	15	1.5	11	2.6	3.5	5.6	1.8	1.1	1.8	13.99	0.71
CCP33GS$_1$	108	3.7	110	420	26.7	0.57	11.1	119	3.95	14	1.8	9.6	3.8	3.6	5	2.2		2.2	15.63	0.72
CCP39GS$_1$	180	5	126	664	23.4	1.99	10.1	120	3.72	11.3	3.12	7.17	11.9	1	10.3	2	1.2	2	13.62	0.54
D5109GS$_1$	133	5.6	96	310	17.8	0.5	13.7	135	4.55	16	7.6	24	9	6.6	14	2.4		2.4	11.36	0.67
CCP20GS$_1$	85	4.7	110	360	16.6	1.06	9.4	164	4.78	29	2.6	48	14	5.8	5.6	4.2	2.1	4.2	11.06	0.62

注：表内样品主要由中国地调局宜昌地质矿产研究所岩矿测试中心分析测试，部分由四川区调队测试中心分析测试。

岗岩，其中 Rb、Th 高出 20～40 倍，K 与 Ba 高出 7～12 倍，Ta、Ce 是洋脊花岗岩的 1～3 倍，而 Nb 含量与之相当，Hf、Zr、Sm、Y 及 Yb 等元素均明显低于洋脊花岗岩的丰度；大离子亲石元素同岛弧钙碱性火山岩平均丰度值相比，Rb 高出 2～5 倍，Ba 高出 1～2 倍，而 Sr 则是其 1/5～1/3。与维氏值酸性岩比较，非活动性亲石元素中除 Hf 高出 3～5 倍外，其余均较低。

（二）物玛火山岩带

该火山岩带区域上仍隶属冈底斯—念青唐古拉北部岩带。带内火山岩分布广泛，分布层位亦较多，是本测区火山岩分布最为集中的区域。由下至上分别为晚侏罗世中基性火山岩、早白垩世中基性火山岩及古新世中酸性火山岩等（表 3 - 18）。

1. 晚侏罗世中基性火山岩

（1）产出特征

出露于测区中部布孜村、岗茹沟侧等地，分布范围较局限。火山岩属海相火山活动产物，为一套基性—中基性火山岩，呈层状产出，夹于多仁组（J_3d）及日松组（J_3r）之深海—半深海环境沉积的复理石—类复理石地层中，与粉砂质页岩、石英粉砂岩岩层整合接触，并以多仁组火山岩夹层占主体，日松组内仅零星见及，岩层厚度 0.2～5m 不等，或与砂、页岩成段韵律间互（图版Ⅲ- 10）。根据火山岩层呈夹层产出于上侏罗统，形成时代确定为晚侏罗世。

（2）岩石学特征

多仁组及日松组内基性火山岩之主要岩石类型为蚀变玄武岩、橄榄玄武岩及玄武安山岩，局部见安山质沉凝灰岩等。

蚀变橄榄玄武岩：具斑状结构，块状、气孔状、杏仁状构造。主要斑晶矿物为斜长石、橄榄石，或有普通辉石等，斑晶矿物含量 5%～35%，粒度 0.8～2.5mm。基质具间隐结构，由中更长石板条、普通辉石、绿泥石、方解石及少量白钛石、磁铁矿物等组成。中更长石部分蚀变为绢云母，橄榄石均已蚀变为蛇纹石，或具黝帘石化、滑石化，但仍保留橄榄石假象，普通辉石蚀变为绿泥石。

蚀变玄武岩：岩石结构及构造与蚀变橄榄玄武岩基本相同，仅岩石中斑晶为斜长石、普通辉石等，无橄榄石出现。

（3）岩石化学特征

于多仁、日松组所夹基性火山岩中共采集岩石化学全分析样品三件，其测试成果及特征值见表 3 - 21。

测试成果表明，岩石中 SiO_2 含量为 50.06%～53.60%，Al_3O_2 含量为 15.70%～17.61%，K_2O 为 1.17%～1.50%，Na_2O 为 2.7%～3.35%，火山岩 TAS 分类属玄武岩及玄武安山岩。硅-碱图及 Ol′- Ne′- Q′图上均一致地落入亚碱性系列岩石区；岩石里特曼组合指数（σ）为 1.55～2.68，多数小于 1.8，反映该火山岩为钙性—钙碱性岩，即属太平洋型火山岩，与标准矿物分类结果一致。岩石中钠质明显高于钾质，为钠质岩石类型。经计算，火山岩含铁指数为 57.76～96.68，长英指数较低，为 31.85～42.59，分异指数（DI）为 44.13～45.49，赖特碱度率（AR）为 1.35～1.55。

（4）岩石稀土元素特征

多仁、日松组火山岩岩石稀土元素测试结果见表 3 - 22。岩石中稀土元素总量 $\sum$REE 为 83.05×10^{-6}～176.21×10^{-6}，其中 LREE 为 49.71×10^{-6}～140.56×10^{-6}，HREE 为 12.99×10^{-6}～17.15×10^{-6}，L/H 比值在 3.37～8.20 之间，Ce_N/Yb_N 比值为 2.12～6.92。岩石稀土配分曲线呈平缓右倾型，反映岩石中轻稀土弱富集，重稀土无亏损，总体上稀土元素分馏不明显的特点。

（5）岩石微量元素特征

微量元素测试分析表明（表 3 - 22），岩石中过渡族元素同地幔岩（据 Bougault 估算，1974）相比，除 V、Cu 与 Zn 普遍高出 2～4 倍外，Cr、Co、Ni 等均较低；大离子亲石元素 Rb、Sr 及 Ba 均高于大洋拉斑玄武岩丰度 2～10 倍；非活动性亲石元素同维氏值基性岩（据维诺格拉多夫，1962）相比，除 Nb 含量较低外，Ta、Zr 及 Hf 等均高出 1～3 倍。

表 3-21　物玛岩带火山岩岩石化学成分特征表

层位	样品编号	岩石名称	氧化物含量 (w_B%)														
			SiO_2	Al_2O_3	Fe_2O_3	FeO	CaO	MgO	K_2O	Na_2O	TiO_2	P_2O_5	MnO	H_2O^+	H_2O^-	Loss	∑GS
J_3d	GP14GS$_1$	蚀变橄榄玄武岩	50.06	15.70	2.39	4.57	6.43	5.09	1.42	3.35	1.10	0.34	0.16	4.74	0.50	8.83	99.44
	D2100GS$_2$	蚀变橄榄玄武岩	53.60	17.20	4.99	2.66	6.87	3.96	1.50	2.89	0.85	0.40	0.12	3.10	0.46	4.98	100.02
J_3r	DP1GS$_1$	蚀变玄武岩	52.34	17.61	5.34	6.11	8.28	0.39	1.17	2.70	0.95	0.20	0.17	3.46	0.40	4.74	100.00
K_1q	D3059GS$_1$	蚀变玄武安山岩	55.88	14.12	3.40	3.41	7.47	6.37	2.70	2.00	0.68	0.13	0.18	2.58	0.38	3.94	100.28
	D5095GS$_1$	玄武质粗面安山岩	56.12	17.36	4.16	3.68	3.82	2.90	1.30	4.59	0.98	0.23	0.20	2.72	0.34	4.39	99.73
	D5051GS$_2$	玄武质粗面安山岩	56.82	16.21	3.25	3.59	6.00	3.60	2.56	3.45	1.08	0.28	0.19	2.00	0.06	2.60	99.63
	D4131GS$_1$	蚀变玄武质粗面岩	55.00	15.46	4.85	2.85	6.43	2.82	2.90	3.87	1.34	0.33	0.11	1.94	0.16	3.40	99.36
	W03GS$_1$	蚀变玄武岩	48.00	17.69	6.05	4.30	11.14	5.09	0.56	2.33	1.33	0.13	0.17	2.00	0.88	3.20	99.99
	GP49GS$_1$	蚀变粗面玄武岩	49.04	15.13	3.45	5.37	6.65	6.97	1.17	4.00	1.08	0.19	0.17	4.02	0.36	6.20	99.42
	GP53GS$_1$	蚀变玄武安山岩	56.42	15.47	4.78	1.65	7.52	3.29	0.93	3.66	0.68	0.17	0.12	2.42	0.16	4.82	99.51
	GP64GS$_1$	蚀变橄榄玄武岩	52.74	13.60	1.77	5.13	7.30	7.44	1.30	2.17	0.84	0.13	0.21	4.02	0.58	6.79	99.42
	D3089GS$_1$	玄武安山岩	56.96	14.99	5.35	2.33	7.63	2.27	0.28	4.59	1.03	0.16	0.19	3.18	0.14	3.94	99.72
	D3166GS$_1$	二辉粗面玄武岩	51.08	15.71	7.01	2.73	7.96	4.00	2.25	4.23	1.20	0.28	0.32	1.88	0.34	2.70	99.47
	D3183GS$_1$	玄武质粗面安山岩	53.68	19.65	5.72	0.74	4.25	2.27	0.34	6.92	0.55	0.18	0.18	3.90	1.18	4.82	99.30
	D3040GS$_1$	蚀变粗面安山岩	57.66	14.95	3.20	0.60	8.10	1.36	0.45	6.72	0.78	0.12	0.12	0.78	0.12	5.07	99.13
	D4114GS$_1$	玄武质粗面安山岩	56.32	17.21	5.58	1.70	4.91	2.66	2.17	4.11	1.10	0.34	0.10	1.88	0.74	3.29	99.49
E_1j	D2095GS$_1$	霏细流纹岩	77.74	11.60	0.12	2.55	0.11	0.01	3.85	0.01	0.25	0.10	0.09	3.08	0.58	4.36	100.79
	D3241GS$_1$	霏细流纹岩	74.04	14.25	1.42	0.54	0.33	0.55	2.25	4.59	0.10	0.03	0.02	0.92	0.12	1.20	99.32
	GP70GS$_1$	流纹质沉凝灰岩	75.60	12.83	0.37	0.44	1.09	0.08	3.77	2.59	0.10	0.04	0.03	1.72	0.18	2.31	99.25

层位	样品编号	CIPW标准矿物含量(%)												里特曼指数σ	含铁指数	长英指数FL	钠钾比值	固结指数	赖特碱度率AR	分异指数DI
		ap	il	mt	q	c	en	fs	hy	di	or	ab	an							
J_3d	GP14GS$_1$	0.9	2.3	3.83	4.19		12.13	4.69	16.82	5.38	9.27	31.31	26.04	2.68	57.76	42.59	3.59	30.26	1.55	44.77
	D2100GS$_2$	1	1.71	4.45	10.35		9.87	4.72	14.6	1.64	9.33	25.81	31.14	1.73	65.27	38.99	2.93	25.08	1.45	45.49
J_3r	DP1GS$_1$	0.5	1.9	6.48	12.83			5.52	6.17	6.72	7.26	24.03	34.13	1.55	96.68	31.85	3.51	2.5	1.35	44.13
K_1q	D3059GS$_1$	0.33	1.35	4.15	10.38		11.95	3.22	15.17	12.09	16.54	17.6	22.43	1.69	51.43	38.62	1.13	35.76	1.45	44.52
	D5095GS$_1$	0.57	1.96	5.15	11.31	2.1	7.57	4.2	11.78		8.03	40.78	18.32	2.55	72.8	60.66	5.37	17.52	1.77	60.13
	D5051GS$_2$	0.69	2.11	4.49	9.85		7.24	2.5	9.75	5.61	15.59	30.12	21.82	2.56	65.44	50.04	2.05	21.92	1.74	55.56
	D4131GS$_1$	0.81	2.66	5.15	6.36		3.58	1.43	5	10.97	17.9	34.18	16.99	3.62	72.82	51.64	2.03	16.45	1.9	58.44
	W03GS$_1$	0.31	2.62	5.08	1.76		8.45	5.09	13.54	15.39	3.42	20.39	37.49	1.6	66.45	20.6	6.33	28.18	1.22	25.58
	GP49GS$_1$	0.47	2.2	5.35			6.9	2.21	9.11	10.21	7.44	36.3	21.31	3.87	55.85	43.74	5.2	33.26	1.62	43.74
	GP53GS$_1$	0.43	1.37	3.89	12.92		4.96	2.28	7.23	11.21	5.79	32.74	24.43	1.48	65.35	37.9	5.98	23.36	1.5	51.46
	GP64GS$_1$	0.33	1.73	2.77	8.85		16.43	6.17	22.6	10.25	8.27	19.8	25.42	1.13	48.12	32.22	2.54	41.77	1.4	36.91
	D3089GS$_1$	0.4	2.05	4.71	12.38		1.71	1.23	2.94	14.79	1.71	40.62	20.41	1.66	76.66	38.96	24.93	15.55	1.55	54.71
	D3166GS$_1$	0.69	2.36	6.06						17.15	13.76	36.32	17.88	4.92	70.24	44.88	2.86	20.08	1.75	50.48
	D3183GS$_1$	0.45	1.1	4.32		0.63	2.66	1.54	4.2		2.13	62.19	21.13	4.83	73.1	63.08	30.95	14.46	1.87	64.32
	D3040GS$_1$	0.31	1.58	2.65	4.04					9.94	2.83	60.58	9.88	3.21	72.86	46.95	22.71	11.16	1.9	67.46
	D4114GS$_1$	0.83	2.18	4.73	9.65		6.89	3.06	9.95	0.04	13.35	36.22	23.07	2.87	72.56	56.12	2.88	16.65	1.79	59.22
E_1j	D2095GS$_1$	0.22	0.49	0.17	63.24	7.7	0.03	4.49	4.51		23.57	0.08		0.43	99.63	97.23		0.15	1.98	86.89
	D3241GS$_1$	0.07	0.19	1.51	37.71	3.81	1.4		2.1		13.53	39.6	1.49	1.5	77.73	95.4	3.1	5.91	2.77	90.84
	GP70GS$_1$	0.09	0.19	0.55	44.99	2.69		0.4	0.6		22.98	22.59	5.3	1.24	91.01	85.37	1.04	1.1	2.19	90.56

注：表内样品由四川区调队测试中心分析测试。

表 3-22　物玛岩带火山岩稀土、微量元素含量特征表

层位	样品编号	岩石名称	稀土元素含量($\times10^{-6}$)															
			La	Ce	Pr	Nd	Sm	Eu	Gd	Tb	Dy	Ho	Er	Tm	Yb	Lu	Y	ΣREE
J_3d	GP14GS$_1$	蚀变橄榄玄武岩	35.5	57.8	6.31	32.6	6.73	1.62	4.91	0.83	5.03	0.90	2.66	0.38	2.16	0.28	18.5	176.21
	D2100GS$_2$	蚀变橄榄玄武岩	14.0	44.0	6.00	19.0	4.10	1.25	3.60	0.90	3.30	0.76	1.80	0.38	1.80	0.45	19.0	120.34
J_3r	DP1GS$_1$	蚀变玄武岩	9.8	18.1	2.73	14.5	3.47	1.09	3.35	0.57	4.47	0.82	2.65	0.38	2.21	0.29	18.6	83.05
K_1q	D3059GS$_1$	蚀变玄武安山岩	18.0	42.0	4.00	13.0	4.80	0.92	3.60	0.60	2.80	0.50	0.48	0.27	2.00	0.50	16.0	109.47
	D5095GS$_1$	玄武质粗面安山岩	25.0	70.0	6.20	22.0	4.60	1.40	3.80	0.62	4.30	0.64	3.60	0.32	2.10	0.65	20.0	165.23
	D5051GS$_2$	玄武质粗面安山岩	36.0	78.0	7.50	30.0	7.00	1.75	5.80	1.00	4.40	0.90	2.80	0.52	1.90	0.50	21.0	199.07
	D4131GS$_1$	蚀变玄武质粗面岩	40.0	92.0	10.00	34.0	8.00	1.80	7.20	0.75	4.60	0.80	2.30	0.28	1.70	0.51	21.0	224.94
	W03GS$_1$	蚀变玄武岩	17.0	27.1	4.12	18.9	4.19	1.44	3.73	0.62	4.23	0.76	2.36	0.32	1.58	0.24	16.1	102.69
	GP49GS$_1$	蚀变粗面玄武岩	11.0	25.0	4.00	17.0	4.00	1.10	3.50	0.52	2.70	0.74	1.50	0.42	1.40	0.42	12.0	85.30
	GP53GS$_1$	蚀变玄武安山岩	13.0	37.0	3.50	15.0	2.55	0.76	2.20	0.52	1.70	0.32	1.70	0.38	0.74	0.35	8.8	88.52
	GP64GS$_1$	蚀变橄榄玄武岩	20.9	33.2	4.30	18.2	3.97	1.08	3.03	0.54	3.67	0.68	1.98	0.25	1.62	0.22	14.4	108.04
	D3089GS$_1$	玄武安山岩	9.6	37.0	4.80	13.0	3.20	0.98	2.65	0.50	2.30	0.44	1.80	0.32	1.35	0.52	16.0	94.46
	D3166GS$_1$	二辉粗面玄武岩	16.0	42.0	4.30	19.0	4.90	1.70	5.20	0.63	3.50	0.80	2.90	0.35	1.70	0.50	20.0	123.48
	D3183GS$_1$	玄武质粗面安山岩	10.0	30.0	4.50	12.0	2.80	0.80	2.20	0.50	2.00	0.50	2.00	0.82	0.94	0.52	11.0	80.58
	D3040GS$_1$	蚀变粗面安山岩	32.0	58.0	7.00	17.0	5.30	1.10	3.40	0.70	2.40	0.19	1.00	0.18	1.20	0.45	14.0	143.92
	D4114GS$_1$	玄武质粗面安山岩	35.0	72.0	8.20	28.0	6.80	1.70	5.60	0.70	4.00	0.76	2.80	0.45	1.70	0.42	20.0	188.13
E_1j	D2095GS$_1$	霏细流纹岩	32.0	88.0	12.00	36.0	7.20	0.32	4.80	1.00	6.00	1.10	2.60	0.50	2.90	0.37	22.0	216.79
	D3241GS$_1$	霏细流纹岩	45.0	90.0	11.00	32.0	7.60	1.10	6.20	0.73	6.20	1.20	2.70	0.45	2.70	0.51	25.0	232.39
	GP70GS$_1$	流纹质沉凝灰岩	35.4	43.9	5.80	21.2	3.68	0.28	2.74	0.46	3.14	0.64	2.16	0.30	2.49	0.33	17.6	140.12

层位	样品编号	微量元素含量($\times10^{-6}$)																		稀土特征值	
		Rb	Cs	Sr	Ba	U	Th	Ta	Nb	Zr	Hf	Li	Sc	V	Cr	Co	Ni	Cu	W	L/H	δEu
J_3d	GP14GS$_1$	57.1	16	444	366	0.71	6.31	1.64	11	97.6	3.41	72.9	26.9	231	133	22.3	93.9	60.9	1.8	8.20	0.86
	D2100GS$_2$	35	6.5	190	200		6.21	0.7	15.8	213	5.65	31	14	86	36	23	46		1.2	6.80	0.99
J_3r	DP1GS$_1$	35.7	7.6	497	368	0.4	3.89	0.5	4.41	86.8	2.23	28.8	44.5	305	103	27.9	36.3	105	2.2	3.37	0.98
K_1q	D3059GS$_1$	13		340	1100	2.33	5.77	0.5	5	90	2.31	27	17	135	325	22	155	31	10.8	7.69	0.68
	D5095GS$_1$	44	7.7	220	470		7.61	1.01	12	95.2	3.46	24	26	150	14	19	21		1.4	8.06	1.02
	D5051GS$_2$	93	4.4	200	220		12.5	1.9	17.8	193	5.77	20	28	125	52	26	36		2	8.99	0.84
	D4131GS$_1$	93	7	125	250		12.4	1.19	16.1	172	5.04	30	32	155	70	29	36		2.2	10.24	0.73
	W03GS$_1$	19.8		585	274	0.29	3.79	0.5	5.08	85.1	3.05	17.1	31.1	307	36.3	30.5	31.6	157	12.6	5.26	1.11
	GP49GS$_1$	45	9.4	265	400		4.17	0.51	5.61	99	3	41	36	170	52	35	48		1.2	5.54	0.90
	GP53GS$_1$	33	8.6	420	280		5.76	0.5	8.18	113	3.28	27	18	80	100	18	26		1	9.08	0.98
	GP64GS$_1$	42	7.1	577	421	0.5	6.55	0.54	7.63	70.3	2.68	43.8	31.4	216	393	27.3	196	59.3	1.4	6.81	0.95
	D3089GS$_1$	19	4	300	110	1.54	3.82	0.94	10.3	110	3.47	24	15	125	48	19	22	31		6.94	1.03
	D3166GS$_1$	45	6.6	320	390	1.54	2.45	0.58	7.04	96.7	3.19	18	48	170	26	25	20	36		5.64	1.03
	D3183GS$_1$	20	3.6	380	40	1.39	1.38	0.5	4.33	58.9	1.68	14	11	60	6	14	12			6.34	0.99
	D3040GS$_1$	9		570	260	2	7.28	0.88	5	90	3.08	22	11	78	170	12	44	13	25	12.65	0.79
	D4114GS$_1$	84	6.6	140	320		10.4	0.82	11.4	176	4.61	20	18	125	22	22	32		1.8	9.23	0.84
E_1j	D2095GS$_1$	185	5	170	38		25.7	4.97	88.7	298	9.4	96	2.3	4.4	11	4.8	16		1.8	9.11	0.17
	D3241GS$_1$	80	4	82	580	4.18	18.6	1.62	15	223	6.67	8.2	5.7	3.4	15	5.6	22		1.2	9.02	0.49
	GP70GS$_1$	174	8.5	84.4	48.2	1.34	20.4	3.54	40	122	4.71	56.4	2.1	1.36	1	1	13.4	2.9	2.2	8.99	0.27

注：表内样品主要由中国地调局宜昌地质矿产研究所岩矿测试中心分析测试，部分由四川区调队测试中心分析测试。

2. 早白垩世中基性火山岩

(1)产出特征

早白垩世中基性火山岩是本测区火山岩的主体，其层位为去申拉组(K_1q)。该套火山岩广泛分布于测区中部新物玛乡府、文布当桑乡府及那玛隆村一带，出露面积近1 000km^2，平面展布呈东端尖窄西端膨大的楔形。该组火山岩喷发早期为浅海相环境，中晚期为陆相环境，地层厚度达1 073.92m。

岩石类型以玄武安山岩、粗面安山岩、粗面玄武岩及火山碎屑岩为主，少量(橄榄)玄武岩。火山岩与下伏侏罗系日松组(J_3r)、白垩系多尼组(K_1d)等地层平行不整合或微角度不整合接触，其上角度不整合叠覆白垩系竟柱山组(K_2j)及古近系江巴组(E_1j)等岩石地层。

本次工作于去申拉组安山岩中获取钾-氩(K－Ar)法同位素年龄为112±3.0Ma(样品号D3040TM_1，见表3－8)，结合上述地层叠覆关系，确定火山岩的形成时期为早白垩世。

(2)岩石学特征

测区内去申拉组火山岩岩石类型较为丰富，以蚀变安山岩、玄武安山岩、安山质火山角砾岩分布最为广泛，少量橄榄玄武岩、安山质沉凝灰岩与火山集块岩等。

玄武岩：具斑状结构，块状、气孔状、杏仁状构造。斑晶矿物为普通辉石、普通角闪石，含量约27%，粒度0.8～1.5mm。基质具间隐结构，由中更长石、绿泥石、普通辉石、方解石及白钛石、金属矿物组成。中更长石部分蚀变为绢云母，普通辉石蚀变为绿泥石。

橄榄玄武岩：岩石呈斑状结构，块状构造。斑晶矿物为普通辉石及橄榄石，粒度0.8～2mm，含量10%～15%。基质具间隐结构，由更长石、绿泥石、普通辉石、方解石及少量白钛石、金属矿物等组成。矿物具明显蚀变，更长石局部绢云母化，橄榄石均已蚀变为蛇纹石，普通辉石碳酸盐化强烈。

(辉石)角闪安山岩：岩石具斑状结构或多斑斑状结构，块状构造。斑晶矿物为斜长石及普通角闪石，或有普通辉石，斜长石、普通辉石粒度0.6～2mm，普通角闪石粒度为2～5mm，斑晶含量30%～50%。岩石基质具交织结构，由更长石、绿泥石、绿帘石及少量白钛石、金属矿物等矿物组成。矿物具强烈蚀变，更长石局部绢云母化，普通角闪石次闪石化，普通辉石碳酸盐化明显。

玄武岩质火山角砾岩：岩石角砾状结构，块状构造。基质和火山角砾成分均为蚀变玄武岩。岩石中角砾呈棱角状—次棱角状，砾径5～10mm，含量50%～70%。

安山质岩屑晶屑凝灰岩：岩石具晶屑岩屑凝灰结构，块状构造。岩石由凝灰物和充填物及胶结物组成。凝灰物质为更长石、角闪石晶屑和蚀变安山岩屑，含量50%～80%；充填物及胶结物由绿泥石、方解石、霏细状长英物和少量白钛石、褐铁矿等组成。岩石中更长石表面具蚀变矿物绢云母，角闪石部分蚀变为绿泥石。

安山质岩屑晶屑凝灰火山角砾岩：岩石具晶屑岩屑凝灰火山角砾结构，块状构造。岩石中角砾成分为蚀变安山岩，直径0.3～10mm，含量50%～70%。凝灰物为更长石、角闪石晶屑和蚀变安山岩屑等，含量20%～40%；充填及胶结物由绿泥石、方解石、霏细状长英物和少量白钛石、褐铁矿等组成。岩石中更长石部分蚀变为绢云母，角闪石蚀变为绿泥石。

中基性晶屑岩屑沉凝灰岩：具沉凝灰结构，块状构造。岩石由碎屑及充填物两部分组成，碎屑物约占岩石的80%，为斜长石、普通辉石、安山岩及硅质岩等，斜长石及辉石晶屑粒度在0.2～2mm之间。充填物为火山尘和金属矿物，火山尘粒度微小。斜长石表面分布绢云母、粘土矿物等蚀变物。

(3)岩石化学特征

于去申拉组火山岩中采集岩石化学全分析样品共14件，其测试成果见表3－21。

测试成果表明，本套火山岩岩石化学成分含量跨度相对较大。TAS图解显示，岩石类型有多种，以玄武安岩、玄武质粗面安山岩为主，次为粗面玄武岩、粗面安山岩及少量安山岩、玄武岩等。岩石中SiO_2含量为48.0%～59.46%，14件平均为54.66%，Al_3O_2含量为13.60%～19.65%，平均为15.99%，K_2O为0.28%～2.90%，平均为1.42%，Na_2O含量为2.00%～6.92%，平均4.10%。岩石里特曼组合指数(σ)平均为2.71，多数样品大于1.8。以上数据分析表明该套火山岩属亚碱性系列的钙碱性岩石类型。以钠质岩石为主体，少数属钾质岩(3～10)。岩石含铁指数平均为66.47，固结指数(SI)平均为22.56，赖特碱度率(AR)较为集中,为1.22～1.9,平均1.65,分异指数(DI)平均52.29。

(4)岩石稀土元素特征

岩石稀土及微量元素测试成果数据见表3-22。

稀土元素测试结果表明,岩石中稀土元素总量$\sum$REE多在$100\times10^{-6}\sim200\times10^{-6}$之间,平均值为$131.19\times10^{-6}$,LREE平均为$102.54\times10^{-6}$,HREE平均为$12.70\times10^{-6}$,L/H为5.26～12.65,平均值8.09。其稀土配分曲线呈较为平缓的右倾型,轻稀土弱富集,分馏程度不高,重稀土部分分馏较明显,曲线呈平缓状。岩石中δEu值为0.68～1.11,大部分集中在0.85～1.0之间,平均值为0.91,反映岩石中Eu具弱—极弱亏损的特征;δCe值为0.75～1.35,平均为1.07,表明Ce具不明显的正异常特性。

(5)岩石微量元素特征

岩石微量元素中,过渡族元素同地幔(Bougault估算,1974)相比,V、Cu与Zn相对较高,其中V普遍高出2～3倍,Cr、Co、Ni等含量仅为其1/20～1/5。大离子亲石元素Rb、Sr及Ba同大洋拉斑玄武岩相比,分别高出(平均值)8.2、2.6、11.9倍;同岛弧钙碱性火山岩平均值相比,Sr含量与其相当,Rb、Ba含量略高,分别是岛弧钙碱性火山岩的1.4及1.3倍。非活动性亲石元素同维氏值中性岩(维诺格拉多夫,1962)相比,Ta含量相当或略高,Hf高出3.4倍,而除Nb及Zr外均较低,仅为其0.4～0.5倍。

3. 古新世中酸性火山岩

(1)产出特征

测区古新世火山岩仅一个层位,即为江巴组(E_1j)火山岩。该套火山岩较为集中地分布于测区中部日玛东—物玛村一带,在测区东部沙德村北面一带尚有零星出露,平面上呈走向近南东向的带状展布,东西向出露长约30km,南北向宽约15km,总面积200余平方千米。测区中部被第四系大面积掩盖,出露不全。

测区内,江巴组剖面下部以酸性及中酸性岩为主,中部及上部为基性岩,主要岩石类型为霏细流纹岩、流纹质晶屑岩屑凝灰岩、沉凝灰岩、英安质熔结角砾岩及少量安山岩等,火山岩厚度大于1 176.86m。江巴组火山岩角度不整合覆于下白垩统去申拉组(K_1q)地层之上,与侏罗系木嘎岗日群(JM)及多仁组(J_3d)断层接触。

(2)岩石学特征

测区内江巴组火山岩以流纹岩及流纹质凝灰岩、角砾岩为主,流纹质沉凝灰岩和沉积角砾岩亦有较大面积分布。

霏细流纹岩:具斑状结构,气孔状构造、流动构造。岩石中斑晶矿物为斜长石及少量石英、黑云母等,粒度在2～2.5mm之间,含量约10%,斑晶矿物定向性明显。岩石基质由霏细状长英物及少量褐铁矿等金属矿物组成,含量85%～90%。岩石遭受后期蚀变,斜长石钠化,表面分布粘土矿物,黑云母局部绿泥石化,岩石气孔中充填白云石。

豆粒状流纹岩:具残余豆粒结构,块状构造。岩石主要由直径在0.1～0.2mm之间的豆粒(长英物集合体)和少量白钛石、褐铁矿等组成。岩石遭受后期硅化蚀变。

流纹质晶屑岩屑凝灰岩:岩石具晶屑岩屑凝灰结构,块状构造,由火山碎屑物及胶结物组成。火山碎屑由石英、透长石、更长石晶屑及流纹质岩屑组成,含量50%～80%;胶结物为霏细状长英物和少量白钛石、褐铁矿等。岩石具轻微蚀变,凝灰物常分解成绢云母绿泥石集合体。

流纹质晶屑岩屑凝灰火山角砾岩:岩石具晶屑岩屑凝灰火山角砾结构,块状构造,由火山碎屑及胶结物组成。火山碎屑由石英、更长石晶屑及流纹质岩组成,部分碎屑物达角砾级,粒度2.5～8mm,其含量65%～70%;胶结物为霏细状长英物和少量白钛石、褐铁矿等。岩石蚀变较弱。

流纹质沉凝灰岩:属火山碎屑流沉积,岩石中具有清晰的层理构造,具有条带状、细密层纹状等沉积构造。岩石中碎屑由石英、正长石、更长石晶屑及流纹质火山岩岩屑等,碎屑物明显经历了搬运磨蚀作用,具有定向性;岩石充填物及胶结物中常含大量方解石、白云石等。

流纹质砾岩:属火山碎屑流沉积,岩石中砾石成分为流纹岩,呈次棱角状—浑圆状,砾径5～50mm,含量30%～70%不等;岩石之胶结物为硅质物、方解石、白云石、白钛石及少量绢云母、绿泥石集合体等。岩石胶结方式为接触式—孔隙式。

(3)岩石化学特征

于江巴组火山岩中采集岩石化学全分析样品共三件,分析测试成果见表3-21。

岩石化学TAS图解表明,江巴组火山岩为流纹质岩石,与薄片鉴定定名一致。测试表明,岩石中SiO_2含量为74.04%~77.74%,Al_3O_2为11.60%~14.25%,K_2O含量为2.25%~3.85%,Na_2O为2.49%~4.59%,分析显示岩石属亚碱性系列。岩石组合指数(σ)为0.43~1.50,表明岩石属典型的钙性岩系,与FAM图解结论一致。岩石含铁指数较高,为77.73~99.63,长英指数(FL)为85.37~97.23,固结指数(SI)为0.15~5.88,平均2.39,分异指数(DI)普遍较高,平均值为89.23。

(4)岩石稀土元素特征

岩石稀土元素及微量元素分析测试结果见表3-22。

岩石中稀土元素总量∑REE为140.12×10^{-6}~232.39×10^{-6},平均值达196.43×10^{-6},LREE为110.26×10^{-6}~186.70×10^{-6},HREE为12.26×10^{-6}~20.69×10^{-6},L/H比值在8.99~9.11之间,以上数据表明,岩石中轻稀土富集较为明显,重稀土分馏不明显,其稀土配分曲线呈向右倾斜的"V"形。稀土元素中Eu亏损强烈,δEu值为0.17~0.49,平均仅0.31。

(5)岩石微量元素特征

岩石微量元素中(表3-22),过渡族元素均大幅度低于地幔岩,一般仅相当于地幔岩丰度值的1%~10%;大离子亲石元素同岛弧钙碱性火山岩平均丰度值相比,Rb高出2~5倍,Ba及Sr则均较低,是岛弧钙碱性火山岩的1/5~1/2。与酸性岩维氏值比较,非活动性亲石元素Hf高出4~9倍,其余元素Nb、Ta、Zr均略高。

(三)赛尔角火山岩带

该火山岩带分布于测区班公湖—怒江缝合带以北,区域上隶属南羌塘岩区。带内火山岩分布零星,面积局限。带内火山岩共有三个层位,由下至上分别为早侏罗世基性火山岩、晚白垩世中性火山岩及渐新世中酸性火山岩等(表3-18)。

1. 早侏罗世基性火山岩

(1)地质特征

早侏罗世基性火山岩出露于测区北部赛尔角山地一带,分布零散,面积局限,规模较小。火山岩以基性熔岩为主,少量火山碎屑岩。岩石多呈夹层产出于曲色组(J_1q)粉砂质页岩、石英粉砂岩等粉砂类复理石地层中,出露厚度2~10m不等,走向长50~500m。岩石层面平整,与砂、页岩层整合接触,为小规模海底岩浆喷溢活动所形成,主要岩石类型为玄武岩、粗面玄武岩、少量玄武质粗面安山岩及基性凝灰岩等。

(2)岩石学特征

曲色组火山岩主要岩石类型为蚀变玄武岩和少量玄武质岩屑凝灰岩、岩屑玻屑火山角砾岩。

蚀变玄武岩:岩石具残余间粒结构,块状、气孔状构造。岩石由斜长石板条、绿泥石或普通辉石及少量绿帘石、次闪石、白钛石及褐铁矿等组成,斜长石含量为60%~70%。矿物粒度0.3~1mm。岩石后期蚀变明显,斜长石部分蚀变为绢云母,普通辉石次闪石化或蚀变为绿泥石。

玄武质岩屑凝灰岩:具晶屑岩屑凝灰结构,块状构造。岩石中火山碎屑物为中基性火山岩,含量约75%,充填物及胶结物为绿泥石及方解石等。

玄武质岩屑玻屑火山角砾岩:岩石具火山角砾结构,块状构造。岩石由基性玻屑、玄武岩岩屑等火山角砾和绿泥石、钠长石、褐铁矿等充填胶结物组成,火山碎屑含量可达70%~85%。火山碎屑粒度一般为2~7mm。玻屑中多分布有圆形气孔,其内充填绿泥石和钠长石。胶结物中绿泥石和钠长石为火山物蚀变分解产物。

(3)岩石化学特征

曲色组基性火山岩四件岩石化学全分析样品测试结果见表3-23。

表 3-23　赛尔角岩带火山岩岩石化学成分特征表

层位	样品编号	岩石名称	氧化物含量(w_B%)														
			SiO_2	Al_2O_3	Fe_2O_3	FeO	CaO	MgO	K_2O	Na_2O	TiO_2	P_2O_5	MnO	H_2O^+	H_2O^-	Loss	∑GS
J_1q	$TGP32GS_1$	蚀变玄武岩	47.66	15.60	3.33	9.39	8.72	4.47	0.64	3.81	1.50	0.16	0.23	2.96	0.22	3.43	98.94
	$TGP1GS_1$	蚀变粗面玄武岩	51.18	15.44	0.75	5.52	8.18	1.41	1.12	5.10	2.50	1.04	0.16	2.96	0.30	7.09	99.49
	$D2112GS_1$	玄武质晶屑岩屑凝灰岩	52.68	16.14	4.48	1.77	7.85	1.00	2.49	5.10	0.60	0.28	0.17	3.20	0.34	7.92	100.48
	$D2182GS_1$	蚀变玄武岩	51.42	18.14	7.13	2.54	8.61	3.85	1.56	3.17	1.00	0.30	0.19	1.64	0.92	1.94	99.85
K_1m	$D4008GS_1$	蚀变安山岩	61.42	16.43	4.67	0.21	5.32	1.55	2.70	3.17	0.88	0.13	0.09	0.96	1.30	3.02	99.59
	$D4020GS_1$	蚀变安山岩	57.42	17.27	5.30	2.63	8.10	3.00	0.69	3.17	0.83	0.08	0.17	0.86	0.46	1.63	100.29
E_3n	$HSP6GS_1$	蚀变流纹岩	74.14	13.06	1.27	0.61	0.96	0.39	4.09	3.25	0.13	0.03	0.03	0.90	0.48	1.33	99.29
	$D1008GS_1$	英安质凝灰岩	68.98	13.23	1.57	0.44	2.66	1.55	3.68	1.03	0.16	0.03	0.04	4.56	2.96	6.98	100.35

层位	样品编号	CIPW标准矿物含量(%)												里特曼指数σ	含铁指数	长英指数FL	钠钾比值	固结指数	赖特碱度率AR	分异指数DI
		ap	il	mt	q	c	en	fs	hy	di	or	ab	an							
J_1q	$TGP32GS_1$	0.4	2.98	5.06			1.27	1.42	2.68	16.2	3.96	33.76	24.67	3.84	74	33.79	9.05	20.66	1.45	37.72
	$TGP1GS_1$	2.68	5.15	1.17	1.97		0.69	1.1	1.79	16.21	7.15	46.7	17.25	4.03	81.64	43.19	6.92	10.14	1.71	55.82
	$D2112GS_1$	0.71	1.24	4.38						12.05	15.95	45.74	14.92	5.25	85.88	49.16	3.11	6.82	1.93	62.21
	$D2182GS_1$	0.73	1.96	5.41	3.13		7.32	4.67	11.99	8.46	9.45	27.5	31.41	2.67	70.77	35.46	3.09	21.51	1.43	40.08
K_1m	$D4008GS_1$	0.31	1.73	3.17	19.97		3.18	1.31	4.49	2.43	16.54	27.84	23.52	1.84	74.9	52.46	1.79	12.87	1.74	64.34
	$D4020GS_1$	0.19	1.59	4.49	14.6		5.45	3.63	9.07	7.32	4.14	27.24	31.34	1.03	71.98	32.27	6.99	20.6	1.36	45.98
E_3n	$HSP6GS_1$	0.07	0.25	1.49	37.52	1.65	1	0.59	1.58	0	24.69	28.09	4.67	1.73	82.62	88.43	1.21	4.07	2.73	90.3
	$D1008GS_1$	0.07	0.32	1.39	44.08	2.96	4.08	1.02	5.1		23.03	9.22	13.8	0.83	55.64	63.19	0.43	18.89	1.84	76.34

注:表内样品由四川区调队测试中心分析测试。

岩石化学测试表明,曲色组火山岩中 SiO_2 含量为 47.66%～52.68%,平均 50.74%,Al_2O_3 含量 15.44%～18.14%,K_2O 平均值为 1.45%,Na_2O 为 4.30%。TAS 图上,岩石投点较为集中并多分布于粗面玄武岩区及其附近。硅碱图上,岩石投点分布于碱性—亚碱性分界线附近并多数落入"碱性系列"岩石区,在标准矿物 Ol′-Ne′-Q′图上,亦有部分样品分布于碱性系列区,显示出曲色组基性火山岩碱性强度具有碱性—亚碱性过渡特点。同时岩石组合指数(σ)表明,四件样品中除一件为钙碱性岩石(σ=1.8～3.3)外,其余三件均属"碱钙性岩"(σ>3.3)。

综合上述特点,表明该套基性火山岩为"碱性系列"岩石类型,结合火山岩石中 Na_2O 含量明显高于 K_2O 的特点,判断属"钠质碱性岩"。岩石中含铁指数为 70.77～85.88,平均值为 78.08,固结指数(SI)平均值 14.78,赖特碱度率(AR)较为集中,为 1.43～1.93,平均 1.63,分异指数(DI)平均 48.96。

(4)岩石稀土元素特征

岩石地球化学测试分析结果见表 3-24。

岩石中稀土元素总量∑REE 为 117.89×10^{-6}～299.37×10^{-6},平均值为 175.83×10^{-6},LREE 平均为 129.74×10^{-6},HREE 平均为 20.2×10^{-6},L/H 在 3.25～8.58 之间。岩石稀土配分曲线呈极平缓的右倾型式,表明岩石中轻、重稀土元素分馏均不明显,表现出大洋拉斑玄武岩和特点。岩石中 δEu 值为 0.93～1.12,平均为 0.99,显示岩石不具 Eu 亏损或略有富集的特征;δCe 值除 1 件样品略小于 1 外,其余均较高,个别甚至接近 3,显示 Ce 富集特征。

(5)岩石微量元素特征

岩石微量元素中(表 3-24),过渡族元素同地幔岩相比,除 V 与 Zn 高出 2～3 倍外,Cu、Cr、Co、Ni 等均大幅偏低;同大洋拉斑玄武岩丰度值比较,大离子亲石元素 Sr 略高,Rb、Ba 则高出 3～12 倍不等;非活动性亲石元素同维氏值基性岩(据维诺格拉多夫,1962)相比,除 Nb 含量普遍偏低外,Ta、Zr 及 Hf 等均高出 1～7 倍。

表 3-24　赛尔角岩带火山岩稀土、微量元素含量特征表

层位	样品编号	岩石名称	稀土元素含量 (×10⁻⁶)															
			La	Ce	Pr	Nd	Sm	Eu	Gd	Tb	Dy	Ho	Er	Tm	Yb	Lu	Y	ΣREE
J_1q	TGP32GS$_1$	蚀变玄武岩	4.2	52.0	4.2	10.0	3.10	1.15	4.60	0.48	6.00	1.20	5.80	0.48	3.90	0.52	33.0	130.63
	TGP1GS$_1$	蚀变粗面玄武岩	57.1	95.5	12.0	55.7	11.50	3.74	9.13	1.42	9.43	1.59	4.25	0.60	3.40	0.41	33.6	299.37
	D2112GS$_1$	玄武质晶屑岩屑凝灰岩	17.0	62.0	7.0	28.0	5.80	1.50	4.20	1.00	3.40	0.76	2.10	0.45	1.75	0.47	20.0	155.43
	D2182GS$_1$	蚀变玄武岩	13.0	45.0	4.6	19.0	4.50	1.35	3.80	0.65	3.30	0.64	2.30	0.47	1.90	0.38	17.0	117.89
K_1m	D4008GS$_1$	蚀变安山岩	20.0	54.0	5.0	14.0	4.00	0.82	2.60	0.90	2.30	0.36	1.00	0.20	1.70	0.25	13.0	120.13
	D4020GS$_1$	蚀变安山岩	10.0	20.0	4.4	11.0	5.00	1.00	3.70	0.70	4.20	0.90	2.50	0.50	2.30	0.40	21.0	87.60
E_3n	HSP6GS$_1$	蚀变流纹岩	35.0	105.0	11.0	38.0	7.10	0.60	4.60	0.92	6.20	1.15	4.50	0.81	4.40	0.50	30.0	249.78
	D1008GS$_1$	英安质凝灰岩	24.1	40.8	5.5	21.5	5.24	0.47	5.54	1.10	7.86	1.49	4.49	0.58	3.25	0.49	37.3	159.71

层位	样品编号	微量元素含量 (×10⁻⁶)																		稀土特征值	
		Rb	Cs	Sr	Ba	Th	Ta	Nb	Zr	Hf	Li	Sc	V	Cr	Co	Ni	Cu	W	Sn	L/H	δEu
J_1q	TGP32GS$_1$	15	5.1	54	100	4.18	0.5	2.35	99	2.93	16	54	165	17	24	20		1.8	4.6	3.25	0.93
	TGP1GS$_1$	40.1	6.9	217	112	18	3.14	56.3	220	6.89	26.3	12	98.7	1	13.7	20.7	9.3	1.2	3.4	7.79	1.12
	D2112GS$_1$	62	6.3	135	560	12.9	0.9	7.12	102	3.14	26	11	130	16	12	16		1.6	6	8.58	0.93
	D2182GS$_1$	50	5.3	350	270	4.88	0.94	7.3	109	3.51	30	21	140	21	29	22		1.8	4.8	6.51	1.00
K_1m	D4008GS$_1$	7		420	740	9.03	0.5	7	160	2.66	18	3.6	88	38	19	25	14	61.5	1.5	10.51	0.78
	D4020GS$_1$	6		250	860	2.28	5.75	5	72	3.14	12	17	92	10	20	11	25	48	1	3.38	0.71
E_3n	HSP6GS$_1$	142	3.9	55	480	19.9	2.27	41.2	362	11	85	2.9	7.2	3.6	3	5		2	8.2	8.52	0.32
	D1008GS$_1$	153		1990	449	11.5	1.85	18.7	72.1	3.03	13.8	8.32	25.1	7.9	2.8	12.8	90.6			3.94	0.27

注：表内样品主要由中国地调局宜昌地质矿产研究所岩矿测试中心分析测试，部分由四川区调队测试中心分析测试。

2. 早白垩世中性火山岩

(1)产出特征

早白垩世中性火山岩分布于测区北东赛尔角西侧山麓及赛尼一带，出露面积约 50km²，其层位为美日切错组(K_1m)。火山岩在拿若一带延伸较为稳定，最大厚度达 1 200 余米。主要岩石类型为蚀变(角闪)安山岩、玄武质粗面安山岩和安山质晶屑岩屑凝灰火山角砾岩等。该套火山岩与下伏色哇组(J_2s)粉砂质页岩、细砂岩类复理石地层呈角度不整合接触，并角度不整合伏于康托组(N_1k)陆相磨拉石地层之下。火山岩相类型以喷溢相为主，少量爆发相，属小规模陆相火山活动形成。

根据西藏区调队于双湖县北东美日切错组火山岩下部获取同位素年龄为 106Ma(K-Ar 法)，结合该套火山岩与其上下地层的接触关系，确定其主要形成时限为早白垩世。

(2)岩石学特征

蚀变安山岩：岩石具斑状结构，块状构造。斑晶矿物为斜长石、角闪石，斜长石多为更长石，可见环状消光或钠氏双晶，斑晶矿物粒度 0.1～2mm，大者可达 4.5mm，含量 13%～30%。基质具交织结构、细晶结构，由斜长石、角闪石、绿泥石、黑云母及少量白钛石、钛铁矿、磁铁矿等金属矿物组成。岩石中多见次生方解石、石英及蚀变矿物绢云母、绿泥石等，角闪石周围常见暗化边。

安山质晶屑岩屑凝灰火山角砾岩：具晶屑岩屑凝灰火山角砾结构，块状构造。岩石中火山碎屑物为斜长石、角闪石晶屑、中性火山岩岩屑及少量金属矿物，以岩屑为主，含量 70%～85%。充填物及胶结物为褐铁矿、绿泥石及方角石等，含量 15%～30%。

(3)岩石化学特征

岩石化学成分分析测试结果见表 3-23。

测试结果表明，岩石中 SiO_2 含量为 57.42%～61.42%，Al_2O_3 含量 16.43%～17.27%，K_2O 为

0.69%～2.70%，Na_2O 为 3.17%。岩石化学成分 TAS 分类与薄片鉴定定名均为安山岩，硅-碱图及标准矿物 Ol′- Ne′- Q′图投点结论一致，均属亚碱性系列岩石，FAM 图与 3－"An"图解均表明仍属钙碱性岩石类型，岩石组合指数(σ)为 1.03～1.84，反映岩石属钙性—钙碱性。岩石含铁指数较高，为 71.98～74.90，长英指数(FL)为 32.27～52.46，说明岩石为中性趋于基性；岩石固结指数(SI)为 12.87～20.60，平均 16.74，赖特碱度率(AR)为 1.36～1.74，分异指数(DI)为 45.98～64.34。

(4)岩石稀土元素特征

岩石稀土元素及微量元素测试分析结果见表 3-24。

岩石中稀土总量∑REE 值较低，为 87.60×10^{-6}～120.13×10^{-6}，LREE 为 51.40×10^{-6}～97.82×10^{-6}，HREE 为 9.31×10^{-6}～15.20×10^{-6}，其 L/H 为 3.38～10.51。稀土配分曲线呈极平缓的右倾型，表明岩石中稀土分馏不明显，轻稀土略有富集。岩石中 δEu 值为 0.71～0.78，说明岩石中 Eu 具弱亏损的特征。

(5)岩石微量元素特征

岩石微量元素中，过渡族元素同地幔岩(Bougault 估算，1974)比较，V 与 Zn 略高，Cu、Cr、Co、Ni 等均低于或大幅低于地幔岩丰度；大离子亲石元素同岛弧钙碱性火山岩相比，Rb 含量偏低，Sr 含量相当，而 Ba 则高出丰度值 2～3 倍。

3. 渐新世中酸性火山岩

(1)地质特征

渐新世火山岩产出层位为纳丁错组(E_3n)，属陆相喷发，仅出露于东图边萨古弄巴一带，面积约 5km²。岩石类型为蚀变英安质晶屑岩屑凝灰岩及流纹岩等。测区内见纳丁错组火山岩角度不整合覆于上白垩统阿布山组(K_2a)陆相磨拉石地层之上，与侏罗系地层断层接触。

(2)岩石学特征

变流纹岩：岩石具斑状结构，基质具"细—微晶结构"，块状构造。斑晶矿物为更长石及少量正长石，斑晶矿物粒度 1～2.5mm，于岩石中含量 10%～15%，常见更长石斑晶边缘常分布一圈正长石；基质矿物为更长石板条、石英及绢云母鳞片集合体，见少量褐铁矿等金属矿物。岩石蚀变较明显，更长石表面分布绢云母鳞片，正长石具泥质物尘点。岩石矿物蚀变明显，更长石表面常分布泥质物、绢云母鳞片。

英安质晶屑凝灰岩：岩石呈晶屑凝灰结构，块状构造。岩石中凝灰物以晶屑为主，多见更长石，呈棱角状外形，粒度 0.6～2mm，含量 10%，岩石或含少量角砾级碎屑。充填物为更长石 60%，方解石 4%，绢云母鳞片集合体 2%～3%，石英 20%及少量微粒金属矿物等。

(3)岩石化学特征

岩石化学全分析测试成果见表 3-23。

测试结果表明，岩石中 SiO_2 含量为 68.98%～74.14%，Al_2O_3 含量 13.06%～13.23%，K_2O 为 3.68%～4.09%，Na_2O 为 1.03%～3.25%，在 TAS 分类图上分别落入英安质及流纹质岩石区。分析表明，岩石仍属典型的亚碱性系列钙碱性岩石类型。岩石组合指数(σ)为 0.83～1.73，表明岩石更趋"钙性"，长英指数(FL)为 63.19～88.43，赖特碱度率(AR)为 1.84～2.73，分异指数(DI)为 76.34～90.30。

(4)岩石稀土元素特征

岩石稀土元素及微量元素分析测试结果见表 3-24。

岩石中，稀土总量∑REE 为 159.71×10^{-6}～249.78×10^{-6}，LREE 为 97.61×10^{-6}～196.7×10^{-6}，HREE 为 23.08×10^{-6}～24.8×10^{-6}，L/H 为 3.94～8.52。以球粒陨石标准化的配分曲线呈向右缓倾的"V"形，表明轻稀土分馏不明显，较为富集，而重稀土分馏较为明显。岩石 δEu 值为 0.27～0.32，显示 Eu 具强烈亏损的特征；δCe 值为 0.85～1.29，具弱富集特征。

(5)岩石微量元素特征

岩石微量元素中，过渡族元素同地幔岩丰度相比，Cu 与 Zn 均较高，是地幔岩石的 1～3 倍，其余元素 V、Cr、Co 及 Ni 等。大离子亲石元素 Rb、Sr 及 Ba 均高于岛弧钙碱性火山岩丰度值，其中 Rb 高出 4～5 倍，Ba 及 Sr 略高。与酸性岩维氏值比较，非活动性亲石元素 Ta 含量偏低，Hf、Nb、Zr 等元素略高。

三、火山机构与火山岩相

火山岩相是指在一定的环境下，火山活动产物特征的总称。火山岩相的划分依据是综合性的，主要有：火山喷发的基本形式、喷发与定位环境、火山物质的搬运方式和机理、在地表的堆积环境与堆积状态以及火山岩浆在地表以下的侵位机制等。

火山机构是指在一定的时间和空间范围内，火山通道及附近各种堆积产物及其相关构造，包括火口、火山颈、近火口堆积物和侵出岩穹或次火山岩等的总称。其中火山口、火山颈是火山机构研究的基本要素。

由此可见，火山岩相与火山机构的研究是紧密联系，同时又是相辅相成的，二者共同构建并服务于火山岩的另一个重要研究目标和内容——火山构造。火山岩相类型的划分、不同火山岩相的平面分布规律，将直接指示火山机构的分布位置和火山机构的类型，相反，火山机构的各项特征亦对火山岩相的划分与研究起到无可替代的作用。在对上述二者进行研究的基础上，结合火山活动韵律与旋回的划分，明确火山活动的方式与活动规律，将为火山岩的形成环境和区域岩石圈动力学的研究，奠定坚实基础。

本次调查表明，测区内侏罗纪火山岩(包括物玛岩带和赛尔角岩带)均呈厚度不等的夹层，或成段产出于深海—半深海环境复理石、类复理石地层中，其岩石类型简单，岩相类型亦较单一，均属火山喷发沉积相。因此，本节仅对测区内大面积分布的、岩相类型较多并具典型意义的晚侏罗—早白垩世则弄群火山岩、早白垩世去申拉组火山岩和古新世江巴组火山岩的岩相、火山机构与火山喷发韵律特征进行总结。

(一)则弄群火山岩

1. 敌别拉火山机构

敌别拉火山机构位于测区错果错南面约 10km 处，为晚侏罗—早白垩世则弄群火山岩的喷发形成中心。该火山机构平面上近圆形，面积大于 $2km^2$。火山堆积物均为则弄群酸性火山碎屑岩。据调查，该火山机构东面局部被期后沉积的下白垩统海相碳酸盐岩平行不整合覆盖，西面局部亦受断层影响，部分被破坏。

敌别拉火山机构主体由流纹质岩石组成，岩相类型较少，仅为火山爆发相和空落(降落)相，局部见及少量喷溢相，未见火口、火山颈相及次火山岩相等。不同岩相的分界线在平面上亦近圆形延伸，与火山机构形状基本一致，显示了中心式喷发火山的基本特征。

(1)火山爆发相

分布于火口中心及附近局部，其主要岩石类型为流纹质火山角砾岩及含集块角砾岩。流纹质火山角砾岩中，角砾为流纹岩岩屑、石英及斜长石、正长石晶屑，少见其他岩性角砾，岩屑角砾呈不规则状，部分显示流动构造；晶屑角砾多呈次棱角状或熔蚀状外形。角砾砾径 2.5～15mm。局部见有砾径 70～200mm 的集块岩分布于火山机构中心一带。

(2)空落相

分布于火山爆发相外围，出露面积相对较广。主要岩石类型为流纹质岩屑晶屑凝灰岩，岩石中由大量流纹岩岩屑、石英、更长石、正长石晶屑及充填物、胶结物组成，岩屑与晶屑含量互为消长，总量 60%～80%，碎屑物粒度 0.5～1.5mm。

(3)喷溢相

位于空落相流纹质火山碎屑岩内，分布局限，其岩石类型为厚层—块状英安岩，岩石出露厚度 64.08m。

填图调查表明，火山爆发相主体分布于火山机构中心区域，岩性中以流纹质凝灰角砾岩及含集块角砾岩等粗碎屑岩岩石类型占绝对比例，并局部见及喷溢相英安质熔岩夹层，岩石厚度巨大，层理不明；空落相则分布于爆发相外围，并随远离火山口，岩性逐渐以流纹质晶屑岩屑凝灰岩、细碎屑岩为主。

上述岩相分布特点显示则弄群火山岩属典型的中心式喷发形成。根据“一般中心式火山的分类”(李特迈，1976)，敌别拉火山机构应属“爆发洼地”式火山。

2. 火山喷发韵律及特征

则弄群火山岩在测区内出露较为完整。根据实测剖面研究表明，则弄群火山岩中未见明显的喷发间断面及岩性、岩相的突变面，无沉积夹层；火山岩层块度较大，一般达1.5～3m，局部层理不明；据岩石中发育同生节理，节理面较为整齐等特点，确定其火山喷发环境以陆相为主；同时调查显示，该套火山岩下部与上部岩石色调具有明显差异，可能反映了火山岩形成过程中由早期水下向晚期水上环境演变的特点，或是喷发时期陆表水体深度不同，导致了先后喷发岩浆的冷却速率不同。

则弄群在剖面上具有岩石色调、岩性与岩相的周期性变化规律，并由此表现出火山喷发过程中的火山爆发强度具有多次强—弱交替变化的特点，亦相应形成了多个火山喷发韵律。据此，将则弄群火山岩划分为11个火山喷发韵律。各韵律层段较完整，由下至上为火山角砾岩→凝灰(熔)岩(→熔岩)，表现出火山岩相由爆发相→空落相或喷溢相的演变规律。

根据该套火山岩明显具有上下两种不同的岩石色调，将火山岩划分为两个火山活动亚旋回。第一亚旋回由紫灰色流纹质岩石组成，共具三个喷发韵律；第二亚旋回由浅灰、灰白色流纹质岩石组成，具八个喷发韵律。

总体上看，则弄群火山堆积层序下部及上部岩石中粗碎屑含量较高，而中部岩石中含量相对偏少，反映出则弄群火山活动从早至晚其爆发强度具有强→弱→强的演变特点。

(二)去申拉组火山岩

本次调查表明，早白垩世去申拉组火山岩在测区内有两个相对独立的火山机构，其喷发活动形成了本区面积约1 000km² 之广的众多岩性、岩相交错分布的火山构造格局。

1. 扎弄郎当日火山机构

扎弄郎当日火山机构位于测区中部搭拉不错西南面约10km，为早白垩世去申拉组火山岩浆的喷发中心之一。该火山机构保存较完整，平面上呈椭圆形，火山口分布面积约20km²。火山机构地形地貌独特，中心部位呈一高耸锥形山，四面环形沟谷较为明显(图版Ⅳ-3)。

扎弄郎当日火山机构及其东南面分布大面积去申拉组火山粗碎屑岩，北部附近火山碎屑岩被局部侵蚀，机构中心部位被侵入岩筒相花岗岩体所占据。机体由去申拉组玄武安山质及安山质岩石组成，岩相类型为较多，主要为侵入岩筒相、次火山岩相、爆发相、喷溢相与火山碎屑流相等。

(1)侵入岩筒相

位于扎弄郎当日火山机构中心——火山口，为一个椭圆形的石英二长闪长岩岩体，呈一锥形山体地貌，分布面积约15km²。岩体北侧侵位于上侏罗统日松组类复理石地层内，东南面与去申拉组中基性火山碎屑岩接触，亦具较明显的侵入接触关系。

岩体的主要岩石类型为黑云角闪石英二长闪长岩，具自形半自形粒状结构，由石英、正长石、中长石、次闪石化角闪石及少量黑云母、金属矿物等组成，大多数石英与正长石呈文象交生。岩体内具有较为明显的分带现象，边缘相矿物结晶粒度相对较细，而内带矿物粒度较粗。

火山机构中心侵入岩筒相形成于火山岩浆活动的末期，当火山管道被冷凝岩浆堵塞之后，火山失去了喷发能力，于是残余岩浆侵入于寄生火山管道内。

(2)次火山岩相

在扎弄郎当日火山机构四周半径5～10km范围内，分布有无以数计的、大小不等的岩脉及小型岩株、岩瘤(图版Ⅳ-4)。填图调绘表明，距火山机构中心较近的地区，岩脉较为密集，数量较多，而远离机构中心，岩脉数量相对减少；这些岩脉及岩瘤在平面上均呈放射状或环状排列，一般延伸长度50～200m不等。

次火山岩岩脉、岩瘤侵位于上侏罗统多仁组、日松组粉砂质页岩、砂岩地层及下白垩统去申拉组火山碎屑岩地层中，其主要岩石类型为闪长岩、石英闪长岩及闪长玢岩，岩石呈半自形粒状结构，或具斑状结构。岩石由石英、更长石、角闪石及少量白钛石、褐铁矿等金属矿物组成，斑晶矿物常为少量角闪石。

(3)火山爆发相

较集中地分布于火山机构的东南面，在机构北部仅见于岗茹沟尾一带，推测可能与火山原始喷发状态有关或被后期地貌切割剥蚀。爆发相岩石主要为安山质火山角砾岩和集块岩，岩石中角砾和集块岩成分均为安山岩或玄武安山岩，角砾砾径10～60mm，以不规则状、次棱角状为主；安山岩集块可达200mm甚至更大。

在平面上，爆发相岩石随分布地域不同，其特征亦具有明显差异：火山机构及其附近地区，岩石中角砾(或集块)含量极高，可达80%～90%，而随远离火山机构，岩石中角砾迅速减少，甚至不含角砾，岩石类型向喷溢相、火山碎屑流相及喷发沉积相过渡。

(4)喷溢相

喷溢相岩石主要分布于扎弄郎当日火山机构南面3km及东面10km以外，主体位于火山爆发相之外的区域。岩石主要为块状玄武质、安山质熔岩及球颗状熔岩(图版Ⅳ-5)，局部岩石中含少量晶屑及岩屑。

(5)火山碎屑流相

多见于去申拉组火山岩分布区边缘，如测区中部红旗乡北西附近一带。岩石类型为沉火山角砾岩、火山质砾岩及沉凝灰岩等，岩层厚度巨大，一般1.5～3m，远观层理较清楚。岩石中砾石以安山岩、安山质晶屑凝灰岩为主，少量砂岩及灰岩砾石，砾石直径10～200mm，一般30～80mm，含量65%～85%。砾石具有良好的磨圆性和水下搬运特征，局部可见分选性和定向性(图版Ⅳ-6)。

(6)火山-沉积相

位于去申拉组火山岩分布区边缘地区。岩石为安山质沉凝灰岩与凝灰质砂岩互层，以凝灰岩与砂岩间互为特征，可见岩层内由安山质含火山角砾岩屑晶屑凝灰岩→安山质沉凝灰岩→凝灰质砂岩、粉砂岩的递变规律(图版Ⅳ-7)，几种岩性间无明显的分隔面(线)，均为过渡接触关系。

综合扎弄郎当日火山机构上述地质构造与岩相特征表明，该火山机构类型为爆发-塌陷成因的火山口。

2. 达朵希巴火山机构

达朵希巴火山机构仍属早白垩世去申拉组火山岩浆的喷发中心，其机构中心(火山口)位于测区西部达朵希巴牛场—勒公牛场一带。该火山机构平面上呈椭圆形，面积20余平方千米，地貌特征较为明显，局部被后期侵蚀改造。填图调查表明，该火山机构的岩相及构造特征较为显著。

达朵希巴火山机构由去申拉组玄武安山质岩石组成，其主要岩相类型为爆发相、喷溢相及次火山岩相等。

(1)爆发相

爆发相岩石集中分布于火山口及四周附近，平面上呈长轴近东西走向的椭圆形(西部断失)，其主要岩石类型为安山质火山角砾岩、集块岩及安山质岩屑晶屑凝灰岩等。

安山质集块岩多分布于火山口分布范围内，岩石中集块岩成分均为安山岩或玄武安山岩，块度60～150mm，次棱角状、不规则状为主。

安山质火山角砾岩与岩屑晶屑凝灰岩分布于火山口集块岩外围，面积较大。角砾岩中，角砾成分仍为安山岩和玄武安山岩，次棱角状，砾径10～60mm不等，无定向性和明显分选性。岩屑晶屑凝灰岩中亦为中性岩屑，晶屑为斜长石及少量石英，石英具熔蚀状外形。凝灰岩中局部含有少量细小角砾。

(2)次火山岩相

分布于达朵希巴火山机构中心爆发相分布范围内，主要为闪长岩脉及小型岩瘤。闪长岩岩瘤共有3～4个，围绕火山口外侧分布，单个岩瘤面积2～5km^2。闪长岩脉大小不一，延伸长度一般50～200m，脉体与去申拉组安山质火山角砾岩及凝灰岩呈明显的侵入接触关系，其走向指向火山机构中心呈放射状分布，少量环形分布。

(3)喷溢相

喷溢相岩石分布于爆发相外围，火山机构边缘。岩石类型为玄武安山岩，岩石层理相对清晰，单层厚度较为稳定。

该火山机构喷发物堆积层序清楚，剖面上可划分出远火山口或层序下部以熔岩相堆积物为主，向火山口逐渐过渡为凝灰岩相(降落相)→角砾岩相→集块岩相和次火山岩相。

3. 火山喷发韵律及特征

测区内去申拉组岩性下部为基性火山岩夹厚度不等的岩屑石英砂岩及页岩，局部与砂、页岩成段间层；岩性中上部则以中性火山岩及火山碎屑岩为主，局部夹少量基性火山岩。熔岩层理清楚且平整，与海相沉积岩整合接触，表明该套火山岩为海相火山活动产物。

剖面研究表明，去申拉组火山岩堆积物厚度较大，在扎弄郎当日火山机构中心北西方向距离10余千米处，尚有累计厚度近1 100m。剖面岩性下部以基性熔岩为主，夹有厚度不等的粉砂岩及页岩，而中部及上部则以中性火山碎屑岩为主，局部夹基性火山岩，显示出该火山机构早期喷发基性熔岩，中晚期爆发中性火山岩的活动历程。

根据岩性岩相类型及变化规律及火山岩与砂页岩成段间互等现象，反映出火山活动过程中具有多次韵律性火山喷发的特点，并据此划分出11个火山喷发韵律。

去申拉组火山岩的下部三个韵律均由玄武质熔岩、凝灰质砂岩及页岩相间组成，反映了火山活动早期岩浆间隙性喷发的特点，喷发岩浆以熔岩被覆盖于火山机构附近斜坡及火山洼地内；中晚期具有多个由爆发相→喷溢相形成的喷发韵律，韵律层下部多为安山质（或玄武质）凝灰火山角砾岩、岩屑晶屑凝灰岩等火山碎屑岩，上部多过渡（角闪）为安山岩或玄武岩。

去申拉组火山堆积层序特征反映出测区早白垩世火山活动特点鲜明，早期为相对宁静的基性岩浆间隙性喷发，而中晚期则以中基性岩浆大规模的强烈爆发为特点。

（三）江巴组火山岩

1. 各龙火山机构

各龙火山机构推测位于测区中部搭拉不错西面约10km处，为古新世江巴组火山岩浆的喷发中心。因江巴组火山岩分布区中部被第四系洪冲积物及湖积物大面积掩盖，故该火山机构仅根据地貌和火山岩相的分布特点进行有依据的合理推断和圈定。

各龙火山机构由江巴组中酸性火山岩及火山碎屑岩组成，岩相主体为火山爆发相、空落相、火山碎屑流相和少量喷溢相，其中火山碎屑流相在测区搭拉不错南西面大面积分布，特征清楚。

（1）爆发相

爆发角砾岩相主要岩石类型为流纹质凝灰火山角砾岩，较集中分布于火山机构中心（推测火山口）一带，平面上分布呈圆形，面积约10km²，地貌上为一高耸独立山峰。岩石中角砾（局部含少量集块岩）成分均为流纹质火山岩，砾径2.5～50mm不等，以棱角状及次棱角状为主，含量70%～85%。

（2）空落相

岩性为流纹质岩屑晶屑凝灰岩和含角砾凝灰岩，分布于爆发相外围，面积较大，平面上呈狭长带状（中部被第四系掩盖）。岩石中含有较多火山碎屑，成分为石英、正长石、更长石晶屑、流纹质火山岩屑及少量金属矿物等，火山碎屑呈次棱角—棱角状，粒度0.5～2mm不等，含量多寡不一，一般达50%以上。岩石胶结物仍为霏细状长英物及少量褐铁矿等。

（3）喷溢相

喷溢相与空落相出露位置相当，主要位于爆发相外围，和空落相岩石间杂分布。岩性为流纹岩，具斑状结构，部分具球粒结构、豆粒结构，基质霏细结构，流动构造。岩石由少量石英、正长石、更长石晶屑与大量长英质集合体组成。

（4）火山碎屑流相

火山碎屑流相分布于各龙火山机构东面外围一带，距火山机构中心5～10km的搭拉不错西南面及湖心岛等地。岩石薄层—厚层块状产出，层理十分清晰且较为平整，延伸性良好。岩石类型为流纹质沉凝灰岩、流纹质沉火山角砾岩或酸性凝灰质细砂质石英粉砂岩、流纹质砾岩等。

流纹质砾岩中，砾石为流纹岩和流纹质凝灰岩，砾石磨圆性较好，一般呈次棱角状或浑圆状，具明显的定向性和分选性，砾径为5～50mm。

沉凝灰岩层理清楚，岩石中具有清晰的条带状、细密层纹状等沉积构造（图版Ⅳ-8）。碎屑物为石英、正长石、更长石晶屑和少量流纹岩岩屑，充填物及胶结物为硅质物、方解石、白云石、白钛石及绢云母、绿泥石集合体等，其中方解石及白云石含量可达12%～20%。碎屑物明显经历了搬运磨蚀作用，具有定向性。

各龙火山机构的上述岩相类型及其分布特征均表明，测区江巴组火山岩为古新世中心式火山喷发产物。

2. 火山喷发韵律及特征

江巴组火山岩平面上呈短轴带状展布，仍具有“局限盆地”的原始分布形态。火山岩以中酸性火山熔结角砾岩、熔结凝灰岩为主，岩性下部具有火山-沉积碎屑岩，岩性间夹有以大量钙质白云质胶结的凝灰质石英粉砂岩、薄层状硅质粉砂岩，沉凝灰岩中具有明显的结构分层，胶结物中具有大量的白云石、方解石及少量硅质物，上述特征均表明该套火山岩的喷发方式为中心式喷发，火山岩形成于陆相湖泊环境。

测区内江巴组火山岩因掩盖出露不全，据 1∶100 万日土幅区调报告，完整的江巴组火山岩可划分为下、中、上三个火山喷发韵律，下部及上部韵律为熔岩型，韵律层从下到上均为喷发熔岩；中部韵律是碎屑型，从火山角砾凝灰岩的爆发开始，到多次爆发火山角砾岩而终结。各韵律层厚度达数百米。

四、火山岩构造环境

在对测区内火山岩的产出层位、赋存状态、岩性岩相及火山构造等进行系统的野外调查，并对不同火山岩的形成时代及其大地构造背景进行相关分析的基础上，结合近年来为地质科研究人员所广泛认同的各类火山岩类判别图解，对测区火山岩的成因及其形成的构造环境进行综合分析和判断。

1. 曲色组火山岩

曲色组火山岩为一套基性火山岩，分布于测区北部赛尔角岩带，形成于早侏罗世。火山岩以玄武岩、粗面玄武岩为主，少量玄武质岩屑晶屑凝灰岩，岩相以喷发—沉积相为主，岩层与深海—半深海环境类复理石地层相间产出，表明其形成于深海—半深海(洋内)环境。

由岩石的多项化学成分计算后投点表明，岩石具有板内或造山带火山岩演化的特点(图 3-44)，其岩石化学成分分析属“钠质碱性岩”；TiO_2-Zr 判别图表明岩石主体属“板内环境(图 3-45)。由上述特征综合判断，曲色组火山岩形成的构造环境为大洋板内扩张环境。

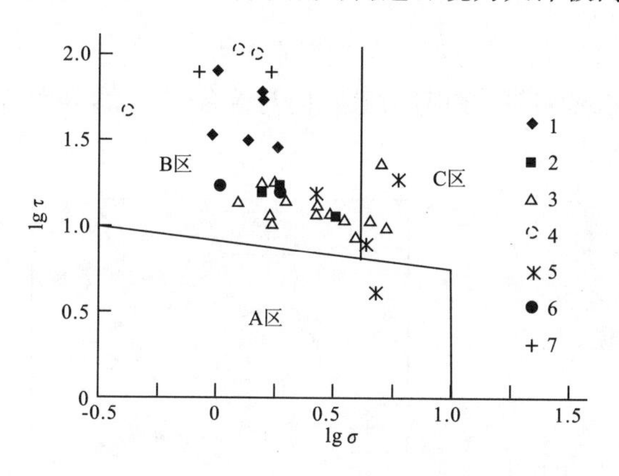

图 3-44　lgσ-lgτ 图

$\tau=(Al_2O_3+Na_2O)/TiO_2$；$\sigma=(K_2O+Na_2O)^2(SiO_2-43)$

A 区. 板内稳定环境；B 区. 闭合边缘岛弧、活动陆缘、造山带环境；C 区. 由板块内或造山带火山岩不演化的碱性火山岩；1. 错果错火山岩带，则弄群酸性火山岩；2～4 为物玛火山岩带；2. 多仁、日松组基性火山岩；3. 去申拉组基性火山岩；4. 江巴组酸性火山岩；5～7 为赛尔角火山岩带：5. 曲色组基性火山岩；6. 美日切错组中性火山岩；7. 纳丁错组中酸性火山岩

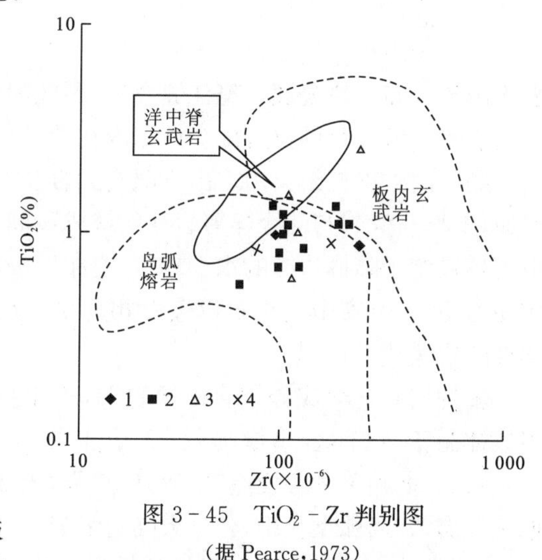

图 3-45　TiO_2-Zr 判别图

(据 Pearce，1973)

1. 多仁组、日松组玄武岩；2. 去申拉组玄武岩及安山岩；3. 曲色组玄武岩；4. 美日切错组安山岩

2. 多仁组、日松组火山岩

多仁组与日松组火山岩形成于晚侏罗世，为一套中基性火山岩，主要岩石类型为(橄榄)玄武岩。火山岩呈平层或成段赋存于多仁组、日松组之深海—半深海环境形成的复理石—类复理石地层中，产出状况与

上述曲色组火山岩近似，显示该套火山岩亦属洋内产物。

岩石化学成分投点结果表明，多仁、日松组火山岩样品无一例外地落入“闭合边缘岛弧、活动陆缘、造山带环境”、“岛弧钙碱性火山岩”环境（图 3-44、图 3-45、图 3-46），由岩石微量元素投点，反映岩石形成于“岛弧熔岩”及“大陆边缘弧”构造环境（图 3-47），与岩石化学投点结果相同。

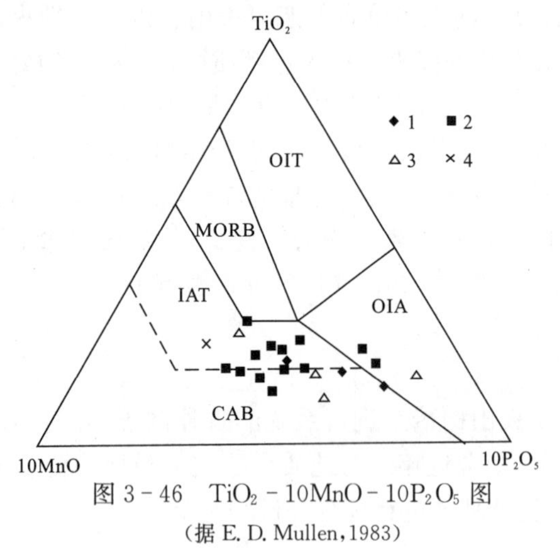

图 3-46　TiO_2-10MnO-$10P_2O_5$ 图

（据 E. D. Mullen，1983）

OIT. 大洋岛屿拉斑玄武岩；OIA. 大洋岛屿碱性玄武岩；MORB. 洋中脊玄武岩；IAT. 岛弧拉斑玄武岩；CAB. 钙碱性玄武岩；1. 则弄组；2. 江巴组；3. 美日切错组；4. 纳丁错组

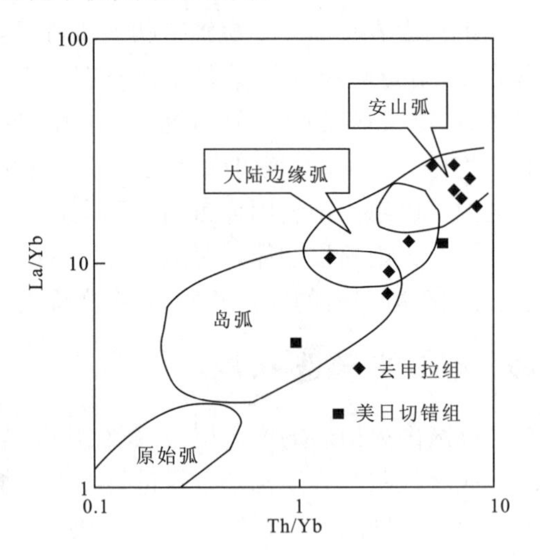

图 3-47　La/Yb-Th/Yb 判别图

（据 Pearce，1982）

上述各项岩石特征，集中体现了多仁、日松组火山岩的形成环境具有“岛弧熔岩”的特点，综合其形成时间、产出环境，结合大地构造背景分析认为，多仁、日松组火山岩属洋壳俯冲消减初期的小规模熔浆喷发形成，但其地貌尚未形成典型意义上的“岛弧”，可能限定为“洋内岛弧”较为确切。

3. 去申拉组火山岩

去申拉组火山岩形成于早白垩世，于测区内大面积分布，并具有明显的成带展布特点。在空间上，该套火山岩分布于班公湖—怒江缝合带（测区阿大杰蛇绿混杂岩带）之南侧，其走向与缝合带一致，表明了该火山岩带与缝合带的良好配套性和内在的密切的成因联系。

测区内去申拉组火山岩由下部玄武岩及上部安山质岩石组成，下部玄武岩与陆缘碎屑岩互层或成段间互，表明该套火山岩形成始于陆棚边缘的水下环境，岩相以喷溢相及喷发-沉积相为主；上部安山质岩石以爆发相为主，反映了大规模、高强度的岩浆喷发过程。

多种岩石化学成分组合图解表明，去申拉组火山岩绝大多数样品落入“闭合边缘岛弧、活动陆缘、造山带环境”（图 3-44），其他相关图解投点结果均反映为“岛弧玄武岩或钙碱性玄武岩”、“岛弧型火山岩”、“大陆边缘弧”及“安山弧”等（图 3-46、图 3-47、图 3-48），各图解投点一致性较好，结论亦基本相同，集中体现了该套火山岩属岛弧型火山岩。

综合上述岩石分布位置、产出状态、形成时期及其大地构造背景，结合岩石化学和岩石地球化学投点结论，去申拉组属典型的弧火山岩，形成的构造环境为活动性大陆边缘的火山弧。

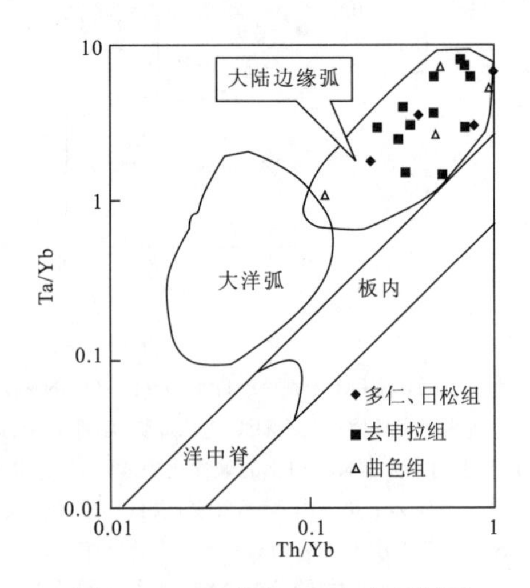

图 3-48　Th/Yb—Ta/Yb 判别图

（据 D. Mullen，1983）

4. 则弄群火山岩

则弄群火山岩为一套酸性火山岩，岩石类型为流纹岩及英安岩，空间上分布于测区“班公湖—怒江缝合带”及“岛弧火山岩带”以南，出露集中且较为局限，面上呈团块状展布，其“带状”特征不明显。

则弄群火山岩形成时代为晚侏罗—早白垩世，与测区以去申拉组火山岩为代表的“岛弧岩带”的形成时间大致相当。火山岩岩相单一，为中心式火山强烈喷发的爆发岩相。

岩石微量元素 Rb-(Yb+Nb)判别图均能较准确地反映岩石形成的构造环境，则弄群火山岩样品均一致地落入“火山弧”的构造环境(图 3-49)。微量元素 Zr-Hf 相关图上，则弄群投点十分集中，反映其构造属性为“弧火山岩”，结论与其他图解一致(图 3-50)。

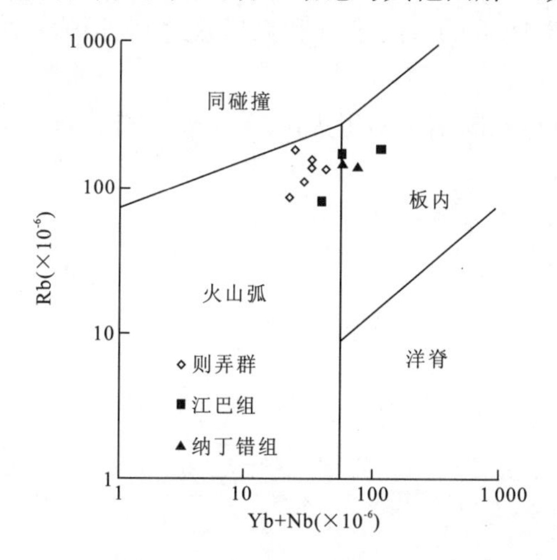

图 3-49　中酸性火山岩 Rb-(Yb+Nb)判别图
(据 Pearce，1984)

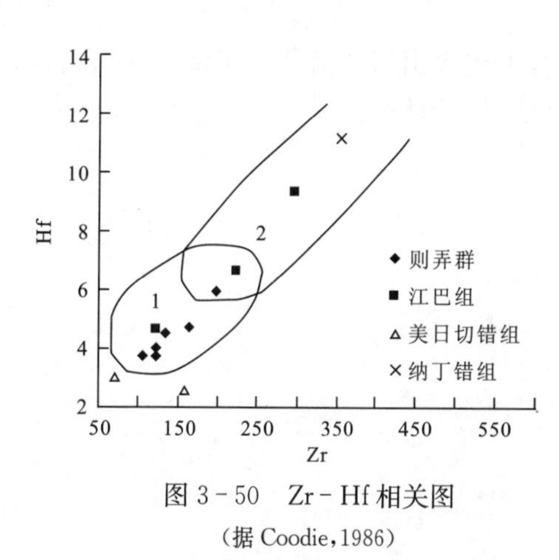

图 3-50　Zr-Hf 相关图
(据 Coodie，1986)
1. 弧火山岩；2. 伸展盆地(包括大陆壳内或大陆壳附近的大陆裂谷和弧后盆地)火山岩

上述特点表明，则弄群火山岩的岩石化学及微量元素分析与图解均反映其岩石具有“岛弧型火山岩”的特点；形成时间亦与“岛弧岩带”相当，但空间上分布局限，集中出露于“岛弧岩带”外侧，即弧后一带。综合上述则弄群火山岩各项特点，确定其形成的构造环境为“弧后盆地”。

5. 美日切错组火山岩

测区美日切错组火山岩岩石类型为安山岩，分布较为集中。火山岩层角度不整合于色哇组类复理石地层之上，下部具少量砾岩，岩石中菱形节理十分发育，表明其形成于陆地环境。从形成时间上看，该套火山岩形成于早白垩世，其大地构造背景为“洋壳俯冲”时期的挤压背景。

由 TiO_2-Zr 相关图及 La/Yb-Th/Yb 等图解反映(图 3-45、图 3-47)，该套火山岩仍具有“闭合边缘岛弧、活动陆缘、造山带”的构造属性。

根据美日切错组火山岩的产出特征，结合岩石化学及地球化学分析结果，确定其形成的构造环境为洋壳俯冲期俯冲带后缘的局部“拉张盆地”环境。

6. 江巴组火山岩

江巴组火山岩形成于古新世，为一套陆相酸性火山岩，测区内较为集中地分布于“岛弧火山岩带”内部，并以角度不整合覆于去申拉组“岛弧型火山岩”地层之上。空间分布具有较为典型的“局限盆地”的特点。

从大地构造背景分析，本测区及邻区缺失上白垩统海相地层，表明本区于早白垩世晚期业已结束洋壳俯冲、洋盆消减的构造演化过程，并伴随晚白垩世的“碰撞作用”上升成陆。测区古新世应属“碰撞后期”或“后碰撞阶段”构造背景。

江巴组火山岩微量元素 Rb-(Yb+Nb)判别图显示，样品投点多位于“板内”或其边缘地带，岩石以

“板内环境”为主(图3-49),而由Zr-Hf相关图则反映了江巴组火山岩的较为明显的“伸展盆地型火山岩”的构造属性(图3-50)。

根据江巴组火山岩的上述产出、分布特征、形成时间及其形成的大地构造背景等特点,结合图解综合判断,江巴组火山岩形成的构造环境为碰撞期后的局限的“伸展盆地”。

7. 纳丁错组火山岩

纳丁错组火山岩为一套中酸性火山岩,主要岩石类型为流纹岩及英安质晶屑凝灰岩等。测区内纳丁错组火山岩分布较为局限,主体分布于本测区的东面,呈近东西向带状展布,南北边缘为断裂围限。

Rb-(Yb+Nb)判别图上,纳丁错组火山岩显示出“板内”环境的构造属性(图3-49),在Zr-Hf相关图表明,该套火山岩形成于“伸展盆地(包括大陆壳内或大陆壳附近的大陆裂谷和弧后盆地)火山岩”构造环境。

综合上述火山岩产出及分布特征,结合岩石微量元素投点,判断纳丁错组火山岩形成于“陆内伸展(拉张)型盆地”构造环境。

第四章　变质岩

测区变质岩分布广泛，除古近系、新近系岩层和第四系松散堆积物未变质外，其余各类岩层（体）均遭受了不同时期、不同成因的变质作用，并形成了相应的变质岩石类型。根据变质岩石成因机制的不同，区内可划分出区域变质岩（包括区域低温动力变质岩和俯冲带变质岩）、接触变质岩、动力变质岩及气液蚀变岩四种主要的变质岩石类型。各类变质岩石有较明确的时空分布范围，其中，区域变质岩为本区分布最广、变质时间较长、期次较多的变质岩石类型，接触变质岩、动力变质岩及气液蚀变岩均属局部变质事件产物，分布则较为局限。伴随本区造山带形成演化历史上的历次构造运动，各种变质作用相继发生，晚期变质作用叠加于早期变质岩石之上，形成不同变质程度、不同类型的变质岩石错综复杂的分布格局（图 4-1）。

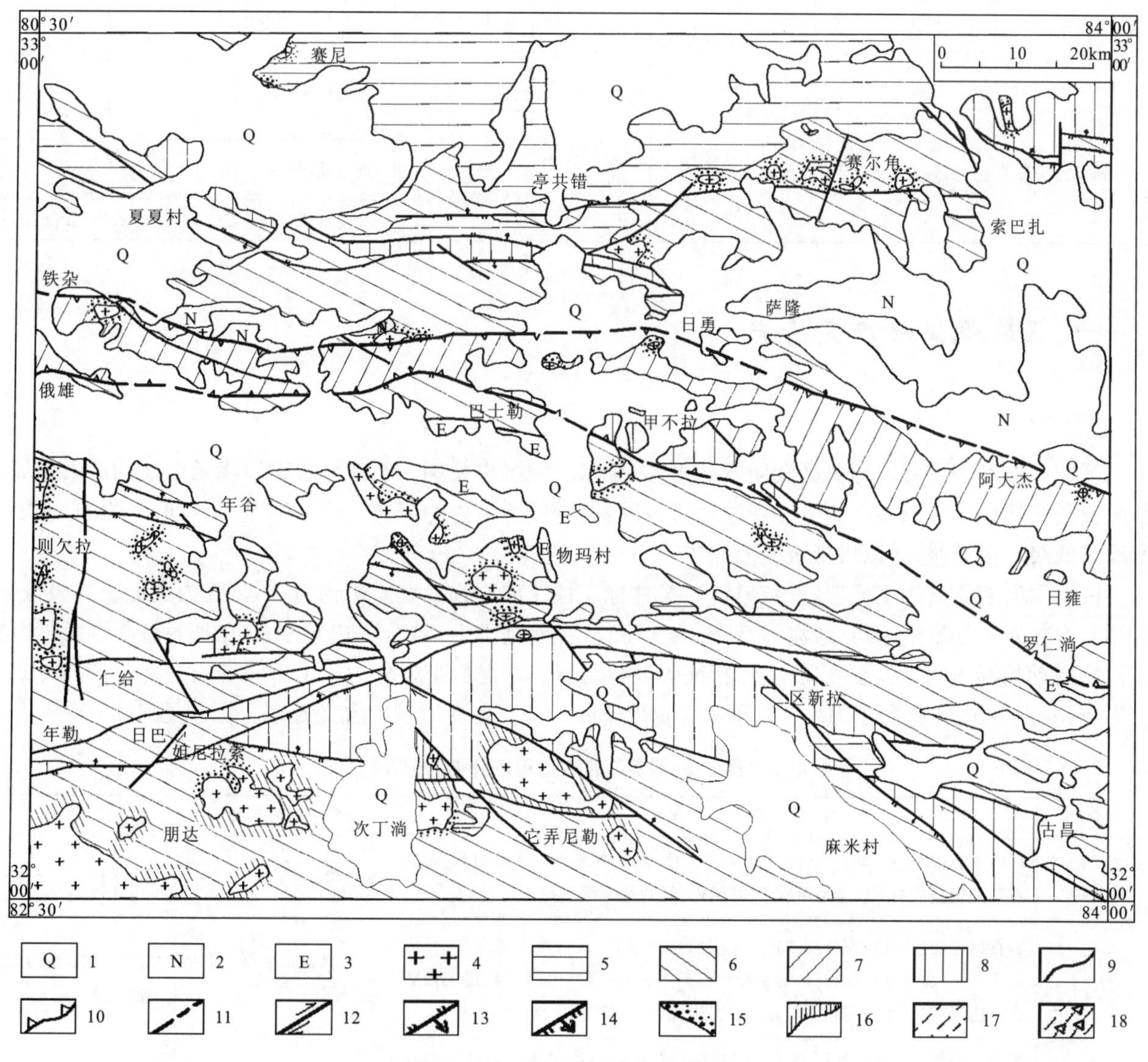

图 4-1　测区变质岩分布略图

1. 第四系；2. 新近系；3. 古近系；4. 花岗质岩石；5. 成岩变质带（Ser-A）；6. 近变质带（Ser-B）；7. 硬玉-石英带（Jd-Qz）；8. 浅变质带（Ser-C）；9. 地质界线；10. 变质相系界线；11. 实测及推测断层；12. 走滑断层；13. 逆冲断层；14. 正断层；15. 角岩（化）带；16. 大理岩（化）带；17. 糜棱岩带；18. 碎裂岩带

第一节　区域变质岩

区域变质岩约占测区总面积的70%。测区由南向北，分别以图区班公湖—怒江缝合带的南、北两侧边界，即俄雄—罗仁淌断裂及铁杂—日勇断裂为界，分别划属藏中南变质地区冈底斯变质地带、班公湖—怒江变质地区日土—怒江变质地带及羌塘—昌都变质地区双湖—澜沧江变质地带。根据变质作用类型及其产生的大地构造背景，划分为区域低温动力变质岩和俯冲带变质岩两种区域变质岩石类型(表4-1)。

表4-1　测区区域变质岩划分简表

一级变质单元	二级变质单元	变质作用类型	变质相系	变质相	变质矿物分带	变质程度分带	受变质地层
羌塘—昌都变质地区	双湖—澜沧江变质地带	区域低温动力变质作用	低压相系	低绿片岩相	绢云母-绿泥石带(Ser-Chl)	成岩变质带(Ser-A)	K_2a
						近变质带(Ser-B)	T_3t、J_1q、J_2s、K_1m
						浅变质带(Ser-C)	C_2q、C_2z、P_1lg
班公湖—怒江变质地区	日土—怒江变质地带	俯冲带变质作用	高压相系	蓝闪石—硬柱石片岩相	硬玉-石英带(Jd—Qz)	近变质—浅变质带(Jd—Qz)	JM、JD、J_3K_1s、C_2l、P_1x
藏中南变质地区	冈底斯变质地带	区域低温动力变质作用	低压相系	低绿片岩相	绢云母—绿泥石带(Ser-Chl)	成岩变质带(Ser-A)	K_2j
						近变质带(Ser-B)	J_3d、J_3r、J_3K_1Z、K_1d、K_1l、K_1q
						浅变质带(Ser-C)	C_1y、C_2l、P_1x

一、区域低温动力变质岩

(一)变质带划分

区域低温动力变质岩是测区变质岩的主体，分布于测区班公湖—怒江缝合带以南及以北的广大地域，属冈底斯变质地带及双湖—澜沧江变质地带范围，两变质地带内的变质岩石特征基本相同，其岩石变质程度均属低级—极低级，并以极低级变质为主。

依据本区变质岩的变质矿物组合特征、某些标志性变质矿物及变质矿物组合，将区内的低级—极低级区域动力变质岩划属绢云母-绿泥石带(Ser-Chl)。在此基础上，结合区内重要的角度不整合界面(区域性构造运动的标志面)、岩石变质-变形特征等，将绢云母-绿泥石带划分为三个不同变质程度分带，即成岩变质带(Ser-A)、近变质带(Ser-B)和浅变质带(Ser-C)。各变质带的含义及划分标志见表4-2。

表4-2　绢云母-绿泥石带变质程度分带划分及特征表

变质带	划分标志	特征变质矿物	岩石结构
成岩变质带(Ser-A)	相当于成岩作用晚期，岩石已完全固结成岩，岩石缺乏透入性组构，泥质岩石及砂岩杂基中出现少量伊利石(水云母)鳞片和绿泥石等	水云母、绿泥石	原岩结构
近变质带(Ser-B)	岩石出现变余结构，泥岩及砂岩杂基中出现绿泥石-云母堆垛集合体，见大量伊利石(白云母)、绿泥石、绢云母和石英等变质矿物，碎屑颗粒出现齿状边结构，矿物的定向排列不明显。岩石出现少量透入性组构	水云母、绿泥石、绢云母、石英等	变余结构，不明显定向构造
浅变质带(Ser-C)	岩石中出现变晶结构和明显的定向构造。变质砂岩中出现石英状变晶结构，泥质岩石、砂岩中的杂基和粉砂岩中的充填物已大量蚀变，微粒石英次生加大，粘土矿物完全蚀变为绢云母等，矿物定向已十分明显。岩石发育板理、劈理等透入性组构	绿泥石、绢云母、石英、雏晶黑云母、铁铝榴石	变晶结构，定向构造

（二）变质带特征

1. 成岩变质带(Ser－A)

成岩变质带变质岩石在测区内分布范围较为局限，出露于测区北部赛尼—南堡一带、亭共错及测区南西旦俄日等地，其受变质地层主要为上白垩统阿布山组（K_2a）及竟柱山组（K_2j）的陆相山间盆地型磨拉石、河湖相地层。变质岩石类型亦较单调，为极浅变质的砂岩、白云岩等。

（1）砂岩

岩石呈砂状结构，孔隙式胶结，原结构保存完好。岩石中砾石、碎屑均无明显蚀变，杂基及胶结物具轻微蚀变，出现少量伊利石（水云母）、绿泥石、绢云母和石英等变质矿物，方解石及白云石重结晶。

（2）白云岩

该类岩石在区域变质作用过程中，其充填物及胶结物中的钙质、镁质物组分聚集生成显微—细小的矿物晶粒，如粉晶、细晶的方解石及白云石等。

2. 近变质带(Ser－B)

近变质带变质岩石在测区内分布范围极广，其受变质岩石层位亦较多，在测区北部的双湖—澜沧江变质地带内分别为上三叠统亭共错组（T_3t）、日干配错组（T_3r）、中下侏罗统曲色组（J_1q）、色哇组（J_2s）、下白垩统美日切错组（K_1m）等，在测区南部的冈底斯变质地带为上侏罗统多仁组（J_3d）、日松组（J_3r）、下白垩统多尼组（K_1d）、郎山组（K_1l）、去申拉组（K_1q）及则弄群（J_3K_1z）等，变质原岩为类复理石沉积岩、陆缘碎屑岩、碳酸盐岩及火山岩地层，以及于早白垩世—晚白垩世侵位的各类侵入岩。该变质带岩石变质程度仍较低，岩石中出现变余结构，但原岩结构构造仍完整保留，原生矿物面貌仍较清晰，原岩岩性及结构在鉴定中均能直接反映。岩石中因变质生成一定数量的新生矿物。

（1）板岩

原岩由泥质、粘土质、粉砂质及凝灰质等组成，岩石中出现的变质矿物主要为葡萄石、水云母、绿泥石、绢云母等。矿物颗粒极细，其泥质物组分部分结晶为绢云母。岩石中矿物定向尚不明显，伴随其岩石的变质变形作用泥质岩石出现页理及稀疏的劈理等组构，不发育板状构造。

（2）变质岩屑砂岩

岩石中砾石、碎屑、蚀变较弱，杂基及胶结物部分蚀变，出现伊利石（水云母）、绿泥石、绢云母和石英等变质矿物。砂岩中葡萄石含量极少，呈细粒状分布于长石碎屑中。碎屑颗粒出现齿状边结构，矿物的定向排列不明显。

（3）变质碳酸盐岩

该类岩石中物质组分与结构经重新调整，生成细小的方解石及白云石矿物晶粒，而使岩石具泥晶—细晶结构。

（4）变质火山岩

原岩结构构造保存尚好，斑晶矿物局部破裂，或被碳酸盐矿物交代出现局部蚀变，但矿物形态仍十分完整；基质中出现少量变质矿物，如绿泥石、钠黝帘石、绢云母、石英等，但含量一般较少。基性火山岩中葡萄石和绿纤石（常转化成黝帘石、石英等）可大量出现，酸性火山岩中变质矿物以绢云母为主。由于岩石能干性较强，岩石仅可见稀疏的劈理及片理。

3. 浅变质带(Ser－C)

主体分布于测区南部冈底斯变质地带内，测区中部日土—怒江变质地带及北部双湖—澜沧江变质地带内分布局限。其受变质地层（体）为石炭系的永珠组（C_1y）、拉嘎组（C_2l）、展金组（C_2z）、曲地组（C_2q）及二叠系的下拉组（P_1x）、龙格组（P_1lg）的陆源碎屑岩及碳酸盐岩地层。岩石变质程度明显高于其上覆的侏罗系、白垩系地层。变质作用主要以岩石中矿物的大规模重结晶、新生矿物形成堆垛——集合体及其矿物定向为特点。

(1)板岩

由泥质、粘土质、粉砂质及凝灰质等组成的岩石经变质而成,岩石中重结晶变质矿物主要为水云母、绿泥石、绢云母等。镜下矿物颗粒极细可形成分带,铁、钙、炭质等可聚集成斑点。测区内的板岩变质程度较浅,其泥质组分部分结晶为绢云母。矿物的重结晶方向常与层理、劈理等面状构造一致,并具明显定向。伴随岩石的变质变形作用,岩石具板理构造。

(2)变质砂岩

经区域变质原岩结构构造均产生不同程度的改变,并生成新的矿物,如绢云母、石英、绿泥石、方解石、白云母等。岩石中砾石、碎屑、杂基及胶结物发生不同程度的蚀变,其中杂基的变质程度是测区划分变质带的重要依据。

(3)变质碳酸盐岩

包括结晶灰岩和结晶白云岩,其特征变质矿物为方解石、白云石。该类岩石在区域变质作用过程中,其物质组分与结构经重新调整,重结晶生成细晶甚至中晶的方解石及白云石颗粒,并明显具有波状消光、双晶弯曲等变异现象。

(三)变质相与变质相系

区域动力变质岩中,各类变质岩石的变质矿物组合为:泥质岩变质矿物组合为绢云母+绿泥石+石英(次生加大),碳酸盐岩为方解石+白云石+绢云母+石英,基性岩为绿泥石+钠长石+绿帘石+黝帘石。其变质矿物共生组合表明属绢云母-绿泥石带。岩石中未出现高温变质矿物,如黑云母及十字石等,显示属低温区域变质作用范畴。以变质程度划分的成岩带、近变质带和浅变质带岩石中均未出现不同的特征变质矿物,而更多的是反映变质岩石结构构造、变质矿物含量方面的差异带。上述变质矿物组合可与董申保(1986)所划变质相及变质矿物组合中的绿片岩相相对应。同时,由该绢云母-绿泥石带变质岩的变质作用过程中的矿物、结构转化关系,反映本区区域变质的温压条件大致为:温度 T=350～500℃,压力 P=0.2～0.5GPa,属低绿片岩相,低压相系。

(四)变质作用时间及期次

测区研究表明,区内各类变质岩石的原岩建造按形成时期可分别划分为两个相对连续的海相建造序列,分别为下石炭统—下二叠统和下侏罗统—下白垩统,而缺失上二叠统—上三叠统、上白垩统及其以上的海相沉积(上三叠统及上白垩统仅为分布局限的陆相磨拉石建造),表明本区在晚二叠世—晚三叠世时期及晚白垩世以后一直为陆地环境。上述两个沉积建造序列之间以及下白垩统之上的区域性角度不整合界面,则代表了本区沉积间断—大规模隆升的地质演化历史,同时也是本区区域变质作用开始发生的标志面。同时,测区构造、岩浆岩(尤其是侵入岩)的综合研究表明,区域性的沉积间断—隆升事件的时间,分别为晚二叠世—晚三叠世和晚白垩世,由此说明,本区先后共发生过两次大规模的区域变质事件,变质作用持续时间分别为早二叠世末—晚三叠世和晚白垩世及以后,其发生时间分别与华力西运动—印支运动与燕山运动时间相吻合,表明了本区先后经历了华力西期—印支期和燕山期共两期区域变质作用,与之相应,测区区域变质岩石亦形成于上述两个时期。

华力西期—印支期区域低温动力变质作用开始发生于早晚二叠世之间的华力西运动(这与区域上的研究是一致的),结束于晚三叠世末期的印支运动(三幕),持续时间极长。作用的对象为测区石炭系及下二叠统地层,变质原岩为陆源碎屑岩及碳酸盐岩等。

燕山期区域低温动力变质作用发生于早白垩世晚期(或晚白垩世)的燕山运动(测区内表现为洋壳强烈的俯冲、碰撞和挤压抬升),并持续至今。作用对象为测区内的所有地层(体),包括测区侏罗系、下白垩统的类复理石地层、陆源碎屑岩、碳酸盐岩及火山岩和其下伏的石炭系、下二叠统各类地层等。

由此得知,测区对区域低温动力变质岩绢云母—绿泥石带所划的三个变质程度分带,即成岩变质带、近变质带和浅变质带的岩石变质特征差别,与其所经历变质作用期次及变质作用的强度密切相关。区内下侏罗统—下白垩统的变质岩石(近变质带)仅经历了一期区域变质即燕山期变质作用,变质作用时间较短,其变质级别较低;而石炭系—下二叠统岩石则经历了华力西期—印支期和燕山期两期变质作用,同一岩石内具有两期变质作用的叠加，因此，其变质程度明显高于前者。

二、俯冲带变质岩

俯冲带变质岩主要分布于测区中部班公湖—怒江缝合带及南部古昌(次级)缝合带内，分别被俄雄—罗仁淌断裂和铁杂—日勇断裂、姐尼拉索—拉嘎断裂和年勒—麦觉断裂所围限，总体呈近东西走向的带状展布。其变质岩区划属班公湖—怒江变质地区日土—怒江变质地带。总体上看，岩石变质程度仍较浅，属低级—极低级变质作用所形成。

长期以来，历次区域地质调查和专题科研结论均表明，该套变质岩石分布区于晚侏罗—早白垩世时期，属"特提斯洋"洋壳消减俯冲带。前人曾于班公湖北侧一带的变质砂岩中发现"硬玉＋石英"组合(1∶100万日土幅区域地质调查报告、西藏地质志等)，属中高压型的特征变质矿物组合，指示其变质作用类型为典型的俯冲带变质作用。据此，本次工作将出露于带内的变质岩石划属俯冲带变质岩，变质带(矿物分带)仍划属"硬玉-石英(Jd－Qz)"带。

(一)变质岩石特征

俯冲带变质的受变质原岩为东巧蛇绿岩群(*JD*)、古昌蛇绿岩群(*JG*)和木嘎岗日群(*JM*)，局部地区尚有下二叠统下拉组(P_1x)(属混杂岩块)，各变质地质体间多为断层接触，表现为一套强烈变形的总体无序、局部有序的构造岩石地层体，具典型的构造混杂岩特点。由于强应力作用，岩石普遍遭受低级别的区域变质作用，并叠加了一定程度的动力变质作用和后期热液蚀变。主要变质原岩类型为砂岩、泥岩、碳酸盐岩及基性熔岩、基性—超基性侵入岩等。

1. 变质砂岩

岩石中碎屑为石英、更长石、酸性火山岩及绿泥石团块、云母等，杂基及胶结物产生蚀变，石英颗粒明显次生加大并具有变形纹和波状消光现象，局部发育裂纹；新生矿物绢云母鳞片具定向性，并产生揉皱弯曲现象；胶结物中方解石重结晶加大。其新生的变质矿物为绢云母、石英、方解石、白云石等。

2. 变质泥质岩

岩石具鳞片变晶结构、变余粉砂鳞片变晶结构，板状构造。岩石中泥质物大部分蚀变为绢云母，鳞片状外形，局部可见水云母呈集合体脉状产出，水白云母与高岭石柱状互生。

3. 变质碳酸盐岩

主要表现为岩石呈粉晶—细晶结构，岩石中方解石、白云石重结晶，晶粒次生加大，局部成定向排列特点，方解石晶粒普遍具有变形纹和波状消光现象。

4. 变质基性岩

岩石具变余斑状结构，残斑结构，岩石中斜长石部分蚀变为绢云母，但仍具有清晰的自形外形，多见绿泥石、绿帘石、黝帘石及次闪石、方解石等变质矿物。

5. 变质超基性岩

主要为斜辉橄榄岩、橄榄辉石岩及纯橄榄岩等，岩石中橄榄石均已蛇纹石化、滑石化，仅保留橄榄石外形，辉石绿泥石化，见后期蚀变矿物次闪石及少量方解石和黝帘石等。

(二)变质相与变质相系

由以上变质岩石特征可见，岩石中新生的变质矿物有绢云母、石英、绿泥石、方解石、白云石、绿帘石、黝帘石及蛇纹石等。变质原岩不同，其变质矿物组合亦不相同，具体为：变质泥质岩及砂岩中变质矿物组合为绢云母＋石英(＋白云母)，变质碳酸盐岩为方解石＋白云石＋石英，变质基性岩中为绢云母＋

绿泥石+绿帘石(黝帘石),超基性岩中变质矿物为蛇纹石+绿泥石+方解石。

综上所述,该变质岩带内变质矿物及其组合均显示属低温型区域变质作用,未出现黑云母及十字石等中高温变质矿物。

班公湖—怒江变质地带位于板块缝合带内,相关资料表明,该缝合带在早白垩世中晚期,经历了大规模的洋壳俯冲和碰撞作用,尔后隆升成陆并相继成山。板块闭合期间,本区岩石遭受了近南北向的强烈挤压作用,且持续时间较长,这一“俯冲碰撞”作用宏观上使缝合带内发育密集的断裂构造,并使各类地质体产生构造混杂,微观上则表现为岩石内变质矿物的生成、结晶加大、晶体破裂、晶面变形等变质现象。上述构造背景,显示了该区变质岩石的“强应力”作用及形成机制。

本次调查在班公湖—怒江缝合带变质岩石中未能发现典型的高压型特征变质矿物,但据《西藏自治区区域地质志》介绍,本变质岩带所属的班公湖—怒江变质地带中见“高压型变质矿物硬绿泥石和多硅白云母”,1∶100万日土幅区域地质调查报告中亦提到“在班公湖北侧一带的变质砂岩中发现‘硬玉+石英’组合”。

综合上述资料,将测区内班公湖—怒江变质地带区域变质作用划属俯冲带变质作用类型,蓝闪石—硬柱石片岩相,变质相系属高压相系。据近年来对俯冲带变质岩的研究表明,其变质作用温压条件为温度T=250~35℃,压力P=0.5~1.2GPa。

根据带内受变质最新地层为下白垩统,结合测区岩浆岩等相关领域研究表明,班公湖—怒江缝合带的俯冲时限为晚侏罗世—早白垩世,由此,将俯冲带变质作用的发生时间确定为早白垩世中晚期。

第二节 接触变质岩

一、接触变质岩石特征

测区内岩体规模均较小,虽然岩体边部具有明显的接触变质带,但其变质晕宽度不大,一般仅几十米至数百米,少数岩体由于侵入接触面极缓,其接触变质带可宽达数千米。由于上述岩体规模及岩体侵位方式的制约,总体来看,区内接触变质岩变质程度不高,变质矿物组合较简单。以泥质岩石及砂岩的变质程度及其特征变质矿物的大量出现为依据,划分出三个递进变质带,即角岩化带(斑点板岩带)、黑云母角岩带(瘤状板岩带)及堇青石—红柱石角岩带。区内多数岩体仅见一个或两个递进变质带,有的岩体甚至在距岩体很近的地段,岩石中也未产生新的变质矿物,其接触变质程度仅表现为岩石结构的分带(图4-2)。测区内各类接触变质岩岩石特征分述如下。

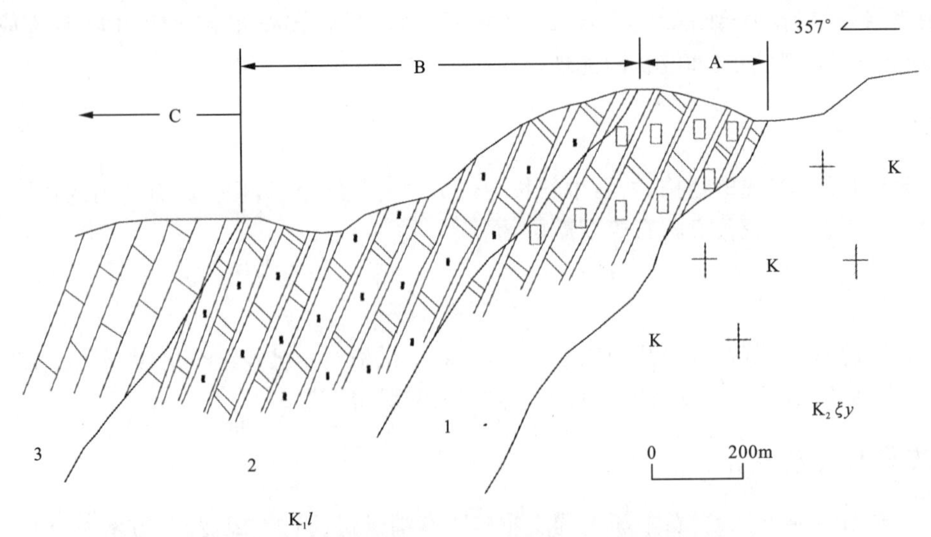

图4-2 革吉县帮丁岩体北侧接触变质带剖面略图

1.中—粗晶大理岩;2.细晶大理岩;3.结晶灰岩;A.红柱石-堇青石角岩带;B.黑云母角岩带;C.角岩化带

(一)角岩化带

该带距岩体相对较远,受岩浆热力作用较小,岩石呈变余结构,隐晶质,肉眼可见斑点构造,原岩结构构造尚未完全消失,原岩中粘土矿物可部分地保留下来,并和绢云母、绿泥石等在一起,呈微弱的条带状分布,比正常变质的低级区域变质砂岩、板岩出现较多的绿泥石、绢云母、黑云母雏晶,或因炭质物聚集生成相应的斑点构造。区内较多出现的是角岩化(斑点状)绢云母板岩、角岩化砂岩等。

各类岩石中变质矿物组合分别为:变质泥质岩及砂岩类为绢云母+石英+黑云母(雏晶)+绿泥石;碳酸盐岩中变质矿物为方解石(+白云石)+透闪石;基性岩为钠长石+绿帘石+阳起石+绿泥石(+石英+黑云母)。

(二)黑云母角岩带

该带为测区内较高级别的接触变质岩,岩石相对角岩化带变质程度略高,一般紧邻岩体分布或属距岩体较近地段出露,宽度几百米至1km。岩石重结晶明显,呈微粒变晶结构、角岩结构,致密块状构造,但有时可见变余的成分层理,常因岩层中成分和结构差异经变质作用后其层理及内部纹层更加清晰。泥质角岩、长英质角岩中含较多的特征变质矿物石英、黑云母、绿泥石和白云母,钙硅酸盐角岩中常见透闪石、绿帘石变斑晶。区内见长英角岩、黑云母石英角岩等及透闪石大理岩、绿帘石大理岩等变质岩石。

黑云母角岩带的变质矿物组合为:泥质岩及长英质岩类为石英+绢云母+黑云母(变斑晶而非雏晶)+绿泥石;碳酸盐岩类为方解石(+白云石)+透闪石+透辉石;基性岩中为角闪石+斜长石+石英(+黑云母)。

(三)红柱石-堇青石角岩带

为测区最高级别的接触变质带,分布十分局限,仅见于测区中部扎弄郎当日岩体附近,紧邻岩体分布。岩石为变斑结构,基质部分为典型的角岩结构,粒状变晶结构,均匀致密的块状构造。该变质带内泥质岩石中黑云母依然是常见矿物,但同时已出现较多堇青石、红柱石变斑晶,长英质岩石中一般不出现堇青石和红柱石,钙硅酸盐角岩中出现透辉石、石榴石(钙铝榴石)等变质矿物。测区仅见透辉石角岩($D4154b_1$等),未见红柱石等矿物。

红柱石-堇青石角岩带的变质矿物组合为:泥质岩类为堇青石(+红柱石)+黑云母;长英质岩类为石英+长石+黑云母;碳酸盐岩中为方解石+透辉石+石榴石(钙铝榴石);基性岩类中为斜长石+普通角闪石等。

二、接触变质相及变质作用时间

区内各接触变质带中递进的变质带序列为(以变质泥质岩和变质砂岩为例)角岩化带(斑点板岩带)—黑云母角岩带(瘤状板岩带)—红柱石-堇青石角岩带。上述角岩化带的矿物组合与Turner(1960)所划钠长-绿帘角岩相典型矿物组合基本一致,黑云母角岩带与角闪石角岩相的矿物组合较吻合,而红柱石-堇青石角岩带则属辉石角岩相。据变质岩研究表明,上述钠长-绿帘角岩相变质相温压条件为$T=400\sim600$℃,$P=0.05\sim0.3$GPa,角闪石角岩相的温压条件分为$T=500\sim700$℃,$P=0.05\sim0.3$GPa。测区局部岩体边部出现的辉石角岩相变质岩,其变质的温压条件比角闪石角岩相更高。

测区接触变质作用时间与岩浆大规模上侵就位同步,根据区内岩体同位素测年资料及相关地质资料,确定测区中部岩体边部变质作用时间为早白垩世,南部岩体多为晚白垩世,测区北部零散分布的小型岩体侵位及其接触变质作用发生时间为古新世。

第三节　动力变质岩

测区大地构造位置处于班公湖—怒江结合带西部,包含了班公湖—怒江结合带及狮泉河—古昌结合带，均属区域性的深大断裂带。由此，亦决定了本区近东西走向区域构造形迹和构造格局。伴随区内各主要构造带的形成，其构造域内亦形成了大量的以机械作用和强应力作用机制为主导的变质岩石类型，即动力变质岩，它们常呈带状或线状分布于测区各构造带中。由于动力变质过程即是岩石破裂、韧性变形和重结晶的过程，岩石的结构则成为变质岩形成过程的记录。同时强应变域也是地下水溶液极为活跃的场所，在水溶液循环作用下，岩石中可生成新生矿物。

根据动力变质岩石的结构、变质矿物特点，将测区动力变质岩分为两大系列，即碎裂岩系列和糜棱岩系列。

动力变质岩与测区不同方向、不同构造阶段及不同构造层次的断裂构造紧密伴生，碎裂岩主要与浅层次的脆性变形相关，而糜棱岩则发育于中深层次的韧性剪切带内，少数断裂表现出多期活动特点，不同区段具有不同系列的动力变质岩，或不同系列的变质岩叠加于同一岩石内。

一、碎裂岩系列

碎裂岩系列岩石主要见于测区北西走向、北东走向及近南北走向的断裂带中，北西走向的断裂如拉布错断裂、钻谷拉断裂、阿日阿断裂、它弄尼勒断裂、区新拉断裂和曲索玛断裂等，北东走向的断裂如亭共拉断裂、曲布日阿断裂等，其断层性质多为走滑、逆(斜)冲断层；南北走向的断裂如陆谷扎那断裂、则欠拉断裂及次丁淌断裂等，断层性质多为正断层。

(一)岩石特征

该类岩石成因上以脆性变形为主，其显著特征是岩石中无明显的定向构造，或定向极弱，微破裂发育，以裂隙切割为主，无(或极少)重结晶作用，根据碎裂岩石的组构特征、破碎程度、碎斑粒度和基质含量，变质程度由浅至深分为碎裂岩、构造角砾岩、碎斑岩、碎粒岩、碎粉岩等。

1. 构造角砾岩

测区内见灰质构造角砾岩及超基性构造角砾岩等岩性。岩石具角砾状结构，斑杂构造。角砾呈棱角状—次棱角状，大小悬殊，砾径多在1～12mm，少量达30mm，排列杂乱无序，无明显定向性。角砾成分为变质原岩岩石，胶结物多为硅质、泥质钙质等。

2. 碎裂岩

区内碎裂岩岩石类型有碎裂砂岩、碎裂灰岩、碎裂火山岩等。岩石具碎裂结构，岩石受强应力作用产生脆性破裂，裂隙方向杂乱或具一定优选方向，裂隙中充填砾度极小的原岩碎屑物或次生铁质(褐铁矿)、碳酸盐等，原岩中暗色矿物多蚀变为绿泥石，并次生一定数量的绢云母等。碎块间几乎没有相对位移，外形互补协调。局部碎块边部具粒化现象。

3. 碎斑岩

测区内出露较少。岩石具碎斑结构，固结良好，矿物无明显定向，原岩组构部分消失，碎斑粒径0.1～2mm，含量大于50%，形态呈不规则棱角状。晶面具波状消光及双晶弯曲现象。

4. 碎粒岩

岩石碎裂隙程度极高，呈碎粒结构，部分矿物呈粉末状，一般矿物粒度小于0.2mm。矿物应变现象明显，原岩结构已基本消失，表现为碎块边缘粒化，方解石单晶破裂，解理面弯曲扭折等，波状消光十分清楚。岩石中蚀变矿物常有绢云母、石英及绿泥石等。

(二)变形-变质特征

测区内脆性断裂较多，规模大小不一。伴随不同断裂生成的碎裂岩，因所受应力大小不同，所处构造环境不同或是因地内热液性质、活动能力的不同，碎裂岩变质程度亦有明显差异。由上述岩石特征可见，碎裂岩中变质矿物组合为绢云母＋石英＋绿泥石，钠长石＋绢云母＋白云石，与区域低温动力变质岩变质矿物组合基本一致，表明该类变质岩以破裂、错碎等机械作用为主，较少热液活动参与，岩石中化学转化尚不明显。显示出典型的浅表构造层次变形特点。

岩石内部，对应力作用较为敏感的石英、方解石、长石等矿物产生波状消光，双晶弯曲、扭折等物理变化，碎块局部边缘粒化。胶结物或充填物多为原岩细化或其析出物，少数微粒物发生重结晶或生成较低变质级别的矿物。

根据测区构造变形期次分析，区内碎裂岩多属喜马拉雅期构造活动产物。

二、糜棱岩系列

糜棱岩系列岩石主要分布于测区近东西走向的断裂带及脆-韧性剪切带中，如铁杂—日勇断裂，姐尼拉索—拉嘎拉断裂、年谷断裂等。这些断裂带多属区域性深大断裂带，一般规模宽 100～400m，长度数十千米至百余千米。

（一）岩石特征

糜棱岩系列岩石总体特征是岩石粒度细小，乃至呈隐晶质，具明显的次生线理、面理和流动构造（韧性流），矿物多发生重结晶并有新生的变质矿物出现。根据岩石中碎斑、碎基的相对含量和线理、面理及流动构造的发育程度，其变质程度由浅至深分为糜棱岩化、初糜棱岩、糜棱岩（正糜棱岩）和超糜棱岩等，测区内以前二者较为多见。

1. 糜棱岩化岩石

糜棱岩化岩石具显微糜棱结构，片理构造，定向构造。岩石分为碎斑及基质两部分，基质大于 50%。岩石遭受强应力作用发生塑性变形，表现为斜长石、方解石被压扁拉长，石英部分被粒化并发生动态重结晶，具波状消光或显示条带，钾长石边缘粒化，黑云母变为纤维状，局部显“S”形，绿泥石化，角闪石变曲变形。碳酸盐岩中的方解石在韧性剪切作用下，发生粒化和重结晶现象，晶体中的解理及双晶发生明显扭折、变曲，波状消光明显，结晶方解石沿一定方向排列。

伴随糜棱岩化岩石中重结晶及新生变质矿物有绢云母、绿泥石、绿帘石、方解石等。

2. 糜棱岩

岩石具糜棱结构，斑状结构，平行纹理构造。碎斑含量 15%～40%，粒径 0.8～2mm，基质含量60%～85%，粒径 0.05～1mm。岩石塑性变形强烈，矿物粒化特征显著，表现为基质中部分长石质矿物粒化，并分异成平行条纹或眼球状特点（S－C 组构）。碳酸盐岩中方解石滑移系较多，碎斑为单晶方解石，呈椭圆状及眼球状，并被塑性拉长，与泥晶质相间形成条纹构造。

糜棱岩中常见新生矿物绢云母、绿泥石、高岭石、绿帘石及方解石等，随变质原岩不同而不同。

（二）变形-变质特征

区内脆-韧性剪切带及断裂带较发育，伴随其产生与活动所形成的糜棱岩系列岩石特征明显。一般而言，在韧性剪切带内常具有强—弱相间的岩石变形-变质带，由此亦造成不同变质程度的糜棱岩系列岩石的成带分布，强—弱变质岩间常有较为明显的界线。

糜棱岩系列岩石形成于韧性位错滑移的作用方式和机制，伴随岩石中物质组分的分异、聚集作用，表现出 S－C 组构、平行条纹（带）等。岩石内石英、方解石等矿物发生塑性变形，形成眼球状、条带状构造。

据测区构造等相关资料分析，产生糜棱岩的韧性剪切带、深大断裂带均为控制测区构造单元的重要边界断裂，形成于燕山期特提斯洋壳的俯冲、汇聚、碰撞等动力学过程。区内糜棱岩属中深层次构造-变形相。

第四节 气-液蚀变岩

测区内气-液蚀变岩多分布于测区中西部去申拉组(K_1q)、江巴组(E_1j)及南部则弄群(J_3K_1Z)火山岩分布区、区内较大型的岩体外围及断裂带附近,其蚀变作用表现为不同程度的硅化(次生石英岩化)、碳酸盐化、青磐岩化(绿泥石化、绿帘石化)、绢云母化、褐铁矿化、黄铁矿化等,各类主要蚀变岩特征如下。

1. 青磐岩化

包括绿泥石化、绿帘石化等蚀变岩石。该类岩石为中基性火山岩、浅成岩等岩石受含有大量CO_2、H_2S成分的热液蚀变时产生的。区内见绿泥石岩、石英绿帘石蚀变岩等岩石类型。岩石浅绿—暗绿色,呈残余斑状结构,鳞片变晶结构,变质矿物主要为绿泥石、热液石英、绿帘石等。

2. 次生石英岩化

次生石英岩化即硅化,该类岩石主要是在火山口附近的火成岩经火山热液交代而硅化的蚀变岩石。测区内硅化较普遍,尤以测区中部江巴组火山岩分布区最发育。主要岩石类型有(强烈)硅化的酸性火山岩、火山碎屑岩等。岩石斑状结构,基质具霏细结构、球粒结构、交代结构。岩石中含热液石英(石英蚀变岩中含大量热液石英)、微粒石英集合体、长英质放射状球粒集合体,常伴随形成其他变质矿物,如绢云母、白云母、黑云母等。

3. 热液粘土岩化

主要为中性和中—酸性浅成岩、火山岩或火山碎屑岩在地表或近地表受低温热液蚀变而成,主要受构造裂隙的控制,分布常呈脉状产出。岩石显微鳞片柱粒结构,残余斑状结构,蚀变矿物主要为热液石英、粘土矿物。粘土矿物为中性凝灰岩中火山玻璃、斜长石和正长石等蚀变成蒙脱石、高岭石等矿物,该类蚀变岩石的次要矿物有绢云母、绿泥石等。

第五节 变质作用序列

根据测区不同类型变质岩石的时空分布特征、变形-变质特征,相互叠加、置换、交截关系以及同区域构造的制约关系等,建立本区变质作用序列见表4-3。本区各种类型变质作用共有7期(次),共同造就了测区当今的变质岩分布格局,按时间先后总结如下。

表4-3 测区变质作用序列表

变质时代	变质作用类型	变质岩类	变质相及相系	变形组构构造
N—Q	动力变质作用	动力变质岩,以碎裂岩系列岩石为主	浅层次构造-变形相	角砾结构、碎裂结构
E_1	热接触变质作用	斑点板岩、角岩化砂岩、基性火山岩	钠长-绿帘角岩相	围岩挤压变形
K_2	区域低温动力变质作用	变质砂岩、板岩、结晶灰岩、白云岩、基性—超基性岩、中基性火山岩	低绿片岩相,低压相系	岩层褶皱,发育透入性面理
K_1—K_2	热接触变质作用	斑点板岩、黑云母长英角岩、细—粗晶大理岩、透辉石大理岩	钠长-绿帘角岩相,角闪石角岩相	围岩挤压变形
K_1	动力变质作用	糜棱岩系列动力变质岩	中深层次构造-变形相	糜棱结构,S-C组构等
J_3—K_1	俯冲带变质作用	变质砂岩、板岩、变质基性—超基性岩	蓝闪石-硬柱石片岩相,高压相系	岩块混杂、局部塑性变形
P_2—T_3	区域低温动力变质作用	变质砂岩、板岩、结晶灰岩、白云岩	低绿片岩相,低压相系	岩层褶皱,片、劈理发育

(1)发生于早、晚二叠世之间的华力西运动使本区迅速隆升,受其影响,区内下二叠统及其以下岩层(体)产生广泛的区域低温动力变质作用。岩石普遍遭受长期的变形作用,产生变质矿物,形成低温低压的绿片岩相区域低温动力变质岩,地层褶皱并形成区域性的片理、劈理构造。

(2)晚侏罗—早白垩世,伴随测区特提斯洋盆的俯冲消减,相应的俯冲带变质作用发生。区内于早侏罗—早白垩世的海相沉积物及其晚古生代基底均被卷入,一方面,沿俯冲带产生构造混杂和"泥砾混杂",另一方面,岩石经受强烈的高压变质作用,形成蓝闪石-硬柱石片岩相变质岩。据区域资料,于俯冲带变质岩中产生硬玉+石英等高压矿物组合。

(3)早白垩世洋壳主要沿区内班公湖—怒结合带及狮泉河—古昌深大断裂带边界俯冲,在其强大的应力作用下,断裂带岩石产生韧性变形,并在此过程中形成以糜棱岩系列岩石为主的动力变质岩。

(4)早白垩世洋壳向深部俯冲并造成岛弧型火山岩的大规模喷发,继岩浆喷发之后,于早白垩—古新世,相继于壳幔结合部、地壳中形成的岩浆上升侵位,岩浆侵位于岛弧火山岩及早期地层中,使围岩产生强烈的热接触变质作用,形成角岩、大理岩等接触变质岩石类型。

(5)测区在早白垩世洋壳俯冲后,于早白垩世末期—晚白垩世发生碰撞造山,测区全面抬升,伴随这一过程,测区内已形成的各类岩石遭受区域低温动力变质作用,形成绿片岩相区域低温动力变质岩,同时产生透入性劈理等组构。

(6)古新世,测区进入后碰撞(造山)阶段,地壳再度大幅抬升,在该构造背景下,地壳发生局部熔融,强烈挤压的构造背景下岩浆分流侵位,在测区北部(被动陆缘)形成密集的斑岩群,围岩发生明显的热接触变质作用,由于岩体规模较小,围岩变质程度不高,多为钠长-绿帘角岩相岩石。

(7)新近纪—第四纪,测区在喜马拉雅期历次构造运动影响下,产生了一系列浅表层次的逆冲、走滑断层和正断层,逆冲断层继承早期的断裂面进一步发展,晚期转入新构造运动发展阶段,发育大规模北西向、北东向走滑剪切带;第四纪块断抬升,发育近南北向正断层系,北西、北东向共轭剪切断裂,伴随上述构造均产生了新的以碎裂岩为特征的动力变质岩。

第五章　构造及地质发展史

测区大地构造位置地处班公错—怒江结合带西段，北达羌塘—昌都复合陆块，南跨冈底斯—念青唐古拉陆块三个一级构造单元(图5-1)。石炭纪以来，测区经历了稳定—准稳定陆壳形成、裂解拉张、挤压会聚、碰撞造山、高原隆升等漫长的地质发展演化历程，形成了北西—近东西向为主体的多期次断裂构造、褶皱构造，以及与之相伴的蛇绿构造混杂岩带、规模宏大的岩浆岩带，不同时期、不同环境的沉积记录。这些经大陆裂解—聚合构造演化过程保留下来的丰富的物质信息载体，为研究中特提斯—新特提斯洋的发生、发展、消亡的演化历史奠定了重要的基础。

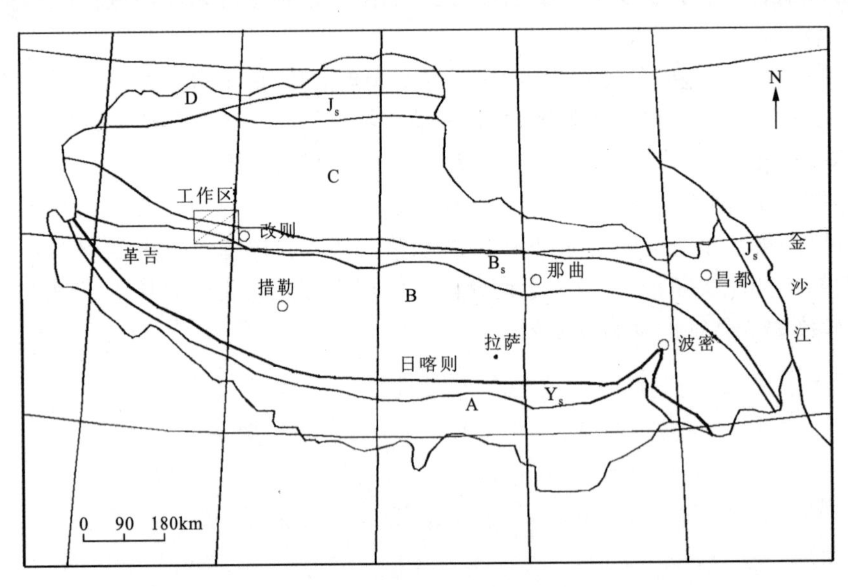

图5-1　测区大地构造位置图

第一节　构造单元划分

石炭纪以来，测区经历了漫长而复杂的大陆裂解—聚合构造演化过程，形成了北西西—东西向为主体及近南北向、北东向、北西向四组多方向多期次断裂构造和褶皱构造，同时还伴有蛇绿构造混杂岩带和不同时期、不同环境的岩浆、沉积等物质信息载体。这些不同时期、不同大地构造背景条件下形成的构造建造组合(即构造建造单元)是划分构造单元的基石。不同的构造单元具有不同的构造建造组合(图5-2)。据此，以铁杂—日勇断裂和俄雄—罗仁淌断裂为界，可将测区划分为羌塘—昌都陆块、班公错—怒江结合带、冈底斯—念青唐古拉陆块三个一级构造单元，再根据发展、演化过程中主体构造的空间配置关系和构造建造单元不同的大地构造属性，以二级断裂年勒—麦觉断裂和姐尼索拉—拉嘎拉断裂为界，将冈底斯—念青唐古拉陆块进一步划分为白弱错—物玛岩浆岛弧带、古昌结合带和次丁错—麻米错复合弧后盆地三个二级构造单元；羌塘—昌都陆块图区仅涉及一个二级构造单元，以亭贡错—铁格隆被动陆缘坳陷称谓，班公错—怒江结合带在图区以铁杂—日勇构造混杂岩带称谓。综上将测区划分为三个一级构造单元和四个二级构造单元(图5-3)。

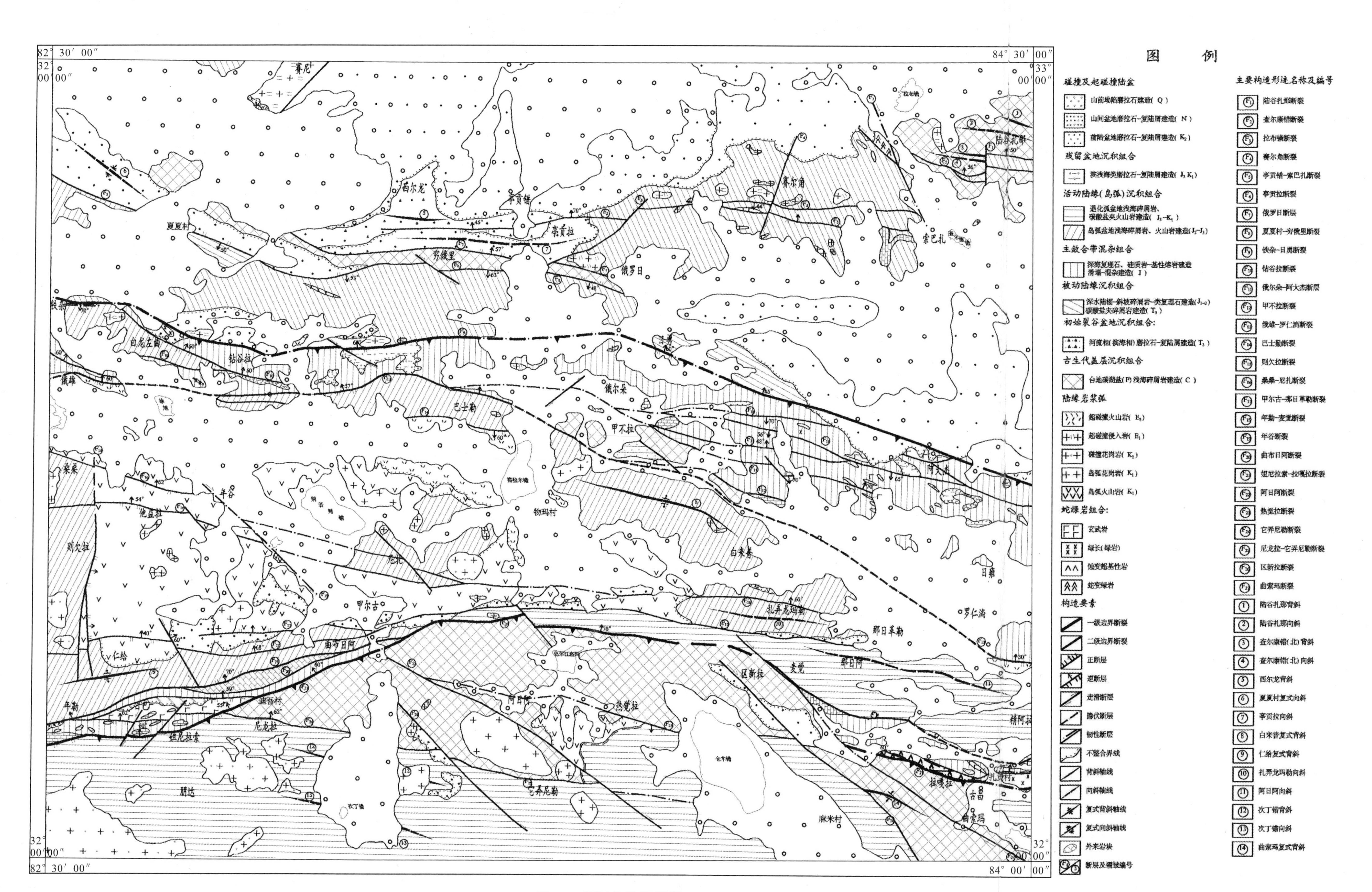
82° 30′ 00″
84° 30′ 00″
33° 00′ 00″
32° 00′ 00″
84° 00′ 00″
赛尼
西尔龙
亭贡错
亭贡拉
夏夏村
穷俄里
俄罗日
赛尔角
索巴扎
钻谷拉
巴士勒
俄尔朵
甲不拉
物玛村
白来普
甲尔古
罗仁淌
那日革勒
曲布日阿
仁给
尼龙拉
区新拉
麦觉
那日阿
阿日阿
热觉拉
朋达
麻米村
古昌
曲索玛
图　　例
碰撞及起碰撞陆盆
山前坳陷磨拉石建造(Q)
山间盆地磨拉石-复陆屑建造(N)
前陆盆地磨拉石-复陆屑建造(K_2)
残留盆地沉积组合
滨浅海类磨拉石-复陆屑建造(J_3K_1)
活动陆缘(岛弧)沉积组合
退化弧盆地浅海碎屑岩、碳酸盐夹火山岩建造(J_3-K_1)
岛弧盆地浅海碎屑岩、火山岩建造(J_2-J_3)
主敛合带混杂组合
深海复理石、硅质岩-基性熔岩建造滑塌-混杂建造(J)
被动陆缘沉积组合
深水陆棚-斜坡碎屑岩-类复理石建造(J_{1-2})
碳酸盐夹碎屑岩建造(T_3)
初始裂谷盆地沉积组合:
河流相(滨海相)磨拉石-复陆屑建造(T_3)
古生代盖层沉积组合
台地碳酸盐(P)浅海碎屑岩建造(C)
陆缘岩浆弧
超碰撞火山岩(E_3)
超碰撞侵入岩(E_1)
碰撞花岗岩(K_2)
岛弧花岗岩(K_1)
岛弧火山岩(K_1)
蛇绿岩组合:
玄武岩
绿长(绿岩)
蚀变超基性岩
蛇变绿岩
构造要素
一级边界断裂
二级边界断裂
正断层
逆断层
走滑断层
隐伏断层
韧性断层
不整合界线
背斜轴线
向斜轴线
复式背斜轴线
复式向斜轴线
外来岩块
断层及褶皱编号
主要构造形迹名称及编号
F_1 陆谷扎那断裂
F_2 查尔康错断裂
F_3 拉布错断裂
F_4 赛尔角断裂
F_5 亭贡错-索巴扎断裂
F_6 亭贡拉断裂
F_7 俄罗日断层
F_8 夏夏村-穷俄里断裂
F_9 铁奈-日勇断裂
F_{10} 钻谷拉断裂
F_{11} 俄尔朵-阿大杰断层
F_{12} 甲不拉断裂
F_{13} 俄雄-罗仁淌断裂
F_{14} 巴士勒断裂
F_{15} 则欠拉断裂
F_{16} 桑桑-尼扎断裂
F_{17} 甲尔古-那日革勒断裂
F_{18} 年勒-麦觉断裂
F_{19} 年谷断裂
F_{20} 曲布日阿断裂
F_{21} 妞尼拉索-拉嘎拉断裂
F_{22} 阿日阿断裂
F_{23} 热觉拉断裂
F_{24} 它弄尼勒断裂
F_{25} 尼龙拉-它弄尼勒断裂
F_{26} 区新拉断裂
F_{27} 曲索玛断裂
① 陆谷扎那背斜
② 陆谷扎那向斜
③ 查尔康错(北)背斜
④ 查尔康错(北)向斜
⑤ 西尔龙背斜
⑥ 夏夏村复式向斜
⑦ 亭贡拉向斜
⑧ 白来普复式背斜
⑨ 仁给复式背斜
⑩ 扎弄龙玛勒向斜
⑪ 阿日阿向斜
⑫ 次丁错背斜
⑬ 次丁错向斜
⑭ 曲索玛复式背斜

图5-2　测区构造纲要图

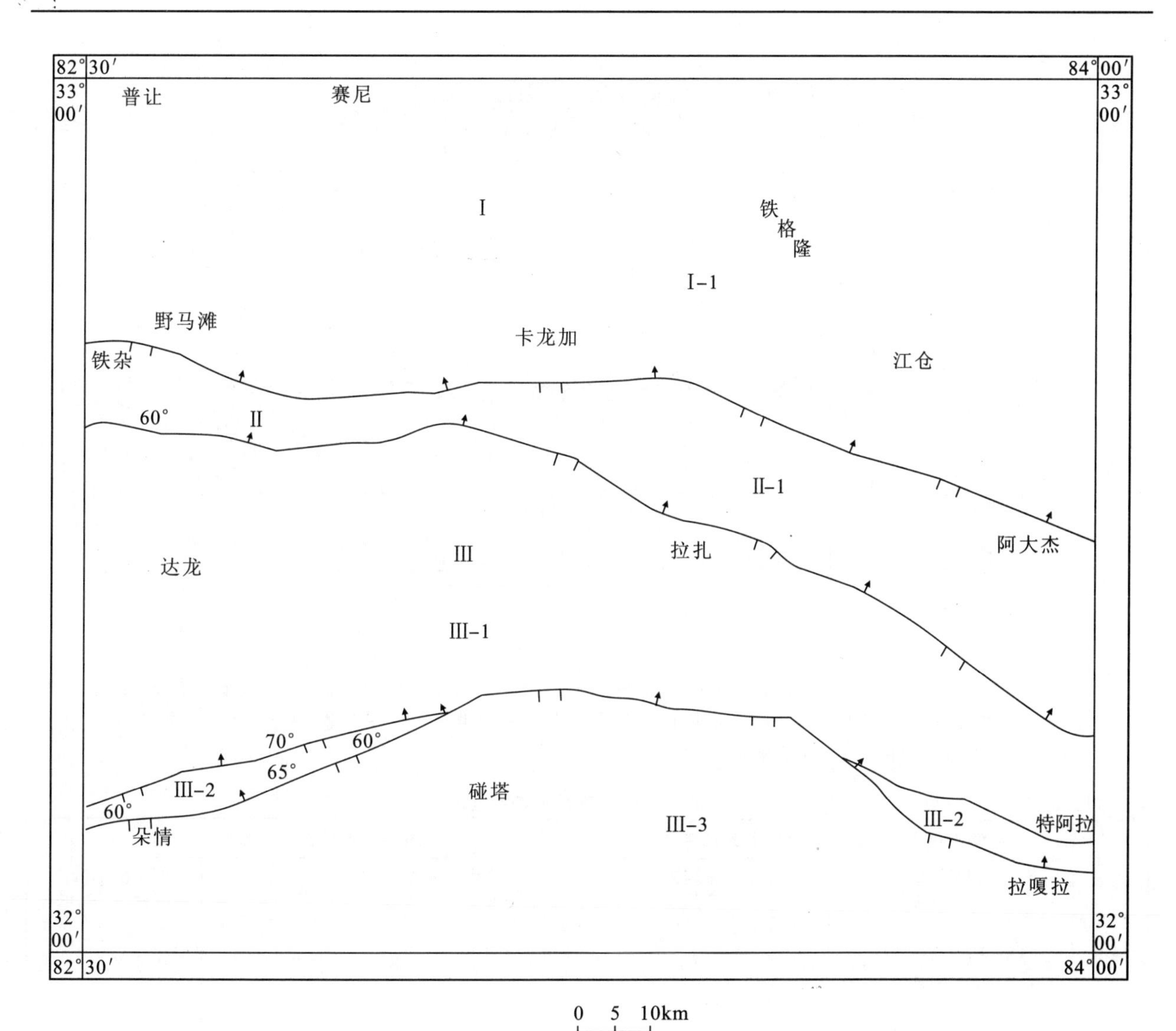

图 5-3 构造单元划分图

Ⅰ.羌塘—昌都板片;Ⅰ-1.亭贡错—铁格隆被动陆缘坳陷;Ⅱ.班公错-怒江结合带(铁杂—日雍构造混杂带);Ⅲ.冈底斯—念青唐古拉板片:Ⅲ-1.白弱错—物玛岩浆弧带;Ⅲ-2.姐尼索—拉嘎拉构造混杂带;Ⅲ-3.次丁错—麻米错复合弧后盆地

第二节 构造单元特征

如前所述,测区跨及三个一级构造单元(图 5-4),地质构造十分复杂,它经历了大陆裂解—聚合的构造演化过程,形成了以东西向为主体构造的多方向、多期次构造并存的复杂构造格局,同时伴有不同时期、不同构造背景条件下的沉积、岩浆建造组合。这些构造建造组合在图区的分布是不尽相同的,即不同的构造单元具有不同的构造建造组合,现将各构造单元的构造建造特征分述于后,总体特征见表 5-1。

一、主构造边界特征

1. 俄雄—罗仁淌断裂(F_{13})

俄雄—罗仁淌断裂为一级构造单元班公错—怒江结合带(铁杂—日雍构造混杂带)和冈底斯—念青唐古拉陆块的分界断裂(表 5-2)。断裂带呈北西—近东西向波状延展,东西两端均延出图。断裂西段显示较明显,东部几乎全为第四系覆盖而隐伏其下,该断裂的确定主要是根据卫片解译资料和实地调查综合而

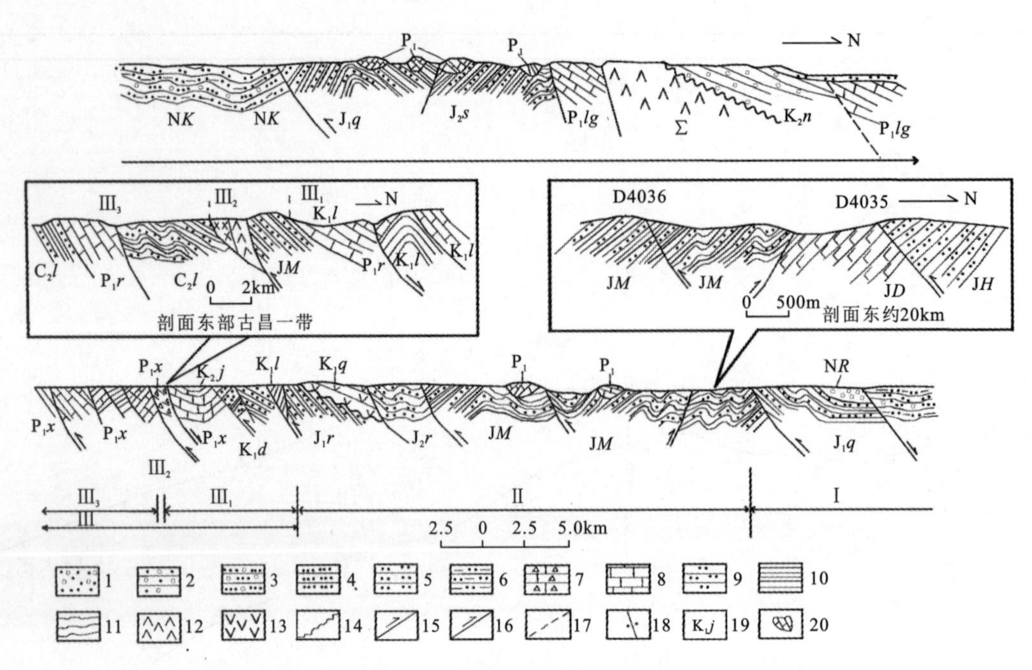

图 5-4　拉布错路线构造剖面图

1.第四系松散砂砾层；2.砂砾岩；3.含砾砂岩；4.砂岩；5.粉砂岩；6.泥质粉砂岩；7.角砾灰岩；8.灰岩；9.硅质岩；10.页岩；11.板岩；12.超基性岩；13.安山岩；14.不整合界线；15.一级分区断裂；16.二级分区断裂；17.推测断层；18.走滑断层运动方向；19.地质体代号(竟柱山组)；20.灰岩岩块

表 5-1　构造单元基本特征表

特征类型	羌塘-昌都陆块	班公湖-怒江结合带	冈底斯-念青唐古拉陆块		
	亭贡错-铁格隆被动陆缘坳陷	铁杂-日雍构造混杂岩带	白弱错-物玛岩浆岛弧带	古昌结合带	次丁错-麻米错复合弧后盆地
填图单元	C_2q、C_2z、P_1lg、T_3t、T_3R、J_1q、J_2s、K_1m、K_2a、E_3n、Nk	JM、JD、J_3K_1s、Nk	J_3d、J_3r、K_1d、K_1l、K_1q、K_2j、E_1j	P_1x、JM、JG、K_2j	C_1y、C_2l、P_1x、K_1d、J_3K_1Z、K_1l、K_2j
沉积建造	碳酸盐岩建造、类复理石建造、硅质岩建造、碎屑岩建造、磨拉石建造、火山岩建造	复理石建造、蛇绿岩建造、混杂岩建造、碎屑岩建造、磨拉石建造	陆源碎屑岩建造、碳酸盐岩建造、火山岩建造、磨拉石建造	复理石建造、硅质岩建造、蛇绿岩建造、混杂岩建造、磨拉石建造	碎屑岩建造、碳酸盐岩建造、磨拉石建造、火山岩建造
岩浆活动	喜马拉雅早期酸性岩浆侵入，碱性岩浆喷发	基性—超基性岩浆活动	中—酸性岩浆侵入、喷发活动	基性—超基性岩浆活动	中—酸性岩浆侵入
变质作用	埋深变质、接触变质、动力变质、线型动力变质、区域变质作用	线型、面型动力变质作用，晚期局部接触变质	接触变质、轻微区域变质作用，线型动力变质	线型、面型动力变质作用	轻微区域变质，接触变质，动力变质
构造变形	脆性变形，片劈理化，小型褶皱，脆性断裂、碎裂岩化，擦痕线理	韧脆性、脆性变形，劈片理化，线理，透镜体化、布丁化，小型褶皱发育	脆性断裂，擦痕线理，填图尺度褶皱	脆性、韧脆性、脆韧性断裂，劈片理化，透镜体化，露头及更小尺度的褶皱	脆性断裂，碎裂化，露头及填图尺度褶皱
构造层	华力西、燕山构造层、喜马拉雅构造层	燕山、喜马拉雅构造层	燕山、喜马拉雅构造层	燕山构造层	华力西、燕山构造层
矿产	铜、金、砂金	铜、金	铜、金	铬、铁	煤

定。断裂带西段特征较清楚，表现为近北倾的逆冲断层(图 5-5)；东段绝大部分被掩盖，显示为沟谷或宽谷的构造地貌，局部地方仍可见南向逆冲断层迹象。在东图边断层显示为向北缓倾的逆断层，其间包含有早期正断层痕迹。断裂面产状多变，由西向东断层产状有由陡变缓的趋势，断层走向由西向东由近东西向渐变为北西向。

沿断裂带有大量不同类型的构造岩分布，构造岩主要有构造角砾岩(断层角砾岩)、碎裂岩、劈理透镜化带及石英脉被拉断成囊状体被强劈理化岩石包绕，形成肿缩构造。总体显示出脆性局部兼具韧性的韧-

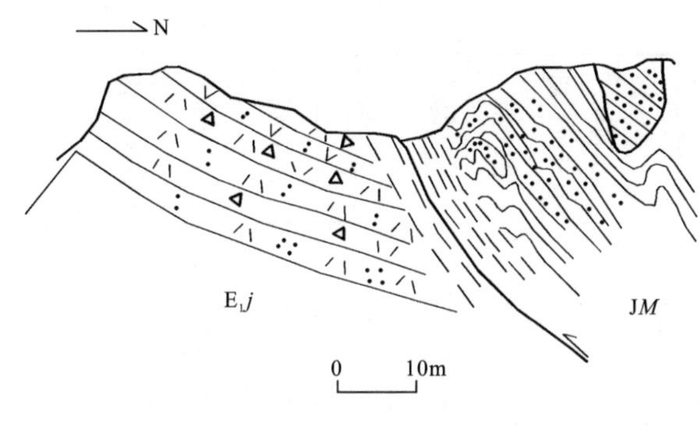

图 5-5　D2146 断层示意图(F_{13})

脆性断裂特征。断裂对沉积作用和岩浆作用具有明显的控制作用,断裂带以北主要为木嘎岗日岩群和沙木罗组地层;南则为多仁组、日松组、江巴组等地层,显示出断裂对沉积作用的控制性和分划性。岛弧型火山岩和中酸性侵入岩全部分布于该断裂带以南地区,绝不会越过断裂带以北,显示出断裂对岩浆作用的控制性,这种分布格局揭示了班公错—怒江结合带南向消减的俯冲极性。

该断裂卫片影像特征清楚,1∶25 万 TM 卫片上,沿俄雄—甲不拉—罗仁淌一线表现为线状影像图案。地貌上表现为北西—东西向的宽谷或沟谷地貌,河流水系沿断裂带常发生有规律的弯转,明显具有构造水系的特点。

2. 铁杂—日勇断裂(F_9)

铁杂—日勇断裂为一级构造单元羌塘—昌都陆块和班公错—怒江结合带的分界断裂(表 5-2)。断裂带呈北西西—近东西向展布。沿断裂带的大部地段被第四系沉积物掩盖或被后期北西向断裂斜切而发生右行位移。断层标志仅局部残留,从残留的断层标志看,既有逆断层特征,又有正断层的标志(图5-6),应为多期次活动断裂。断层面近北倾,倾角中—陡。由西向东断层产状有由缓变陡的趋势。主要表现为脆性断裂特征,局部具韧性变形,产生糜棱岩化,形成糜棱岩化砂岩等构造岩类岩石。

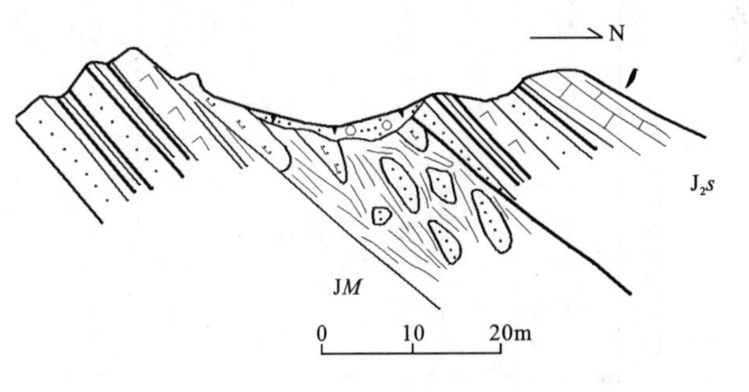

图 5-6　D3150 点断层示意图

断裂带北盘主要为曲色组、色哇组、纳丁错组、康托组;而南盘为木嘎岗日岩群、沙木罗组、康托组,显示出断裂对沉积作用的控制性和分划性。

沿断裂带有大量不同类型的构造岩分布,构造岩主要有构造角砾岩(断层角砾岩)、碎裂岩、碎粒岩、糜棱岩化砂岩、透镜化带等。这些构造岩类岩石常分布于断裂带的不同部位,它因断裂带旁侧岩石类型不同而异:如卷入变形的为刚性岩石(砂岩类),则产生构造角砾岩化、碎裂化并形成相应的构造岩类;而塑性较强的岩石(板岩)变形表现为非透入性的劈(片)理化带或小尺度的揉皱带。这就是“同相异样”原则的具体表现。

卫片上,沿铁杂—日勇—阿大杰一线表现为线状影像图案。该线状影像明显被北西向线状影像斜切而明显具有右行位移的特点。由此可见航卫片所反映的影像特征与野外观察结果是吻合的。地貌上表现为北西西—东西向的宽谷或沟谷地貌,河流水系沿断裂带常发生有规律的弯转,明显具有构造水系之特点。

3. 年勒—麦觉断裂(F_{18})

年勒—麦觉断裂为二级构造单元白弱错—物玛岩浆岛弧带和姐尼索拉—拉嘎拉构造造混杂带的分界断裂,近东西向沿年勒、曲布日阿一线展布(表 5-2)。断裂可分三段,西段沿年勒、曲布日阿呈北东东向展布,于曲布日阿东侧与姐尼索拉—拉嘎拉断裂相交,断裂表现为近北陡倾的正断层(图 5-7);中段近东西向沿曲布日阿、麦觉

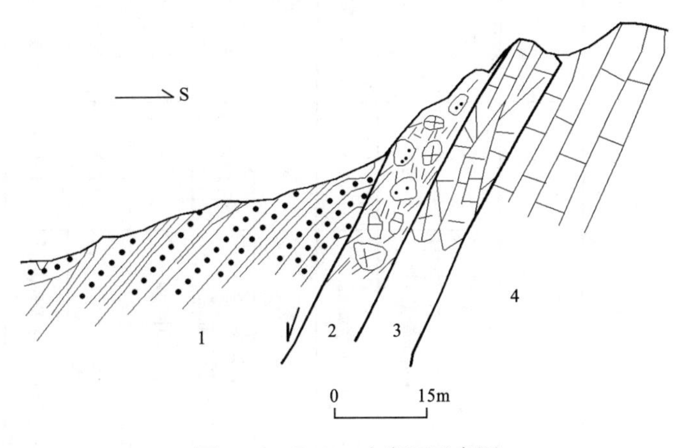

图 5-7　D3190 点断层示意图

1. 未变形带;2. 断层破碎带;3. 碎裂灰岩;4. 灰岩

表 5-2　测区主要断裂基本特征

编号	断层名称	走向	倾向及倾角	世代	位移方向	规模		切割地层	结构面特征	主期性质	主活动时期
						长(km)	宽(m)				
F_1	陆谷扎那断裂	SN	向西陡倾	D_6	正滑	2～3	5～10	C_2z、T_3R、P_1lg	碎裂岩、角砾岩、铁化、泥化	正断层	喜马拉雅期
F_2	查尔康错断裂	EW	25°∠58°	$D_{1、3}$	逆冲	>10	10～30	C_2z、T_3R、P_1lg	角砾岩、碎裂岩、片理化	逆冲断层	燕山晚期—喜马拉雅期
F_3	拉布错断裂	NW	北东陡倾(70°)	D_7	右滑	>5	2～5	P_1lg	角砾岩、碎裂岩	右行走滑断层	喜马拉雅期
F_4	赛尔角断裂	NE	北西陡倾	D_7	左滑	>7	1～2	J_1q、J_2s、K_2a	碎裂岩、断层泥	左行走滑断层	喜马拉雅期
F_5	亭贡错—索巴扎断裂	EW	5°～25°∠45°～70°	$D_{1、3、5}$	逆冲	>75	10～25	T_3t、J_1q、J_2s、Nk	透镜化、劈理化、碎裂岩	逆冲断层	燕山期
F_6	亭贡拉断裂	NE	北西陡倾	D_7	左滑	>7	3～5	J_1q、J_2s、K_2a	角砾岩、碎裂岩	左行走滑断层	喜马拉雅期
F_7	俄罗日断裂	EW	5°～30°∠55°～60°	D_3	逆冲	>50	20～30	C_2q、K_2a	断层角砾岩、断层泥、劈理化	逆冲断层	燕山期
F_8	夏夏村—穷俄理断裂	EW	160°～210°∠48°～63°	$D_{1、2、4}$	逆冲	>85	>100	C_2q、J_1q、J_2s、K_2a	碎裂岩、构造角砾岩、片(劈)理化	逆冲断层	燕山晚期—喜马拉雅期
F_9	铁杂—日勇断裂	EW—NWW	352°∠60°	$D_{1、2、3、4、7}$	逆冲	>160	200～300	J_1q、J_2s、JM、Nk	角砾岩、片(劈)理化带、透镜体化、糜棱岩化	逆冲断层	燕山晚期—喜马拉雅期
F_{10}	钻谷拉断裂	NWW	25°∠50°	$D_{3、4}$	斜冲	>20	5～10	JM、J_3K_1s	碎裂化、片(劈)理化、透镜化	斜冲断层	燕山期
F_{11}	俄尔朵—阿大杰断裂	EW	180°～200°∠56°～70°	$D_{2、3}$	逆冲	>55	25～50	JM、J_3K_1s	碎裂化、片(劈)理化、透镜化	逆冲断层	燕山期
F_{12}	甲不拉断裂	EW	180°～230°∠60°～70°	$D_{1、2}$	逆冲	>10	10～15	C_2l、P_1x、JM	碎裂岩、劈(片)理化带	逆冲断层	燕山期
F_{13}	俄雄—罗仁淌断裂	EW—NW	340°～35°∠30°～60°	$D_{1、2、3、4}$	逆冲	>150	>1 000	C_2l、JM、J_2d、E_1j	角砾岩、碎裂(粒)岩、片理化带、透镜体化	逆冲断层	燕山晚期
F_{14}	巴士勒断裂	EW	180°～195°∠50°～70°	$D_{2、3、4}$	逆冲	>40	30～50	J_2d、E_1j	碎裂岩、角砾岩、透镜化	逆冲断层	燕山期
F_{15}	则欠拉断裂	SN	向东陡倾	D_6	正滑	>30	10～20	J_3r、K_1q	角砾岩、碎裂岩、碎粒岩	正断层	喜马拉雅期

续表 5-2

编号	断层名称	走向	倾向及倾角	世代	位移方向	规模		切割地层	结构面特征	主期性质	主活动时期
						长(km)	宽(m)				
F_{16}	桑桑—尼扎断裂	EW	350°～15°∠52°～60°	D_4	逆冲	>110	80～100	J_3r、K_1d、K_1l、K_1q	构造角砾岩、碎裂岩化、断层泥	逆冲断层	燕山晚期
F_{17}	甲尔古—那日革勒断裂	EW	355°～10°∠40°～68°	D_4	逆冲	>120	55～855	J_3r、K_1d、K_1l、K_1q、K_2j	构造角砾岩、碎裂岩化、炭泥化	逆冲断层	燕山晚期—喜马拉雅早期
F_{18}	年勒—麦觉断裂	EW	330°～20°∠50°～70°	$D_{1、2、3、4}$	逆冲	>160	800～1 000	JM、J_3r、K_1d、K_1l、K_2j	构造角砾岩、断层泥、劈理化带、糜棱岩化	逆冲断层	燕山晚期—喜马拉雅早期
F_{19}	年谷断裂	NW	北东陡倾	D_7	右行走滑	>20	10～25	K_1q	断层破碎带、擦痕线理、糜棱岩化	右行走滑断层	燕山晚期—喜马拉雅早期
F_{20}	曲布日阿断裂	NEE	330°～350°∠60°～70°	$D_{1、2、3}$	逆冲	>20	30～50	P_1x、JM	构造角砾岩、擦痕线理、劈理化带	逆冲断层	燕山期
F_{21}	姐尼索拉—拉嘎拉断裂	EW	340°～10°∠55°～70°	$D_{1、2、3、4、6}$	逆冲	>160	1 000	C_1y、C_2l、P_1x、JM、K_1d、K_1l	碎裂岩、角砾岩、劈理化带、糜棱岩化	逆冲断层	燕山晚期—喜马拉雅期
F_{22}	阿日阿断裂	NW	向 NE 陡倾	D_7	右行走滑	>50	10～20	C_2l、P_1x、K_1l、J_3K_1Z	构造角砾岩、擦痕线理	右行走滑断层	喜马拉雅晚期
F_{23}	热觉拉断裂	EW	近南倾，倾角中等	$D_{1、2、5}$	逆冲	35	10～30	C_2l、P_1x、K_1l、J_3K_1Z	碎裂岩、角砾岩、断层泥	逆冲断层	燕山晚期—喜马拉雅期
F_{24}	它弄尼勒断裂	NW	向 NE 陡倾	D_7	右行走滑	20	20～25	C_2l、P_1x、K_1l、K_2j	碎裂岩、构造角砾岩	右行走滑断层	喜马拉雅晚期
F_{25}	尼龙拉—它弄尼勒断裂	EW	25°∠60°	$D_{1、4}$	逆冲	60	30～55	K_1l	断层破碎带、碎裂岩	逆冲断层	燕山晚期—喜马拉雅期
F_{26}	区新拉断裂	NW	向 NE 陡倾	D_7	右行走滑	>40	30～50	C_1y、C_2l、P_1x、K_1d、K_1l、K_2j	构造角砾岩、碎裂岩	右行走滑断层	喜马拉雅晚期
F_{27}	曲索玛断裂	NW	向 NE 陡倾	D_7	右行走滑	>50	50～100	C_1y、C_2l、P_1x	构造角砾岩、碎裂岩化、擦痕线理	右行走滑断层	喜马拉雅期

一线展布，与姐尼索拉—拉嘎拉断裂完全复合，断层性质为向北陡倾的逆冲断层，在麦觉附近被一北西向断裂斜切而右行位错；东段北西西向展布于麦觉、扎贡村一线，大部分地段被第四系掩盖，断层标志难以觅迹，仅局部残留南倾逆冲断层特征。

4. 姐尼索拉—拉嘎拉断裂(F_{21})

该断裂为二级构造单元姐尼索拉—拉嘎拉构造混杂带和次丁错—麻米错弧后盆地的分界断裂，呈向北凸出的弧型断裂，沿姐尼索拉、麦觉、拉嘎拉、古昌一带展布，断层西段北东东向延伸，中段近东西向，东段与北西向走滑断层斜截复合而变为北西—北西西—近东西向。西段被北东向断层切割而左行位移，西段于曲布日阿附近与前述年勒—麦觉断裂合二为一向东延伸至麦觉一带，二者又分开向东延，平面上二者组成分支复合的特征(表 5-2)。

断层西段呈北东—北东东向延伸，由于掩盖严重，断层的直接标志难以觅迹，间接标志为明显的断层地貌和断层两侧的岩性、岩相突变，地层不连续，岩层产状抵触，卫片上断层的线状影像图案清晰，根据断层两盘地层的新老关系和地貌形态特征推断为向北西倾斜的逆冲断层，断层被两条北东或北北东向断层斜切而发生左行位错。局部地段残存有北倾正断层的痕迹(图 5-8)，可见断层角砾岩，角砾成分以结晶灰岩、砂岩为主，其间有断层泥质物充填，砾石成分主要为木嘎岗日岩群和下拉组的岩石，部分角砾具一定的剪切圆化特点，推测为早期裂解拉张阶段的同期正断层残余。

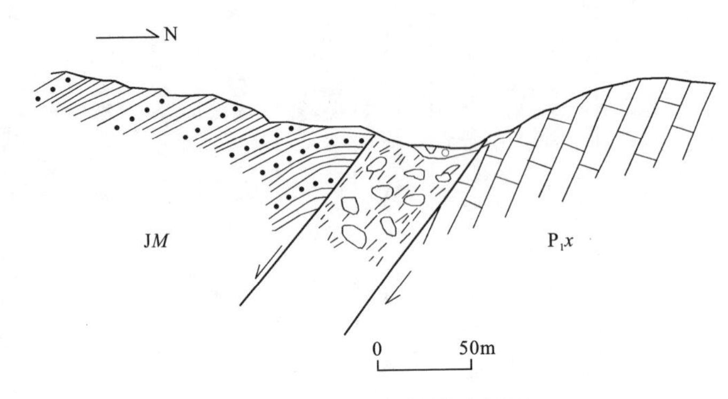

图 5-8　D2359 点断层示意图

二、羌塘—昌都陆块

图区涉及羌塘—昌都陆块一部分，本书将其划为二级构造单元，称亭贡错—铁格隆被动陆缘坳陷。南以铁杂—日勇断裂为界，北界位于图区之外。南北宽 30～55km，近东西向横贯图区。

(一)建造特征

1. 陆表建造系列

陆表建造系列主要为石炭系、二叠系的展金组、曲地组、龙格组等组成。展金组和曲地组为碎屑岩建造，前者为深水陆棚环境形成的含硅质岩类复理石建造，后者为浅海—滨海环境的碎屑岩建造。龙格组为浅海陆棚环境的碳酸盐岩建造。总体显示为稳定—次稳定背景下的陆表海沉积。它可能是组成中生代坳陷的陆缘基底建造。

2. 裂陷初期建造系列

上三叠统亭贡错组(T_3t)河流相粗碎屑岩沉积属之。少量分布于亭贡错一带，它与区域上的甲丕拉组下部岩性相当，东部地区的甲丕拉组中含有双峰式火山岩，据此认为是裂陷早期的沉积响应。与下伏曲地组的角度不整合面揭示了印支运动在图区的表现，并暗示了图区(班—怒带)发生裂解的时代下限，测区由此开始了由陆向海的演化历史。

3. 被动陆缘建造系列

被动陆缘建造系列主要由上三叠统日干配错群和中下侏罗统曲色组和色哇组组成，近东西向分布于夏夏村、铁格隆一带。日干配错群为浅海碎屑岩和台地碳酸盐岩建造，曲色、色哇组为次深水环境之盆地—斜坡环境的类复理石—复理石建造。它们均具有由被动陆缘向陆缘海演化的特征，是班—怒带裂解—扩张阶段形成的台地—浅海—斜坡—盆地沉积建造系列。该建造系列不含或局部含有少量基性火山岩，总体具被动陆缘沉积组合特征。

4. 同碰撞建造系列

阿布山组属之，主要分布于图区北缘，为陆相红色磨拉石—复陆屑建造，是班公错—怒江带碰撞过程中的前陆盆地沉积，它角度不整合于下伏地层之上，其不整合面揭示了测区海洋历史的结束，碰撞造山作用的开始。是碰撞阶段的沉积响应。

5. 超碰撞建造系列

超碰撞建造系列主要由纳丁错组及康托组组成，前者分布十分局限，为张性环境的碱性火山岩；后者为山间盆地环境形成的红色磨拉石—碎屑岩建造。还有喜马拉雅期二长花岗斑岩的侵位。它们是超碰撞阶段应力松弛，发生伸展裂陷形成的岩浆、沉积建造系列。

（二）断裂特征

断裂表现为近东西向、北东向、北西向三组，主期断裂近东西向展布，晚期北东向和北西向断裂为共轭走滑断裂系，并将近东西向断裂切割而使其发生左型或右型位移。现将主要断裂特征列述于后，次要断裂特征见表 5-2。

1. 亭贡错—索巴扎断裂(F_5)

亭贡错—索巴扎断裂沿亭贡错—索巴扎一带近东西向延伸 70 余千米，东、西两端均为第四系掩盖而隐伏其下。断层被两条北东向左行走滑断层(F_4、F_6)分为三段。断裂带宽 10～25m，带内可见透镜化、劈理化、碎裂化现象，断裂的不同地段表现出的断裂特征不尽相同，说明断层可能具有多期活动性，主期表现为南向逆冲断层特征（图 5-9），断层产状在平面和剖面上具有一定的变化，产状变化范围为 5°～25°∠45°～58°。该断层在铁格隆以东分为南北两支，南支应为次级分支断裂。断层北盘主要为亭贡错组、曲色组、色哇组、康托组地层；南盘为曲色组、色哇组、阿布山组。

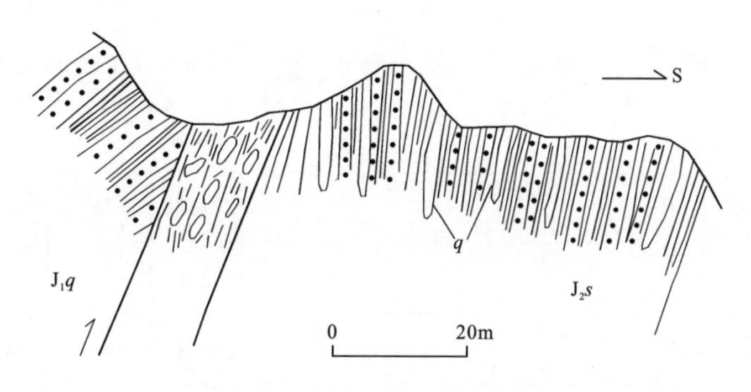

图 5-9　D1005 点露头剖面素描

断裂的早期活动大致可以追溯到印支期，局部残存的劈理化断层角砾岩，可能就是早期断裂活动形成的断层角砾岩经后断裂活动改造的结果，从断层角砾岩特征看，应为张性断裂活动的产物，它可能是区内裂解拉张阶段断层活动的表现形式。断裂的第二次活动表现为南向逆冲性质，是断裂的主要活动时期，沿断裂带形成劈理化带、透镜化带，断裂标志清楚。该次活动叠加在早期断层角砾岩上使其发生劈理化或进一步碎裂化。

断裂的第三次活动表现为北向陡倾的正断层，断面倾角较陡（约 70°）。由于露头原因，断层标志仅见于亭贡错东侧局部地段，断层北盘为康托组，南盘为亭贡错组、色哇组。断层还切割了新近系康托组地层，并在其北盘形成康托组断陷盆地沉积。

2. 夏夏村—穷俄理断裂(F_8)

夏夏村—穷俄理断裂北西西—近东西向展布于夏夏村—穷俄理一带，由西向东断层由北西西向渐变为近东西向，西延出图区，东段被第四系掩盖去向不明，图内延伸约85km，断裂带最宽100余米。断裂走向上被北东向或北西向断裂斜截而发生左行或右行位移，并分为三段。沿断裂带可见100余米宽的断层变形带，变形带主要由劈理化带、强揉皱带、碎裂岩带、透镜化带等组成(图5-10)。断层产状多变(160°～210°∠50°～60°)，据断层带内的小揉皱形态和透镜体长轴可以确定断层的运动学特征，为南倾逆冲断层。

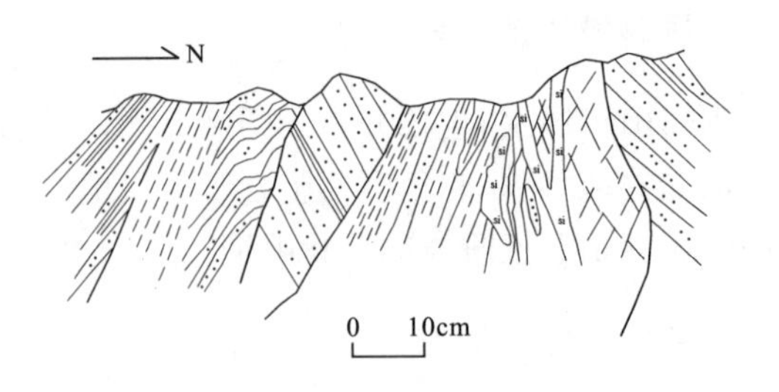

图5-10 D2190点断层剖面素描图

(三)褶皱特征

该单元内褶皱构造亦很发育，既有填图尺度的区域性褶皱，也有不同类型、不同形态特征的小尺度褶皱，具有多尺度褶皱共存的特点。填图尺度的褶皱主要发育于龙格组、亭贡错组和阿布山组地层中，多为直立、斜歪褶皱类型。现择其主要者详细叙述于后，其余褶皱特征见表5-3。

表5-3 主要褶皱特征一览表

褶皱编号	褶皱名称	轴 向	两翼产状	轴面产状	核部地层	翼部地层	转折端形态	褶皱时期
①	陆谷扎那背斜	NWW	N16°∠36°;S195°∠38°～40°	近直立	P_1lg	P_1lg	圆滑	燕山期
②	陆谷扎那向斜	EW	N195°∠38°～40°;S10°∠39°	直立	P_1lg	P_1lg	圆滑	燕山期
③	查尔康错背斜	EW	N5°～350°∠50°～60°;S163°∠56°	直立	P_1lg	P_1lg	圆滑	燕山期
④	查尔康错向斜	EW	N163°∠56°;S340°～350°∠50°～60°	直立	P_1lg	P_1lg	圆滑	燕山期
⑤	西尔龙背斜	EW—NWW	N10°～20°∠40°～45°; S190°～200°∠40°～45°	直立	T_3t	T_3t	圆滑	燕山期
⑥	夏夏村复式向斜	NW—SE	N220°～232°∠57°～65°; S20°～30°∠53°～65°	直立	K_2a	K_2a	有断层破	喜马拉雅期
⑦	亭贡拉向斜	EW	N202°∠50°;S10°∠57°	10°∠85°	K_2a	K_2a	宽缓、圆滑	喜马拉雅期
⑧	白来普复式背斜	EW—NWW	N15°～45°∠35°～50°; S195°～225°∠50°～65°	向南陡倾	J_3d	J_3d、J_3r	圆滑	燕山晚期
⑨	仁给复式背斜	EW—NEE	N340°～350°∠50°～55°; S165°～185°∠40°～50°	向南陡倾	J_3r	J_3r	宽缓圆滑	燕山晚期
⑩	扎弄龙玛勒向斜	EW	N184°～190°∠24°～30°; S4°～10°∠27°～32°	近直立	K_1l	K_1l	平缓圆滑	燕山晚期
⑪	阿日阿向斜	EW—NWW	N175°～185°∠40°～45°; S5°～12°∠48°～55°	近直立	K_1l	K_1l	有断裂破坏	燕山晚期
⑫	次丁错背斜	EW—NWW	N10°∠35°～38°; S185°～200°∠40°～48°	向北陡倾	K_1l	K_1l	有断裂破坏	燕山晚期
⑬	次丁错向斜	EW—NWW	N215°～220°∠30°～45°; S332°～348°∠30°～50°	向北陡倾	K_1l	K_1l	宽缓圆滑	燕山晚期
⑭	曲索玛复式背斜	近EW	N350°～360°∠45°～50°; S175°～185°∠40°～50°	向南陡倾	C_1y	C_1y	圆滑	燕山晚期

1. 夏夏村复式向斜

夏夏村复式向斜出露于图区北西角夏夏村北西侧。由两向一背组成一复式向斜，向斜轴向北西-南东向延伸。核部及翼部均出露阿布山组(K_2a)地层；南西翼被两断层切割而不完整，断裂常发育于背斜或向斜的核部(图5-11)。复式向斜两翼产状相近，南翼为20°～30°∠53°～65°、北翼为220°～232°∠57°～65°，复式向斜轴面近于直立，其间的次级背斜两翼产状不太一致，具南西翼较北东翼缓，北东翼30°∠65°，

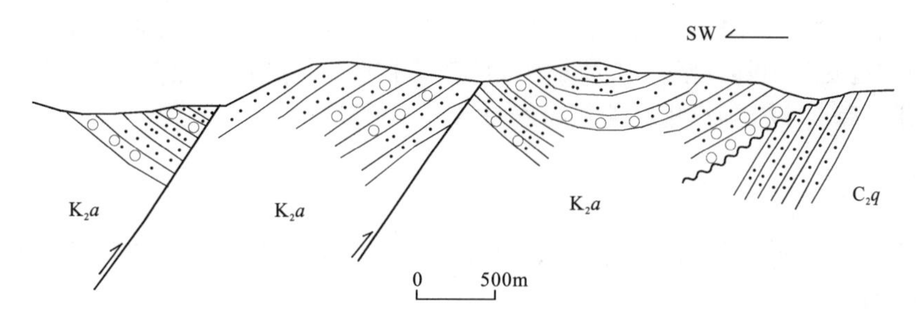

图 5-11　D2072—D2074 路线剖面

南西翼 230°∠30°，轴面向南西倾斜，倾角 70°～75°。褶皱时期根据区内阿布组与上覆康托组的角度不整合确定为喜马拉雅期。

2. 亭贡拉向斜

亭贡拉向斜近东西向展布于亭贡拉附近。轴向与区域构造线方向基本一致，核部和翼部均为阿布组地层，北翼角度不整合于上三叠统亭贡错组之上，南翼被一断层破坏而不完整，南、北两翼产状分别为 10°∠57°、202°∠50°，轴面近直立，转折端较宽缓、圆滑，为一宽缓圆滑的破向斜(图 5-12)。褶皱形成时期与前述夏夏村复式向斜相同。

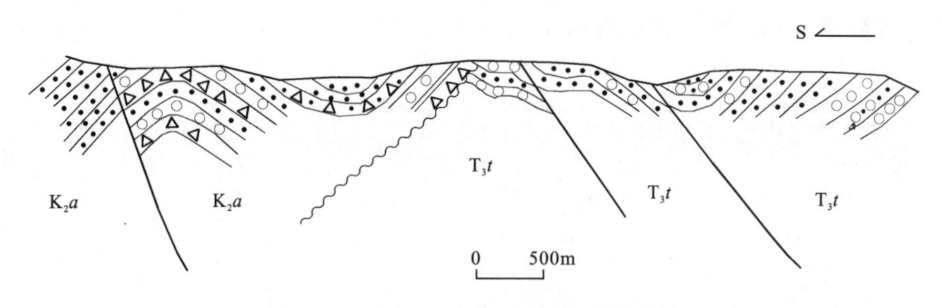

图 5-12　K_2a 和 T_3t 中的褶皱特征

除填图尺度而外，小尺度褶皱较为发育，褶皱形态、类型多样，不同时代的地层，小尺度褶皱的形态特征是不一样的，不同时代的地层由于所处的构造变形环境不同，变形表现也因此不同，同样的地层在不同的构造变形条件下，亦具有不同的构造表征，这就是“同物异相”原则的具体表现。这些不同时代、不同形态的褶皱组合，为褶皱世代的划分奠定了基础。

(四)变质特征

单元内区域变质作用不强烈，为区域浅变质或极浅变质，受变质地层主要为白垩系以前的各时代地层，形成的变质岩石因原岩不同而异，主要有变质砂岩类、板岩类和结晶灰岩等。变质新生矿物有绢云母、绿泥石、石英、方解石，属绿泥石-绢云母带。原岩组构部分改变，多为变余结构、鳞片变晶结构，定向构造发育，片状矿物定向明显，局部出现揉皱弯曲。石英颗粒明显次生加大，出现变形纹和波状消光现象。灰岩重结晶形成结晶灰岩。接触变质作用叠加其上，使碎屑岩地层产生明显的角岩化现象，形成角岩化砂岩或角岩化板岩。动力变质作用较为强烈，主要沿各断裂或断裂带发育，形成的动力变质岩石有碎裂岩、构造角砾岩、劈理透镜体带等。

叠覆其上的阿布山组、纳丁错组、康托组基本未变质，原岩组构基本未改变。

三、班公错—怒江结合带

属班公错—怒江结合带的一部分，在图区称铁杂—日雍构造混杂岩带。近东西向狭窄带状横贯图区中北部，北界为铁杂—日勇断裂带，南界为俄雄—罗仁淌断裂带。南北宽 5～25km，呈向东撒开之势，具东宽西窄的特征。带内由木嘎岗日岩群、古生界岩块及少量蛇绿岩残片混杂而成。具有基质、原地岩块、外来岩块三要素齐全的构造混杂岩带特征。总体呈现出总体无序局部有序的非史密斯或有限史密斯地层分布区，以强烈的构造变形独具一格。显示为中浅层次的脆性变形特征。上叠沙木罗组、康托组局部地段零星分布。带内还有后期小范围小规模闪长玢岩类的侵入活动。

（一）建造特征

据结合带内的物质组成及其形成环境，可划分出敛合带内混杂建造系列、软碰撞建造系列和超碰撞建造系列三大建造系列。

1. 敛合带内混杂建造系列

木嘎岗日岩群是其主要建造类型，其中包含有硅质岩建造、基性火山岩建造、深海复理石建造、滑塌建造、蛇绿岩建造等。是班怒带俯冲—碰撞过程中由构造掺合作用形成的构造混杂岩建造。构造变形极为强烈，地层的原始层序难以恢复，已完成了史密斯向非史密斯的转化，形成一套总体无序（图 5－13）、局部有序（图 5－14）的构造地层（岩石）体。由于强烈的构造作用，原复理石地层发生强烈的构造变形，其间的砂岩夹层被剪切错断，形成大小不一、形态各异的原地岩块，并有大量古生界灰岩块、砂岩块和少量蛇绿岩残片卷入其中，灰岩块和砂岩块以外来岩块的形式嵌入基质中，与基质既有沉积接触，亦不乏断层接触，具有沉积混杂和构造混杂的双重属性；蛇绿岩残片少量不均匀分布于基质中，与基质为断层接触，蛇绿岩发育极不完整，仅见玄武岩单元。这种基质、原地岩块、外来岩块相混而成的构造-岩石地层体，就是典型的构造混杂岩，它是班公错—怒江结合带俯冲碰撞过程中的产物。

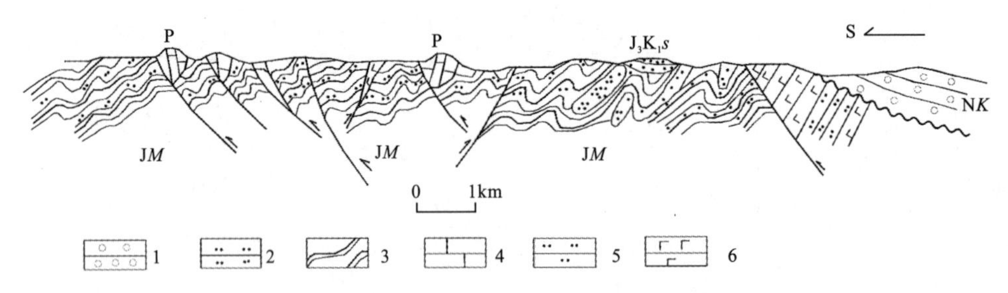

图 5－13　D3319—D3325 点地质路线剖面

1. 砾岩；2. 细—粉砂岩；3. 板岩；4. 灰岩；5. 硅质岩；6. 玄武岩

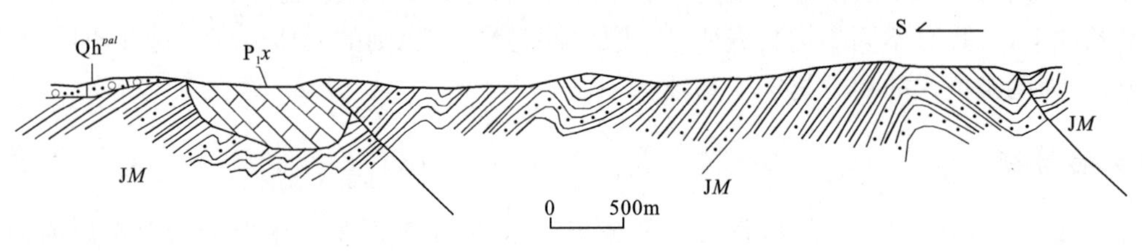

图 5－14　D3025—D3028 点地质路线剖面

2. 软碰撞建造系列

软碰撞建造系列由少量沙木罗组构成，为滨浅海相类磨拉石-复陆屑建造。零星分布于构造混杂带内，与下伏木嘎岗日岩群为角度不整合接触。从沙木罗组的区域分布特征和形成环境分析，应属残余浅海盆地沉积，它可能是班公错—怒江洋盆关闭后局部坳陷区的残余沉积，其底部的不整合界面标志着海洋历史基本结束，从而拉开了洋陆转化的序幕。

3. 超碰撞建造系列

康托组红色磨拉石-复陆屑沉积建造属之，仅少量分布于构造混杂带内，是班怒带碰撞造山过程中形成的山间盆地沉积。是碰撞造山阶段陆内调整时期的沉积响应。同时还伴有少量闪长玢岩小岩体（枝）的侵入。

（二）断裂特征

混杂带内构造变形极为强烈，形迹主要表现为错综复杂的断层系统和形态各异、类型多样的小尺度褶皱、劈（片）理化带、劈理透镜体带等。总体反映出以脆性变形为主，局部具韧性变形特征。

断裂构造极为发育，以近东西向断裂为主，北西向断裂次之，前者大多为逆冲断层，既有南向逆冲断层，亦有北向逆冲断层；后者为右行走滑断层，并将前者切割错断而发生右行位移，说明后者晚于前者形成。这些不同规模、不同方向、不同性质和不同时期的断层彼此交截、错位，形成了非常复杂的断裂构造系统，断层的分支交汇现象十分普通，将带内地质体分割为大小不一、形态各异的断块。现将主要断裂特征分述于后。

钻谷拉断裂（F_{10}）呈北西向或北西西向沿白龙左曲—钻谷拉一线展布，由3～4条断层组成向西撒开、向东收敛的断层系，并最终相交于俄雄—罗仁淌边界断裂，且受其限制。图内延伸大于20km。平面上因第四系掩盖严重而不连续，多分段出露。断裂表现为主期性质，为南向逆冲断层。在剖面上断层系反映为向北倾斜的叠瓦状。断裂具多期（次）活动性（图5-15），在D3106点表现较明显，早期为南向逆冲断层，形成劈理化、透镜化带，透镜体多为砂岩，从砂岩透镜体的排布特征大致可以确定断层的南向逆冲性质，晚期反映为向北倾斜的正断层，倾角较陡，断层标志主要为断层角砾岩、断层泥，角砾成分主要来自木嘎岗日岩群和沙木罗组中的岩屑砂岩、石英砂岩，多呈棱角状，分布杂乱，早期砂岩构造透镜体有进一步破碎的现象，有的裂隙穿过了劈理带，并将砂岩透镜体分割为更小的角砾状，角砾间为断层泥质物充填。

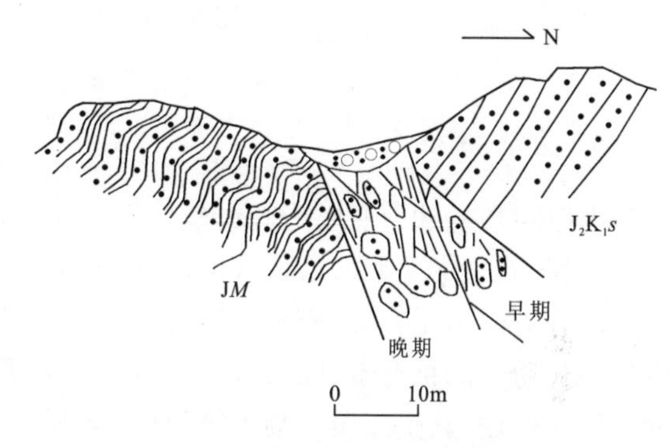

图5-15　D3106点断层剖面素描图（F_{10}）

断层切割了木嘎岗日岩群、沙木罗组地层和古近纪闪长玢岩体，并将木嘎岗日岩群和沙木罗组地层分割为大小不同、形态各异的构造岩片（块）状。断裂严格受南北两条边界断裂控制而未能超越于构造混杂带之外。断裂切割了两大构造层三个构造亚层，说明断层至少有过两次活动。这与前述结论是基本一致的。

结合带内具有面状变形的特点，不同大小、不同方向、不同时期、不同规模的断层分支、复合、彼此交切、位错现象十分普遍，构成结合带内错综复杂的断裂构造系统。由于断层繁多，未列述断裂的特征详见表5-2。

（三）褶皱特征

结合带内褶皱构造极为复杂，主要为小尺度褶皱，填图尺度的褶皱极为罕见。小尺度褶皱形态多样，尤以木嘎岗日岩群中发育最甚，褶皱类型主要有平卧褶皱、斜卧褶皱、同斜倒转褶皱、二次褶皱（重褶）（图5-16）、无根褶皱、直立褶皱、倾竖褶皱等。作为上叠表层的沙木罗组，不同尺度的褶皱构造不甚发育，局部可见斜歪褶皱、直立褶皱等。这些不同类型、不同样式的褶皱分别是不同地质演化时期、不同构造背景条件下的产物。根据这些不同形态、不同类型、不同时期变形机制的褶皱组合特征的解析，结合区域构造背景的综合分析与研究，认为可能存在四个世代的褶皱组合。第一世代的褶皱可能是俯冲会聚过程中形成的平卧、斜卧褶皱组合；其二是俯冲碰撞早期形成的同斜倒转褶皱、斜歪相似褶皱群落；其三是碰撞造山过程中形成的斜歪褶皱、直立褶皱组合；最后是北西或北东向走滑调整阶段形成的倾竖褶皱类型。

除上述极为发育的褶皱、断裂构造外，结合带内小构造表现亦十分强烈，主要见于木嘎岗日岩群中，小构造类型多样，计有小褶皱轴面劈理、折劈理、布丁化构造及石英脉被强烈挤压、剪切错断形成的肿缩构造等，这些小构造的发育，从小尺度方面揭示了结合带内构造变形的强烈程度。

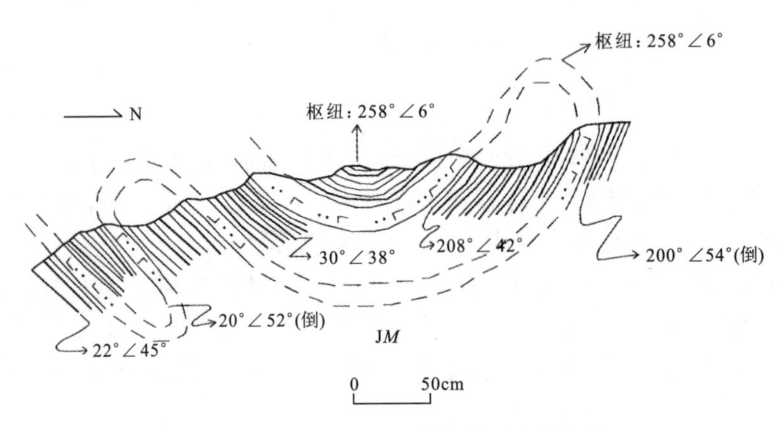

图 5-16　D3022—D3023 点褶皱形态素描图

(四)变质特征

带内以强烈的动力变质为其典型特征，其次是区域低温浅变质，局部还叠加有接触变质。动力变质普遍发育，沿各断裂带尤甚。带内劈理化、透镜化、布丁化现象屡见不鲜，具有面型动力变质的特点，形成的动力变质岩有碎裂化岩类、碎裂岩类、构造角砾岩类，局部可见糜棱岩化砂岩类岩石。接触变质作用仅见于少量闪长玢岩的接触带，围岩常产生角岩化形成角岩化类岩石。主体建造的木嘎岗日岩群普遍遭受了俯冲带变质作用，新生变质矿物为绢云母、绿泥石、石英、方解石，岩石结构主要是变余结构，定向构造十分发育。砂岩中的石英颗粒明显次生加大，具变形纹和波状消光，裂纹发育；长石绢云母化，鳞片状矿物定向排列并产生揉皱弯曲，钙质胶结物重结晶形成方解石。板岩具变余粉砂泥状结构，绢云母定向排列，粒状矿物大多呈粒状变晶结构。蛇绿岩残片的蚀变玄武岩还遭受了热液蚀变，产生绿泥石化、碳酸盐化、硅化。

图区内虽未发现与俯冲带有关的蓝闪石或硬柱石的高压变质矿物组合，但该带区域上前人资料报道有黑硬绿泥石和多硅白云母，在班公错北侧有硬玉-石英组合(1∶100 万日土幅报告)，八宿仁错一带曾发现青铝闪石(1∶20 万洛隆、昌都幅报告)，表明班公错—怒江俯冲带变质作用属高(中)压低温变质范畴。

四、冈底斯—念青唐古拉陆块

该构造单元属冈底斯—念青唐古拉陆块之一部分。根据单元内部构造建造特征的差异及其形成、发展、演化过程中主期构造的空间配置关系，可进一步划分为三个二级构造单元，由北而南分别为白弱错—物玛岩浆浆岛弧带、姐尼索拉—拉嘎拉构造混杂带、次丁错—麻米错弧后盆地。

(一)白弱错—物玛岩浆岛弧带

白弱错—物玛岩浆岛弧带沿白弱错、物玛错、精阿拉一线呈近东西向—北西向横贯图区，南、北分别以俄雄—罗仁淌断裂和年勒—麦觉断裂为界，南北宽 15～50km，具向西撒开、向东收敛的特征，被南北两条构造混杂带夹持，在精阿拉以东可能很快尖灭，南北两条混杂带有两分归一的趋势。该单元内主要以岛弧岩浆活动和活动陆缘沉积为典型特征。

1. 建造特征

(1)活动岛弧(陆缘)建造系列(⑥)

活动陆缘(岛弧)建造系列包括沉积建造和岩浆建造两部分，是该构造单元的主体建造系列。沉积建造包括多仁组、日松组及少量多尼组、郎山组。多仁组和日松组为浅海相碎屑岩夹玄武安山岩、安山岩，其中的玄武安山岩、安山岩具有不成熟岛弧火山岩特征，应为南向俯冲会聚早期的火山、沉积建造，具活动陆缘或活动岛弧特征；多尼组和郎山组呈断块状产出，区域上可见其间夹有钙碱性火山岩"斑"，显示出一定的活动性，暂将其划归该建造系列；去申拉组钙碱性火山岩及早白垩世中酸性侵入岩是本单元的岩浆建造。去申拉组主要为玄武安山岩、安山岩、安山质角砾岩，为活动岛弧环境的钙碱性火山岩系列岩石；早白垩世侵入岩岩石类型主要有闪长岩、花岗闪长岩、石英闪长岩，其特征反应为岛弧型侵入岩。综上可知，构造单元内以大规模岛弧岩浆活动和活动陆缘沉积为独特特征，具有活动陆缘或活动岛弧特征的大地构造属性，是班—怒带南向会聚过程中沉积作用和岩浆作用的表现形式。为班—怒带向南俯冲消减提供了有力证据。

(2)同碰撞建造系列(⑦)

同碰撞建造系列包括竟柱山组沉积建造和江巴组火山-沉积建造及晚白垩世酸性岩浆建造。竟柱山组为陆相(河流相)红色磨拉石-复陆屑建造，与下伏地层为角度不整合接触，该不整合面时限标志着海洋演化历史的结束，进入碰撞造山的过程。竟柱山组、江巴组及晚白垩世碰撞型花岗岩即是碰撞造山过程中不同时期的沉积和岩浆作用表现形式。

2. 断裂特征

相对构造混杂带而言，构造变形明显减弱，但亦不乏断裂和褶皱构造，总体具浅层次脆性变形特征，局部沿断层带附近可见初糜棱岩(糜棱岩化安山岩)。

断裂发育三组，即近东西向—北西西向、南北向、北西向三组不同方向、不同规模、不同性质的断裂彼此交切、位错。主期断裂为近东西向—北西西向，多为南向逆冲断层，平面上具向西撒开、向东收敛的特征，剖面上表现为不规则叠瓦状，将地质体分割为大小不一的逆冲岩席或岩片；南北向断层稍晚于东西向断层，多表现为向第四系盆地陡倾的正断层，对第四系盆地的形成和演化具有明显的控制作用，是南北向持续挤压诱发东西向引张的断裂表现形式；北西向断层是区内最晚期断裂，具右行走滑性质，它将近东西向断层切割而使其发生右行位移，对北西向第四系盆地或湖泊具有明显的控制作用。现择其主要者叙述于后，其他断层特征见表 5-2。

(1)巴士勒断裂(F_{14})

巴士勒断裂断裂沿日玛东、巴士勒一线近东西向展布，平面上呈舒缓波状延伸，图内延长大于 40km。因第四系覆盖严重，断裂常分段出露，向东向西均被俄雄—罗仁淌边界断裂所限。在断层露头较好的地段可见 30～50m 宽的断层破碎带，带内由断层角砾岩、碎裂岩、劈理透镜化带等组成。断层的不同部位，其性质亦表现不同。西段显示为南向逆冲断层性质(图 5-17)，从断层带内的劈理透镜体及其旁侧的小褶曲特征，可以确定断层的运动学特征。东段包含有南倾正断层痕迹。

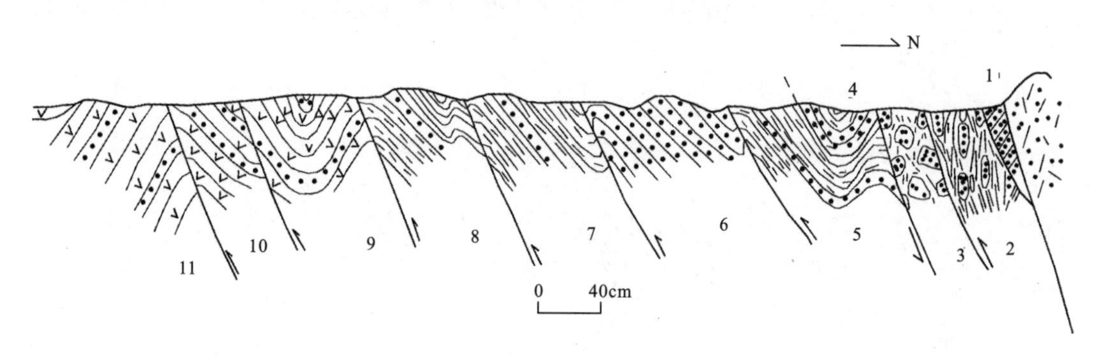

图 5-17　D3241—D3242 点地质路线剖面图

断层切割了多仁组、日松组、江巴组等不同时代的地质体，切穿两大构造层，说明断层可能具有多期活动性。根据断层性质和所切割的不同时期的地质体，结合区域构造分析认为断层至少有过三次活动。第一次可能为俯冲碰撞过程中形成的南倾逆断层，这次断层活动标志被后期断层活动破坏消失殆尽，断层带内的断块中局部残存有向南陡倾的劈理带，似乎为断层的该次活动提供了物质信息；第二次活动表现为南向下滑的正断层特征，残存于断裂带东段的正断层标志可能就是该次断层活动的表现；断层的第三次活动是断层活动的主要时期，断层特征明显，表现为向南逆冲的运动学特征，断层带内大量的构造岩类和劈理化、透镜化带可能就是断裂活动的产物，并为断层主期性质的确定和断层的运动学标志提供了依据。

(2)桑桑—尼扎断裂(F_{16})

北西向—东西向沿桑桑、他益拉、尼扎一线展布,图内断续延长大于110km,因第四系掩盖成段延伸,西延出图外,东被第四系覆盖去向不明,可能受限于俄雄—罗仁淌边界断裂。在尼扎东侧断裂向西分为两支,略向西撒开。他益拉—尼扎带被三条北西向断层斜切而发生右行位移,且被分割为数段,桑桑东侧还受到南北向断层的破坏,这三个不同方向、不同性质的断层反映出它们是同一构造旋回不同幕次的断层活动形式,即是南北向挤压统一应力场不同阶段的产物。为断层世代的确定奠定了基础。

断层的主期性质为南向逆冲断层(图5-18),断层带宽50～80m,带内主要由构造角砾岩、碎裂岩、碎裂化岩石及断层泥组成,断层产状350°～15°∠52°～60°,据断层带内构造透镜体的排布特征初步确定断层为向南逆冲的运动学性质。

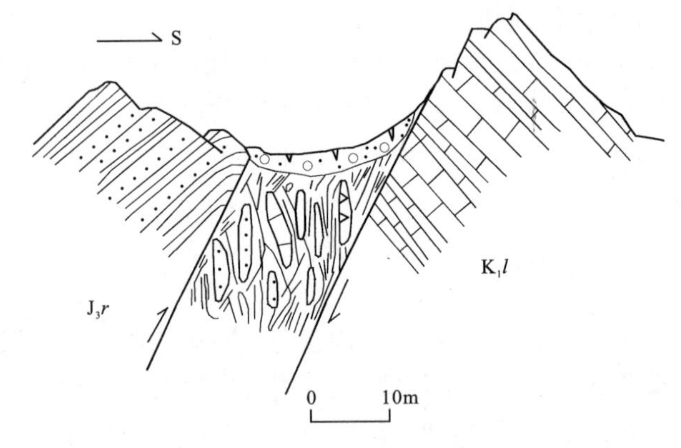

图5-18　D3041断层素描图

断层北盘为日松组、去申拉组地层,南盘为去申拉组、多尼组、郎山组和少量竟柱山组。从所切割的地质体分析,断层的主要活动时期应为燕山晚期,断层还切割了上白垩统竟柱山组,说明断层在喜马拉雅(早)期还有活动。

3. 褶皱特征

褶皱构造较为发育,既有填图尺度的区域性褶皱,亦不乏小尺度褶皱,前者因断层破坏严重,填图尺度的褶皱一般保存不太完整;后者褶皱规模小,但褶皱类型多样。现将填图尺度褶皱中保存相对完好者叙述于后。

(1)白来普复式背斜(⑧)

复式背斜出露于物玛村—白来普一带,由多仁组和日松组构成一复式背斜构造,枢纽近东西向—北西西向,枢纽于水平略有起伏,图内延伸大于30km,向东向西均有倾伏之势。北翼产状15°～45°∠35°～50°,南翼稍陡,产状为195°～225°∠50°～65°。核部地层为多仁组,两翼为日松组。两翼均被第四系或断层破坏而不完整。复式背斜轴部有后期小规模中酸性岩体侵入吞噬,两翼可见次级褶皱。总体表现为轴面近北陡倾的复式背斜构造(图5-19)。

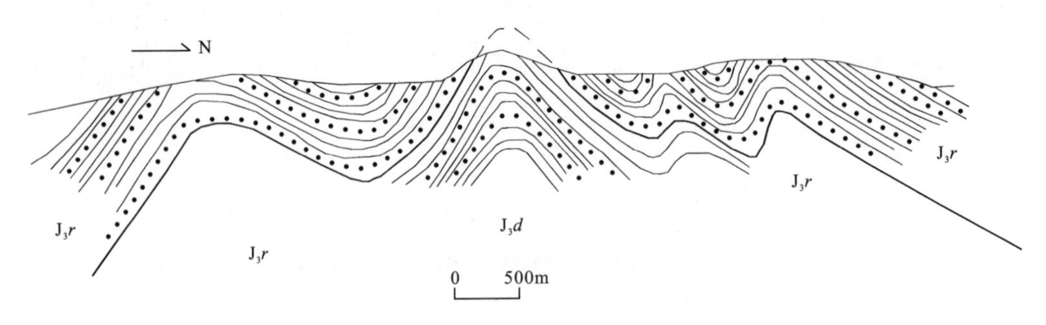

图5-19　白来普复式背斜素描图

在复式背斜的南侧见去申拉组火山岩不整合于日松组之上,说明褶皱形成时期可能为燕山晚期。

(2)仁给复式背斜(⑨)

仁给复式背斜近东西向—北东东向展布于仁给一带,由数个背向形组成一复式背斜构造。枢纽近水平略向东倾伏,核部和翼部均为日松组地层;南翼近南倾(165°～185°),倾角40°～50°,北翼倾向北(340°～350°),倾角50°～55°;单个向斜显示南翼略陡于北翼,背斜则相反,北翼略陡于南翼。复式背斜南翼被年勒—麦觉边界断裂破坏而不完整;北翼为去申拉组火山岩不整合覆盖或断层破坏出露不全。南翼次级褶皱发育，可能是受边界断裂影响所致，北翼未见有次级褶皱。总体表现为轴面向南陡倾的复式背斜(图5-20)。

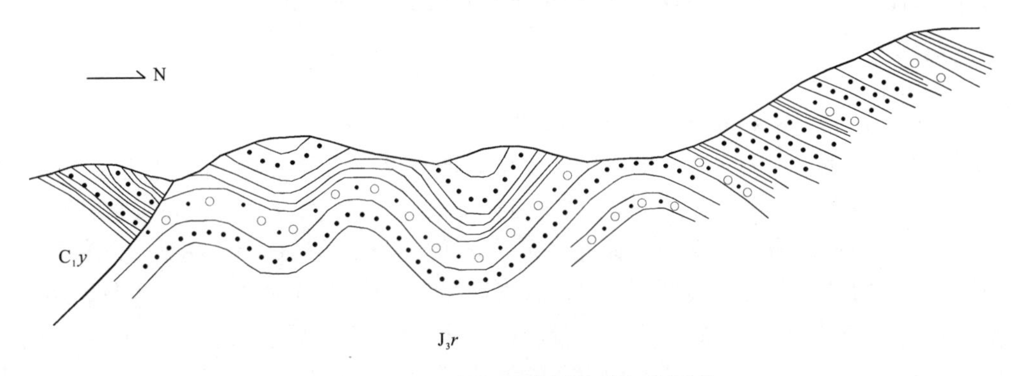

图 5-20　日松组中的褶皱形态素描图

复式背斜北侧见去申拉组或竟柱山组角度不整合于日松组之上，据此大致可以确定褶皱形成时期为燕山(晚)期。

(3)扎弄龙玛勒向斜(⑩)

近东西向展布于扎弄龙玛勒附近，图内可见长约40km。西被去申拉组不整合覆盖，东被第四系掩盖均出露不全。南北两翼均被断层破坏而难保完整。核部及两翼均为郎山组灰岩地层，南、北两翼产状分别为4°～10°∠27°～32°、184°～190°∠24°～30°；转折端平缓圆滑。向斜枢纽近水平，且常沿山脊舒缓波状延伸。总体为一转折端圆滑、轴面近直立、两翼不完整的的宽缓破向斜(图5-21)。

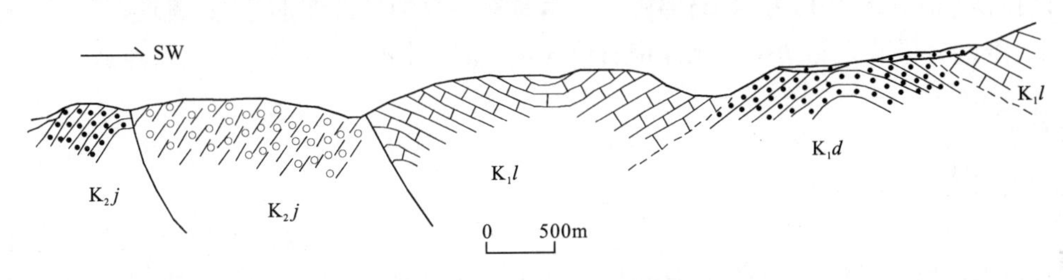

图 5-21　D4061—D4064 地质路线剖面

向斜南翼见上白垩统竟柱山组角度不整合在郎山组灰岩之上，揭示了向斜的褶皱形成时期应为燕山晚期。

该单元内除区域填图的褶皱外，亦不乏小尺度褶皱，且不同时代的地层单元中小尺度褶皱的褶皱形态和发育程度不尽相同。其中，多仁组和日松组中主要发育同斜—斜歪褶皱、直立—斜歪褶皱、直立宽缓褶皱；多尼组中多为直立水平褶皱、宽缓褶皱；而郎山组中所见均为宽缓圆滑的褶皱类型；去申拉组、江巴组及竟柱山组中各种尺度的褶皱均不发育。

根据不同尺度、不同类型的褶皱组合分析，结合区域构造演化过程中不同的构造变形机制，可以确定不同类型褶皱形成的相对序次，为褶皱世代的划分奠定基础。

4. 变质特征

本构造单元主体沉积建造的多仁组、日松组、多尼组、郎山组、去申拉组普遍遭受了不同程度的区域低温动力变质作用，形成变质砂岩、板岩或千枚岩、变中基性火山岩、大理岩或结晶灰岩。新生变质矿物有绢云母、绿泥石、石英、方解石、钠长石、绿帘石等，可划分出绢云母-绿泥石带，总体属低绿片岩相的低压低温区域浅变质范畴。变质岩结构一般为变余结构、鳞片变晶结构，定向构造较发育，方解石、石英明显次生加大。去申拉组火山岩可能还遭受了气-液变质作用。

在区域浅变质的基础上还明显表现在接触变质作用的强烈叠加，表现在各中酸性侵入岩的外接触带，绕岩体呈不规则环带状分布。围岩常发生角岩化形成具角岩结构的角岩类岩石。

上叠表层的竟柱山组和江巴组除沿各断裂带遭受动力变质作用外，基本未变质。竟柱山组以老地层除遭受区域浅变质和接触变质作用外，沿断裂带还叠加了动力变质作用，形成的动力变质岩主要为构造角砾岩、碎裂岩、断层泥等。极个别地方(D3176点)可见初糜棱岩(糜棱岩化安山岩)。

(二)古昌结合带

该混杂带沿日巴、曲布日阿和麦觉、扎贡村一带断续分布，南北分别以年勒—麦觉断裂和姐尼索拉—拉嘎拉断裂所限，两条断裂由西向东在曲布日阿—麦觉一带合为一线，然后在麦觉附近又一分为二，并东延出图区，由于两断裂的分支—复合—分支，导致了混杂带的不连续，图内表现为东、西两段，东段北西西向分布于麦觉—扎贡村一带，宽0～6km；西段北东东向展布于日巴—曲布日阿一带，宽0～7km。混杂带东西两段的总体特征类同，均为强烈变形的木嘎岗日岩群复理石地层，同时含有古生界灰岩块和蛇绿岩残片，不同的是东段蛇绿岩残片反应的蛇绿岩组合较西段齐全，西段仅出现玄武岩片和变形复理石，东段可见蚀变超基性岩、辉长岩、变玄武岩、斜长花岗岩及硅泥质沉积物等蛇绿岩单元。东西两段混杂带之间变为一条区域性断层，未见有构造混杂带内物质组成，说明中段恰好是东西两个深水盆地的鞍部，南北两侧可能并没有完全分离，可能为水下隆起或"陆桥"相连。亦可能为后期南向逆冲推覆而将其隐伏于逆冲岩片之下。

该构造混杂带与前述铁杂—日雍构造混杂岩带相比，有诸多相同或相似之处，具有同样强烈的构造变形和构造混杂特征；不同的是混杂带横向延伸不稳定，断续分布，混杂岩基质不如前者发育，外来岩片中的蛇绿岩残片的岩石类型较前者发育、齐全。混杂带的规模远不如铁杂—日雍构造混杂岩带，显然处于从属或次要地位，可能属班公错—怒江结合带的次级分支。它与班—怒带的形成、发展和演化有着密切的历史渊源。

混杂带内以浅层次脆性变形为主，局部古昌一带具有明显的韧性变形标志，表现在砂岩和蛇绿岩片的糜棱岩化，形成糜棱岩化砂岩和糜棱岩化绿帘石英岩类。具有韧脆性变形共存的特点。

1. 建造特征

(1)敛合带内混杂建造系列

敛合带内混杂建造系列为带内主体建造系列，包括木嘎岗日岩群含硅质岩复理石建造、滑塌建造、蛇绿岩建造等，共同构成混杂建造系列，主要由基质、外来岩块、原地岩块三部分组成，基质部分为变形强烈的含硅质岩复理石建造；外来岩块主要为古生界灰岩块、蛇绿岩块，灰岩块与基质多为断层接触(图5-22)，亦可见沉积接触(图5-23)，具滑塌岩块特征；蛇绿岩组合相对较齐全，主要有变质橄榄岩类、辉长岩类、基性熔岩类、斜长花岗岩类及深水沉积物，蛇绿岩的岩石学、岩石化学、地球化学特征揭示其形成环境为有限扩张的洋盆环境；原地岩块为复理石中的刚性夹层在强烈的构造变形过程中被剪切错断而成，具原地-准原地性质，三者共同构成了无序的构造混杂岩。

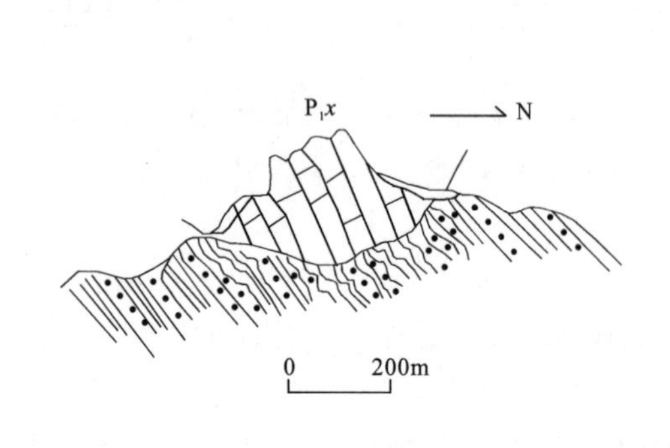

图5-22　D3269点所见外来岩块

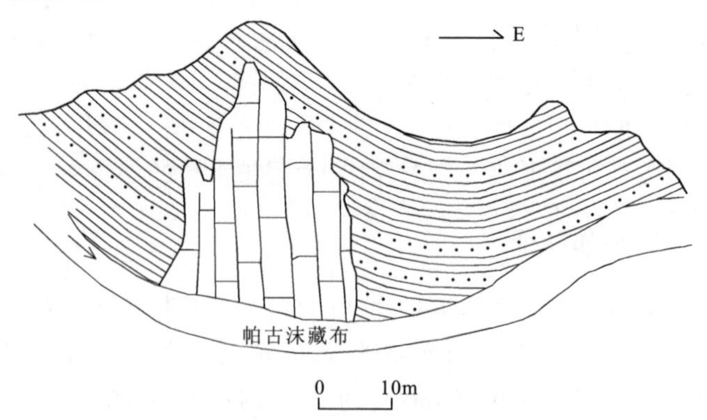

图5-23　D3203点*JM*中的滑塌体

(2)同碰撞建造系列

同碰撞建造系列分布十分有限，仅见竟柱山组红色磨拉石—碎屑岩建造，与木嘎岗日岩群为角度不整合接触，该不整合面揭示了构造混杂岩形成时代的上限，同时标志着碰撞造山作用的开始。

2. 断裂特征

混杂带内构造变形极为强烈，既有脆性变形，亦有韧性变形，具韧脆性共存的特点。构造表现为韧脆性断层和小尺度褶皱。

带内可见近东西向和北东向两组断层，前者主期表现为北倾逆断层，其间包含有早期正断层的特征，剖面组合形态为向北倾斜的叠瓦状，向东向西均为边界断层所限；后者为左行走滑断层，将带内断层和南边界断层切割而使其左行位移。混杂带内的断层由于被两条边界断裂所限，断层数量多，但单一断层的延伸规模都十分有限，这些断层组成了混杂带内十分复杂的断层系统。现将主要断层特征叙述如下，其他断层特征见表 5－2。

曲布日阿断裂(F_{20})近东西向—北东东向展布于帕姆村—打格拉一带，图内延伸大于 20km，向西沿河谷延伸并最终被年勒—麦觉断裂所限，向东为姐尼索拉—拉嘎拉断裂所限并与之相交。该断裂与年勒—麦觉断裂间夹持一规模较大的二叠系下拉组灰岩块(透镜体)。断层带呈褐黄色，宽 30～50m，带内主要由断层角砾岩及断层泥组成，角砾成分为灰岩、砂岩、火山岩及少量硅质岩，其间被褐黄色断层泥充填胶结，岩石较松散。断层北侧的灰岩明显碎裂化，局部可见向北陡倾的擦痕面(330°～350°∠60°～70°)，擦痕线理指示断层为南向逆冲断层(图 5－24)。向西断层产状有明显变化(50°～55°)，走向变为近东西向，倾向北，倾角变缓(图 5－25)。说明断层面有波状起伏，可能受到了后期构造活动的影响。

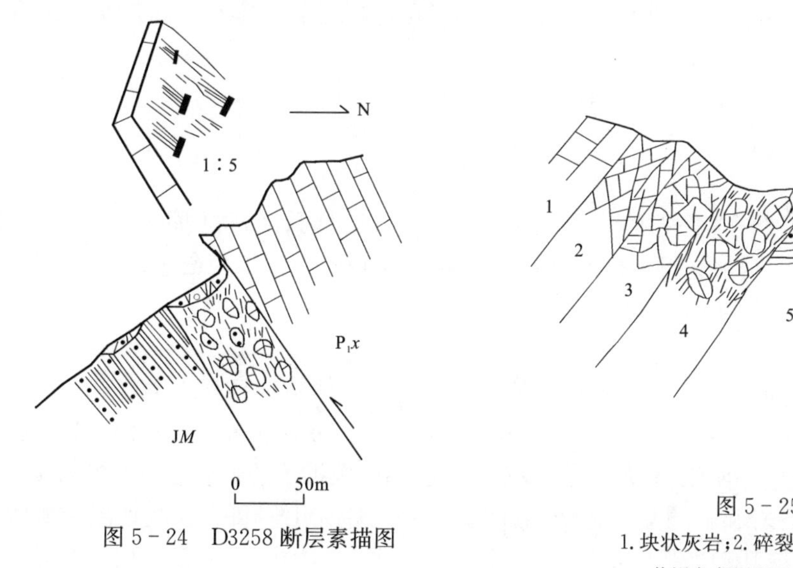

图 5－24　D3258 断层素描图

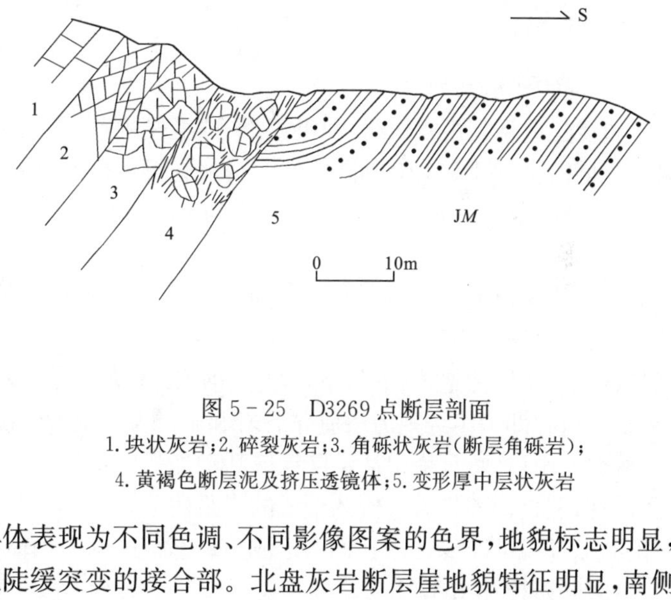

图 5－25　D3269 点断层剖面

1. 块状灰岩；2. 碎裂灰岩；3. 角砾状灰岩(断层角砾岩)；4. 黄褐色断层泥及挤压透镜体；5. 变形厚中层状灰岩

断裂卫片影像清晰，为一线状影像图案，具体表现为不同色调、不同影像图案的色界，地貌标志明显，断层崖、断裂谷地沿断裂带展布，断层位于地貌陡缓突变的接合部。北盘灰岩断层崖地貌特征明显，南侧的木嘎岗日岩群为线状谷地近东西—北东东向延展。

断层切割了二叠系下拉组和木嘎岗日岩群，同时切割了两大构造层的地质体，且断层产状有明显变化，说明断层有多期活动。早期活动特征因掩盖严重和后期构造破坏消失殆尽；主期活动特征明显，表现为前述南向逆冲断层特征；断层明显控制了第四系地貌和水系的发育，暗示断层喜马拉雅期仍有活动。

3. 褶皱特征

构造单元内虽然构造变形极为强烈，但不同尺度的褶皱所见不多。填图尺度的区域性褶皱基本未见；小尺度褶皱亦不发育，这可能与混杂带在图内出露太窄有关，二是在十分有限的范围内，混杂岩的基质木嘎岗日岩群出露极为局限，且天然露头太差。混杂带在图区范围内表现为不同时代、不同岩性的岩片或岩块的无序叠置。横向上某些地方还具有明显的脱基现象，而在西邻图幅相当于该构造单元内小尺度褶皱异常发育，其间不乏同斜倒转褶皱、尖棱褶皱。

4. 变质特征

本构造单元普遍遭受了明显的区域低温动力变质作用,受变质地层为木嘎岗日岩群及古生界岩块和蛇绿岩残片。新生变质矿物有绢云母、绿泥石、石英、方解石等。变质岩结构主要为变余结构,定向构造较发育。石英次生加大,具变形纹和波状消光,绢云母呈鳞片状定向排列,粒状矿物出现粒状变晶结构。蛇绿岩可见糜棱结构、残斑结构;方解石次生加大、压扁拉长等微观构造现象与前述铁杂—日勇构造混杂带类似。

(三)次丁错—麻米错弧后盆地

近东西向展布于图区南部,北以姐尼索拉—拉嘎拉断裂为界,南界已出图区,图内南北宽为15~35km。从所处大地构造位置看,它既是冈底斯北缘火山岩浆弧(白弱错—物玛火山岩浆弧)的弧后盆地,又是冈底斯南缘火山岩浆弧的弧后盆地。它的成生、发展、演化既与班公错—怒江多岛洋盆的发展、演化有关,又与雅鲁藏布江带的演化相关。

该构造单元位于白弱错—物玛岩浆岛弧带的南侧(弧后)而称之。从盆地建造特征看,盆地北缘主要为古生界地层,它可能是盆地的陆缘基底;盆地内部主要为上侏罗—上白垩系各不同时代地层,其中则弄群(J_3K_1Z)角度不整合于下拉组(P_1x)之上,说明盆地于晚侏罗—早白垩世形成发展而成,这与班—怒带南向俯冲会聚及其岩浆弧的形成时限是基本同步的,表明盆地的形成与班—怒带的南向俯冲有着紧密的联系,是班—怒带南向俯冲过程中弧后扩张形成的弧后盆地。同时可能还受到了雅鲁藏布江结合带形成演化的叠加和影响。

1. 建造特征

(1)陆表建造系列

陆表建造系列由永珠组、拉嘎组、下拉组构成,主要分布于迪吾村、阿日阿、区新拉、曲索玛一带,是晚侏罗—早白垩世弧后盆地的陆缘基底。永珠组和拉嘎组为浅海碎屑岩沉积,下拉组为台地碳酸盐岩建造,它们是大陆裂解前稳定—准稳定环境的陆表海沉积建造系列。

(2)活动陆缘建造系列

活动陆缘建造系列由则弄群、多尼组、郎山组组成,是弧后盆地内的主体建造系列。主要分布于姐尼索拉、它弄尼勒、麻米错一带,从所处大地构造位置看,应为复合弧后盆地沉积。则弄群为流纹质岩屑晶屑凝灰岩夹碎屑岩建造,与下伏下拉组为角度不整合接触,该不整合面的时限揭示了弧后盆地形成的时代下限;多尼组和郎山组分别为浅海碎屑岩和碳酸盐岩建造,其间含有钙碱性火山岩斑。这些地层中所含的中、酸性火山岩,均反应出活动陆缘或活动岛弧的亲缘性,因此将它们划归活动陆缘建造系列。除此之外还有早白垩世中酸性岩浆侵入形成的岩浆建造,岩石类型主要为石英闪长岩、花岗闪长岩等,其特征亦反应出岛弧环境的亲缘性。它们的形成与班怒带的南向消减紧密相关。

(3)同碰撞建造系列

竟柱山组是其沉积建造,晚白垩世酸性侵入岩为其岩浆建造。前者局限分布于区新拉一带,为一套陆相(河流相)红色磨拉石建造,与下伏地层为角度不整合接触,是碰撞造山早期形成的沉积建造;后者为晚白垩世钾长花岗岩,其特征反应为同碰撞型花岗岩,是班怒带碰撞过程中形成的岩浆建造,显然是同碰撞建造系列之一。

2. 断裂特征

构造变形强度较结合带明显减弱,但亦常见断裂构造和褶皱构造,形成的构造形迹主要为断裂和褶皱。

断裂构造主要发育近东西向、北西向及北东三组,前者表现为南向逆冲断层,亦见南倾正断层,后两者为共轭剪切走滑断裂,将东西向断层切割使其发生右行或右行位错,这些不同方向、不同性质的断裂构造是不同地质演化过程中不同构造背景下的断层表现形式。

断裂构造主要发育于弧后盆地北缘的古生界地层中,将古生界各组地层分割为大小不一的断块状,盆地内部断裂构造则不甚发育，仅见两到三条近东西向断裂及数条后期北西向右行走滑断裂。现将东西向尼龙拉—它弄尼勒断裂叙述于后，其他断裂特征见表5－2或本章第五节。

尼龙拉—它弄尼勒断裂(F_{25})近东西向展布于尼龙拉、它弄尼勒一带，向西被姐尼索拉—拉嘎拉北边界断裂限制而终，向东被两条北西向斜切破坏去向不明，图内延长约60km，可见30～55m宽的断层破碎带，带内主要为断层角砾岩、碎裂岩、劈理化砂岩等组成，断面近北倾，倾角60°左右，根据破碎带特征和断层两侧地层的新老关系确定为南向逆冲断层(图5－26)。断裂北侧的拉嘎组砂板岩地层产生劈理化或碎裂化形成劈理碎裂化带，下拉组灰岩碎裂化产生大量的裂隙或节理，其中有大量方解石脉充填，露头上见有两组不同方向的方解石脉彼此穿插，从它们的交切关系可以看出，北西向的方解石脉晚于东西向方解石脉并将其切割而发生右型位错。说明下拉组灰岩至少遭受了两次断层活动的破坏，同时也间接说明了北西向断裂应晚于东西向断裂形成，为断层世代或构造世代的确定提供了依据。

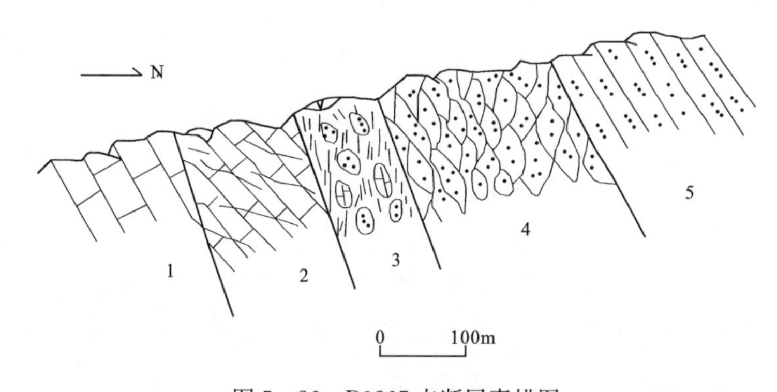

图5－26　D3267点断层素描图

1.断层灰岩；2.方解石脉化灰岩；3.构造岩；4.劈理化石英砂岩；5.弱变形石英砂岩

断裂北盘为拉嘎组、下拉组、竟柱山组地层，南侧为多尼组、郎山组、竟柱山组，由此可以看出对沉积作用具有明显的分划性，它严格控制了古生界和下白垩统地层的分布。

3. 褶皱特征

褶皱构造屡见不鲜，以小尺度者居多，亦不乏填图尺度褶皱，具有各不同尺度共存的特点。前者主要发育于石炭—二叠系地层及各断裂带旁侧，石炭、二叠系地层中多发育平卧褶皱、斜卧褶皱、同斜褶皱、斜歪褶皱、直立褶皱等，它们是不同地质演化阶段不同变形机制的褶皱表现形式。各断裂带旁侧常发育与断裂活动有关的从属褶皱，后者见于郎山组地层中，褶皱形态为直立-斜歪褶皱，轴线近东西向，轴面近直立或陡倾，转折端较圆滑。现将区域填图尺度的褶皱择其主要者列述于后。

(1)次丁错背斜(⑫)

次丁错背斜出露于次丁错北部，轴向与区域构造线方向近一致，呈东西—北西西向，核部及翼部均为郎山组灰岩，北翼产状稍缓，为10°∠35°～38°，南翼较陡，185°～200°∠40°～48°。转折端宽缓圆滑，并发育两条小断裂将其破坏，南北两翼均有断层破坏而不完整，南翼局部可见次级褶皱发育，背斜西缘被后期钾长花岗岩侵吞不完整，为一轴面向北陡倾的破背斜(图5－27)。

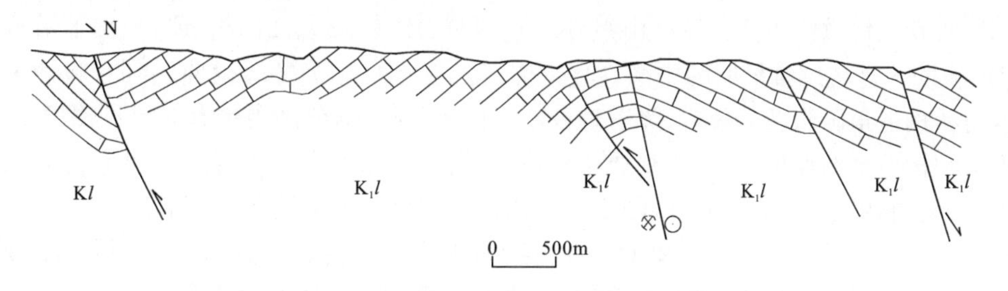

图5－27　D3219—D3223地质路线剖面图

在次丁错东侧见竟柱山组角度不整合于郎山组灰岩之上，大致可以确定褶皱的形成时期应为燕山晚期。

(2)次丁错向斜(⑬)

次丁错向斜见于次丁错东西两侧，近东西—北西西向展露，与区域构造线方向基本一致。核部及翼部均为郎山组灰岩，南北两翼产状分别为332°～348°∠30°～50°、215°～220°∠30°～45°。转折端宽缓圆滑，南北两翼均被断层破坏而不完整，西侧被后期钾长花岗岩侵入吞噬，中部为次丁错第四纪盆地沉积物覆盖，盆地东岸可能有一南北向向西陡倾的正断层将向斜破坏，为一轴面向北陡倾的破向斜(图5-28)。

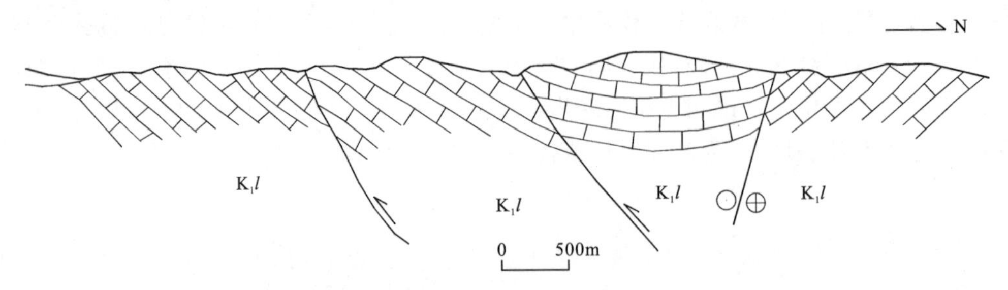

图5-28　D3211—D3215地质路线剖面图

从区域上看，竟柱山组角度不整合于郎山组灰岩之上，大致可以确定褶皱的形成时期应为燕山晚期。

小尺度褶皱在本构造单元内不同时代的地层中具不同程度的发育，且褶皱形态类型多样。古生界永珠组和拉嘎组中主要见有二次褶皱、同斜倒转褶皱、斜歪-直立褶皱、直立宽缓褶皱；下拉组灰岩中见无根褶皱、不规则褶皱；多尼组和郎山组中为直立褶皱、倾竖褶皱、直立宽缓褶皱等。

4. 变质特征

本构造单元不同时代地质体的变质强度是不完全相同的，古生界陆缘基底岩石遭受了明显的区域浅变质作用，形成的变质岩石因原岩不同而异，主要有变质砂岩类、板岩或千枚岩类和结晶灰岩等。变质新生矿物有绢云母、绿泥石、石英、方解石，属绿泥石-绢云母带。原岩组构部分改变，多为变余结构、鳞片变晶结构，定向构造发育，片状矿物定向明显，局部出现揉皱弯曲。石英颗粒明显次生加大，出现变形纹和波状消光现象。灰岩重结晶形成结晶灰岩。则弄群、多尼组、郎山组基本未变质或极微弱变质，原岩组构基本保留，有少量绿泥石、绢云母生成，晶体小，数量少，具定向或半定向排列，少量石英、方解石次生加大。局部有接触变质叠加，在中酸性侵入岩的外接触带形成角岩带或大理岩化带。

第三节　构造变形相及变形序列

一、构造变形相

通过对各构造建造单元内的褶皱类型、断裂性质、构造置换程度、变质作用特征及主导变形机制等诸方面的综合分析，将测区划分出两个变形相，即浅部变形相和上部变形相。将各变形相的相标志综述于后。

浅部变形相：卷入地质体主要为竟柱山组(K_2j)、阿布山组(K_2a)、江巴组(E_1j)、纳丁错组(E_3n)、康托组(Nk)及燕山晚期—喜马拉雅早期的中酸性侵入岩等。变形标志为宽缓褶曲、挠曲；脆性剪切破裂形成脆性断层，棱角状构造角砾岩及碎裂岩；无劈理及新生面理和线理，仅断裂带有时可见擦痕线理，无构造置换作用，原生沉积构造全部保留，无新生变质小构造，岩石基本未变质。主导变形机制为无流动的刚体运动，碎裂流动，无变质，脆性变形。为脆性断裂—褶曲构造群落。属脆裂剪切变形相。

上部变形相：卷入的地质体为晚白垩世以前的所有地质体，包括永珠组(C_1y)、拉嘎组(C_2l)、展金组(C_2z)、曲地组(C_2q)、下拉组(P_1x)、龙格组(P_1lg)、亭贡错组(T_3t)、日干配错群(T_3R)、曲色组(J_1q)、色哇组(J_2s)、木嘎岗日岩群(JM)、多仁组(J_3d)、日松组(J_3r)、沙木罗组(J_3K_1s)、则弄群(J_3K_1Z)、多尼组

(K_1d)、郎山组(K_1l)、去申拉组(K_1q)、美日切错组(K_1m)及早白垩世中酸性侵入岩等。

二、构造变形序列

构造变形序列是指前后相继的变形相转换在同一变形地质体中构成不同的构造群落的叠加顺序,也就是变形相在时间上的演变叠加顺序(单文琅等,1992)。通过对测区各尺度构造的综合分析与研究,根据它们的空间分布及彼此间的切割、叠加、改造、包容关系和大地构造演化背景不同,初步确定了它们彼此之间的生成顺序,在此基础上通过对沉积作用、岩浆作用和变质作用的综合分析,初步建立了测区的综合地质事件表(表5-4)。

表5-4 图区的综合地质事件表

<table>
<tr><th colspan="8">构造事件</th><th rowspan="2">沉积事件</th><th rowspan="2">岩浆事件</th><th rowspan="2">变质事件</th></tr>
<tr><th colspan="2">时代</th><th>阶段</th><th>世代</th><th>体制</th><th>构造组合类型</th><th>运动方向</th><th>变形相</th></tr>
<tr><td colspan="2" rowspan="3">第四纪</td><td rowspan="3">高原隆升阶段</td><td>D_7</td><td rowspan="2">伸</td><td>走滑调整构造组合</td><td></td><td rowspan="6">浅部变形相</td><td>第四纪走滑拉分盆地</td><td rowspan="4"></td><td rowspan="4">碎裂岩型动力变质</td></tr>
<tr><td>D_6</td><td>东西向引张构造组合</td><td>←→ W E</td><td>南北向裂堑盆地</td></tr>
<tr><td rowspan="2">D_5</td><td rowspan="2">缩</td><td rowspan="2">逆冲推覆调整构造组合</td><td rowspan="2">→← S N</td><td rowspan="2">压陷盆地(Nk)</td></tr>
<tr><td colspan="2">新近纪</td><td rowspan="3">碰撞造山阶段</td></tr>
<tr><td colspan="2">古近纪</td><td>D_4</td><td>伸</td><td>伸展裂陷构造组合</td><td>←→ S N</td><td>山间断陷盆地(E_1j)</td><td>酸性岩浆侵入活动(E_3)</td><td>接触变形作用</td></tr>
<tr><td rowspan="2">白垩纪</td><td>上统</td><td>D_3</td><td rowspan="3">缩</td><td>逆冲推覆构造组合</td><td>→← S N</td><td>前陆磨拉石盆地沉积(K_2j、K_2a)</td><td>酸性岩浆侵入(K_2)</td><td rowspan="3">面型动力变质、埋深变质、热接触变质</td></tr>
<tr><td>下统</td><td rowspan="2">挤压汇聚阶段</td><td rowspan="2">D_2</td><td rowspan="2">南向消减构造组合</td><td rowspan="2">→← S N</td><td rowspan="7">上(中)部变形相</td><td>残留盆地沉积(J_3K_1s)</td><td rowspan="2">岛弧型火山活动及酸性岩浆侵入活动(J_3、K_1)</td></tr>
<tr><td rowspan="3">侏罗纪</td><td>上统</td><td>活动陆缘、弧后盆地沉积(J_2d、J_3r、J_3K_1Z、K_1d、K_1l)</td></tr>
<tr><td>中统</td><td rowspan="3">裂解拉张阶段</td><td rowspan="3">D_1</td><td rowspan="3">伸</td><td rowspan="3">伸展构造组合</td><td rowspan="3">←→ S N</td><td rowspan="2">被动陆缘、有限洋盆沉积(J_1q、J_2s、JM)</td><td rowspan="2">扩张环境超基性—基性岩浆活动</td><td rowspan="2"></td></tr>
<tr><td>下统</td></tr>
<tr><td>三叠纪</td><td>上统</td><td>裂陷初期碎屑岩碳酸盐沉积(T_3t、T_3R)</td><td></td><td></td></tr>
<tr><td colspan="2">二叠纪</td><td rowspan="2">稳定陆壳形成阶段</td><td rowspan="2"></td><td rowspan="2"></td><td rowspan="2"></td><td rowspan="2"></td><td rowspan="2">稳定型陆表海沉积(石炭—二叠系各组)</td><td rowspan="2"></td><td rowspan="2"></td></tr>
<tr><td colspan="2">石炭纪</td></tr>
</table>

(一)构造序次的划分

1. 断裂构造序次

在充分研究主变形期构造的基础上,根据断裂性质、空间展布方向、彼此切割关系及其多期次活动特征,归纳出七个世代的断裂系。

(1)近东西向张性断层系(D_1)

为测区最早一个时代的断裂活动,它是图区裂解拉张阶段的断裂活动,其痕迹仅局部残存,且被包容于构造混杂带或后期断裂带中(F_9、F_{13}、F_{18}、F_{21}、F_{25}中留有遗迹),故其断层痕迹难于觅迹,局部蛇绿岩残片中的近南北向拉伸线理亦可能是该世代形成。当然,各蛇绿岩残片近东西向展布,本身亦是张裂(超壳断裂)的证据。

(2)近东西向韧脆性北向逆冲断层系(D_2)

该期断裂活动特征受后期断裂改造被包容于F_8、F_9、F_{11}、F_{12}、F_{13}、F_{14}、F_{18}、F_{21}等断裂带中。这些断裂在主变形期有较强烈活动而主要表现为主期断裂特征，早期断裂活动特征仅局部残存，它可能为挤压汇聚阶段北向逆冲断裂标志的残留。

(3)近东西向韧-脆性南向逆冲断层系(D_3)

近东西向韧-脆性南向逆冲断层系断裂标志在测区有所保留，主要表现为韧性-脆性南向逆冲断裂，受后期断裂破坏亦较严重。明显具韧-脆性断裂特征的有F_2、F_5、F_7、F_9、F_{10}、F_{11}、F_{13}、F_{14}、F_{16}、F_{18}、F_{20}、F_{21}等。它可能为碰撞造山阶段早期形成，同时受到了后期断裂的叠加和破坏。

(4)近东西向正断层系(D_4)

近东西向正断层系为由南向北的正向滑动断裂，受后期大规模南向逆冲断裂破坏而残留。致使断裂大多表现主期断裂特征。F_8、F_9、F_{10}、F_{14}、F_{16} F_{17}、F_{18}、F_{21}、F_{25}等断裂带中均保留有北倾正断层的标志，可能是碰撞造山阶段中晚期应力松弛过程中的正断层活动标志，它控制了古近系江巴组和纳丁错组在图区的分布，同时为火山岩的形成提供了通道。

(5)近东西向脆性南向逆冲断层系(D_5)

断裂活动特征在测区有强烈的表现，测区绝大部分近东西向脆性断裂均表现出南向逆冲断层的特征，显示出主期变形的特点(如F_5、F_8、F_9、F_{11}、F_{13}、F_{14}、F_{17}、F_{18}、F_{21}、F_{25}、等)，大多数断裂是在继承先期断裂某些特征的基础上的再度活动，并将早期断裂叠加改造，似乎是碰撞造山晚阶段的断裂活动。

(6)南北向正断层系(D_6)

测区近南北向正断裂均属之，典型代表为陆谷扎那断裂(F_1)、则欠拉断裂(F_{15})。它们是近南北向裂堑盆地的控制性断裂。是碰撞造山阶段末期由于近南北向持续挤压而诱发的近东西向引张所致。

(7)北西和北东向走滑断层系(D_7)

北西向断裂表现为右行走滑断裂，而北东向断裂为左行走滑断裂，尤以北西向右行走滑断裂最发育，它们组成了“X”型共轭走滑断层系，测区大部分北西和北东向断裂均属该断层系(如F_3、F_4、F_6、F_9、F_{19}、F_{21}、F_{22}、F_{24}、F_{26}、F_{27})。它们可能是碰撞造山期后走滑调整阶段的产物。并将前期断裂斜切而使其发生位移；使早期近南北向裂堑盆地产生变位，同时形成一些北西向第四纪走滑拉分盆地(典型代表为白弱错、基步查卡错)。

2. 褶皱构造序次

根据不同尺度的褶皱构造类型、褶皱样式、褶皱的空间分布特征、叠加褶皱类型结合区域构造不同演化阶段的不同变形环境应形成不同类型的褶皱组合的原则进行构造解析和综合分析，初步划分出七个世代的褶皱构造。

(1)顺层掩卧褶皱群落(D_1)

顺层掩卧褶皱群落仅见于古生代构造建造单元和木嘎岗日岩群中。主要为顺层掩卧平卧褶皱、顺层掩卧不协调褶皱、顺层掩卧无根褶皱等。局部发育南北向拉伸线理，无轴面劈理伴生。为伸展背景下形成的“褶叠层”褶皱构造，形成于裂谷拉张时期的地壳中上层次。

(2)斜歪-同斜相似褶皱群落(D_2)

不同程度发育于古生代、上三叠统—上侏罗统各构造建造单元内。主要为斜卧褶皱，斜歪相似褶皱、同斜倒转褶皱。褶皱轴向近东西向，轴面倾向南，轴面劈理不发育，变形面主要为层理面。混杂带内可出现劈理面，形成于挤压汇聚阶段南向消减背景下的中—上层次。

(3)同斜-斜歪等厚褶皱群落(D_3)

同斜-斜歪等厚褶皱群落不均匀分布于上三叠统—上侏罗统及少量古生界各不同构造建造单元中。褶皱类型主要有斜歪褶皱、斜歪相似褶皱、斜歪同斜褶皱等，总体具有等厚褶皱特征。褶皱轴面北倾，枢纽近东西向，褶皱主要变形面为层理面，局部可见变形劈(片)理面，少量斜歪褶皱可发育轴面劈理，形成于碰撞造山阶段早期南向逆冲的中—上部构造层次。

(4)南北向斜歪-直立褶皱群落(D_4)

分布十分局限,主要为斜歪褶皱、直立褶皱,褶皱枢纽近南北向,轴面向西陡倾或直立,不发育轴面劈理,可能属碰撞造山过程中应力松弛阶段的南北向引张形成的上—浅部层次的褶皱群落。

(5)斜歪-直立褶皱群落(D_5)

不同构造建造单元内均有不同程度发育,尤以上侏罗统—古近系地层中最甚。褶皱类型有斜歪褶皱、直立紧闭褶皱、直立尖棱褶皱、直立褶皱等,主变形面为原始层理面,轴面劈理不发育,褶皱轴面向南陡倾或近直立,枢纽近东西向,形成于碰撞造山过程中地壳上—浅部构造层次。

(6)宽缓直立褶皱群落(D_6)

各不同填图单位中均有分布,主要为宽缓直立褶皱,轴面劈理不发育,轴面近直立—直立,枢纽近东西向;转折端宽缓—圆滑,褶皱变形面为层理面,常同轴叠加于早期褶皱之上形成叠加褶皱,似乎为碰撞造山晚期阶段的浅部褶皱变形。

(7)倾竖褶皱群落(D_7)

受构造带控制而局部出现,褶皱类型为倾竖斜歪褶皱、倾竖直立褶皱等,褶皱枢纽陡倾或直立,轴面陡倾—直立,平面上呈"N"型或不规则型,是北西向和北东向走滑断裂的从属褶皱,为走滑剪切背景下形成,可能属高原隆升阶段走滑调整的产物。

(二)构造群落的时空组合分析

上述七个世代的褶皱和断裂构造有其与之相关的小构造和微观构造,按时间顺序组成了七个世代不同性质的构造群落,综合反映了图区构造变形相的转换和构造群落的叠加顺序,这就是图区的构造变形序列。它从实质上综合反映了大畋的构造演化进程。

1. 伸展构造组合(D_1)

由顺层掩卧褶皱群落及早期张性断层系残迹和伴生的南北向拉伸线理组成。受后期多次变形叠加改造而不完整,与上覆构造层变形-变质不连续而显示为测区最早世代的变形。亭贡错组(T_3t)与下伏层的角度不整合时限提供了该期变形的时代下限属印支晚期。

2. 南向消减构造组合(D_2)

由近东西向韧脆性北向逆冲断层系及斜歪-同斜相似褶皱群落组成。受后期构造叠加改造,断裂特征被包容于后期断裂中而显示主变形期特点,它被近东西向、南向韧脆性断裂切割,从而指明了断裂变形的世序位置;褶皱群落的褶皱轴面多南倾,与主变形期褶皱轴面反向倾斜,其中少量叠加褶皱可以指明相应的褶皱世序位置。可能为挤压汇聚阶段(燕山中晚期)的产物。

3. 逆冲推覆构造组合(D_3)

由近东西向韧-脆性南向逆冲断层系和同斜-斜歪等厚褶皱群落组成。局部矿物生长线理、旋转碎斑及S-C组构亦属之。虽被后期构造强烈改造,但断裂特征仍有部分保留。以其切割该构造组合的改造、包容关系大致可确定本构造组合的世序位置。属挤压汇聚晚期的构造组合。

4. 伸展裂陷构造组合(D_4)

由近东西向正断层系和南北向斜歪-直立褶皱群落组成。它可能是碰撞造山过程中应力松弛产生近南北向的伸展裂陷的产物,据切割该构造组合的逆冲推覆调整构造组合的叠加改造关系确定了该构造组合的相对世序位置。

5. 逆冲推覆调整构造组合(D_5)

由近东西向脆性南向逆冲断层系及斜歪-直立褶皱群落组成。根据包容先期构造要素或对其进行变形变位改造、断裂与褶皱的关系、不同方向擦痕线理的关系及伴生褶皱特征确定了构造世序位置。形成于碰撞造山晚期或后期调整阶段自北向南的逆冲推覆过程中。

6. 东西向引张构造组合(D_6)

东西向引张构造组合由南北向正断层系和宽缓直立褶皱群落组成。是由于南北向的持续挤压而诱发的东西向引张背景下形成的断裂-褶皱构造系统，并导致近南北向裂堑盆地的发育。根据包容或切割先期构造要素及与后期构造的切割关系确定其构造世序位置。属碰撞造山后期近东西向伸展背景下的产物。

7. 走滑调整构造组合(D_7)

由北西和北东向走滑断层系和倾竖褶皱群落组成。由于北西及北东向断裂的剪切走滑作用导致枢纽近直立的倾竖褶皱及北西向第四系拉分盆地的发育，并对先期构造及近南北向裂堑盆地进行叠加改造而发生变形变位。据其切割先期构造的关系及石英自旋共振提供的断层年龄确定为测区最晚期的构造组合，属高原隆升阶段的产物。

(三)区域综合地质事件表建立

综上所述，图区自晚三叠世以来，在稳定陆壳的基础上，历经了裂解拉张、挤压汇聚、碰撞造山、高原隆升四个构造发展演化阶段，在拉伸、收缩交替更迭的构造体制下，形成了七个世代不同类型的构造组合，反映了不同运动方向和变形相，按时间的顺序排列便组成了图区的构造变形序列。而不同的构造演化阶段，在不同的构造体制下又具有不同的沉积事件、岩浆事件和变质事件。它们受不同构造演化阶段不同的构造变形环境控制，又是不同构造演化背景条件下的物质反映，将其有机地联系在一起建立了图区的综合地质事件表。

第四节　新构造活动特征

图区作为青藏高原的一部分，和年轻的青藏高原一样，新构造活动强烈。从空间上讲，图区新构造活动强烈，地貌分化明显，活动断裂发育，还有地震、地热的显示。但不同块、段新构造活动的强弱又存在着差异。从时间上讲，图区新构造活动和青藏高原在第四纪的构造演化一样，是分阶段性的。这就造就了高原隆升既有整体性，又具差异性和阶段性的特点，从而铸就了现今高原地貌。

一、新构造活动特征

(一)地貌特征

活动断裂控制，图区地貌分划明显，总体表现为南高北低向北倾斜的高原地貌，显示出断块翘起带和边界翘起带的基本特征。根据活动断裂和地貌的空间展布特征，测区可划分出若干挤压坳陷带和断块隆起区。

1. 山链与夷平面特征

区内各断块隆起区总体呈近东西向展布，总体表现为西高东低，南高北低，显示出南向逆冲引起的北向掀斜作用。铁格隆隆起，北东东—近东西向延伸百余千米，海拔高度 500～5 000m，呈北高南低之势，反应为南向逆冲的南向掀斜作用；达龙隆起近东西向横贯图区，海拔高度 5 000～6 000m，总体具南高北低的地貌特征，具南向逆冲边界翘起的特征；朵情—碰塔隆起近东西向横贯图区，海拔高度 5 000～6 200m，显示北高南低之势，为南向逆冲引起的南向掀斜所致。

坳陷区的海拔高度在 4 400～4 800m，总体特征为由南向北海拔高度由高变低，显示出由南向北的掀斜作用，这与断块隆起区反应的特征相一致。

测区发育两级夷平面，主夷平面高度 5 000～5 500m，大面积分布于图区各地，该级夷平面各时代地质体，在此区间海拔高程的山顶更是不计其数，该级夷平面可与区域上同级夷平面对比。在主夷平面之上还存在一级老夷平面（古夷平面），海拔高度 5 700～6 200m，它可与冈底斯山（5 900～6 200m）、绒布寺东西两侧（5 900～6 000m）、念青唐古拉侧（5 700～6 000m）等老夷平面对比，时代为渐新世至早中新世（据崔之久，1996）。区内夷平面高度差异是受活动断裂掀斜影响的结果。

2. 水系、盆地特征

图区均为内陆水系，汇入各坳陷区的湖泊之中。这些内陆水系规模均较小，延伸方向和弯折有近东西向、北西向、北东向、近南北向，它们分别受控于近东西向、北西向、北东向和近南北向的活动断裂，其中尤以北西向最为发育。这一配置格局，反映了测区新构造活动受控于近南北向挤压的统一应力场。

区内第四系盆地近东西向沿各坳陷带分布或隆起区的次级坳陷带分布，根据控盆边界断裂性质的不同，可进一步划分为压陷盆地（近东西向）、裂堑盆地（近南北向）、走滑拉分盆地（北西向为主，北东向次之），这些盆地的发育同样受控于测区不同方向和性质的活动断裂。以北西向第四纪盆地最为明显，受控于北西向右行走滑断裂。

区内湖泊众多，规模较小，主要有白弱错、搭拉木错、物玛错、错果错、次丁错、拉布错、查尔康错、虾嘎错、麻米错、基步查卡错等，不均匀分布于各坳陷区内，从湖泊的形态分布特征看，这些湖泊分别受控于近东西向、近南北向、北西和北东向活动断裂或其交汇部位，尤以北西向湖泊最为发育，明显受控于北西向活动断裂。

湖泊的海拔高程为 4 300～4 500m，最高为 4 800 余米（如次丁错），总体显示出隆起区湖泊的海拔高度相对坳陷区的湖泊要高，这可能是差异性隆升和掀斜作用的结果。

此外，区内各大湖泊周围湖蚀地貌发育，主要有湖蚀平顶山、湖蚀平台、湖蚀礼帽石、湖蚀崖等，海拔高度 4 800～5 000m，可能大致代表了古泛湖面的高度，也是现代高原面的海拔高度。

（二）构造特征

活动性断裂构造表现强烈，主要发育四组不同方向、不同规模、不同性质的活动断裂，即近东西向、近南北向、北西向和北东向四组，它们均受控于持续挤压的南北向统一应力场，是南北向持续挤压的统一应力场不同幕次的断裂表现形式。

1. 近东西向活动断裂

断裂活动特征在测区有强烈的表现，测区绝大部分近东西向脆性断裂均表现出南向逆冲断层的特征（如 F_5、F_8、F_9、F_{11}、F_{13}、F_{14}、F_{17}、F_{18}、F_{21}、F_{25}等），大多数断裂是在继承先期断裂某些特征的基础上的再度活动，经多次改造最后成型的断裂，除控制了图区各断块隆起区和坳陷区的分布外，还对近东西向第四纪压陷盆地具有明显的控制作用，第四纪以来的断块差异隆升进一步强化了这些断裂。图区不同断块上山链、湖泊的差异隆升间接反映了这些断裂的新构造活动，近东西向展布的第四纪冲、洪积扇亦反映了断裂的新构造活动。图区拉布错、查尔康错、茶卡错、虾嘎错等地近东西向定向排布的第四纪冲、洪积扇就是近东西向活动断裂活动的表现形式。这些新构造断裂叠加改造先期断裂，具有明显的继承性和包容性，是碰撞造山晚阶段近东西向断裂进一步活动所致。它控制了区内近东西向第四纪盆地的形成和发育及各断块隆起区的分布，属活动断裂是毋庸置疑的。

2. 近南北向断裂

是持续南北向挤压诱发东西向引张而产生的近南北向张性断层系。断裂活动区内有明显的表现，但规模较小，主要分布于隆起区的局部坳陷地带。图区内的则欠拉、搭拉不错、次丁错、错果错等地表现最明显。断裂多表现为向东或向西陡倾的正断层。这些断层严格控制了南北向第四纪盆地的形成和发育，形成一系列南北向地堑式、半地堑式第四纪断陷盆地或谷地。它们将东西向的挤压坳陷带和隆起带分割成段而不能连续延伸。测区大部分南北向河流水系的发育亦明显受该方向断裂的控制。断裂标志以明显的断裂构造地貌和断层崖（或断层三角面）的存在为依据，其他直接标志因第四系覆盖严重难以寻觅。在航、卫片上断裂影像特征较清晰，多表现为南北向的线状影像图案，据此从影像特征及地貌标志等确定了该方向断裂的存在均为向盆地倾斜的正断层，它控制了近南北向裂堑（地堑式或半地堑式）盆地的形成和发育。断层多表现为向盆地或谷地陡倾的正断层。区内尤以则欠拉和次丁错东岸两断裂特征较为清楚。前者由两至三条近南北向断裂组成一正断层系，断裂带西侧为日松组；东侧去申拉组显示为向东陡倾的正断层特征，断层标志清楚，可见宽 5～10m 断层破碎带，带内主要由断层角砾岩、碎裂岩组成；断层地貌清晰，为南北向沟谷地貌。后者见于次丁错东岸，断层发育于盆地和山体的接合部位，断层地貌非常清楚，可见断层三角面或断层崖，据断层三角面产状可以确定为向西陡倾的正断层。它对次丁错半地堑式断陷盆地的形成和发育具有明显的控制作用。

3. 北西和北东向共轭走滑断层系

由北西向右行走滑断层和北东向左行走滑断层组成的共轭走滑断层系，区内以北西向右行走滑断裂为主，北东向左行走滑断裂次之。前者以年谷断裂（F_{19}）、阿日阿断裂（F_{22}）、它弄尼勒断裂（F_{24}）、区新拉断裂（F_{26}）、曲索玛断裂（F_{27}）为代表；后者以赛尔角断裂（F_4）、亭贡拉断裂（F_6）最具代表性。断层标志表现为规模不一的断层破碎带，带内主要由断层角砾岩、碎裂岩、断层泥质物组成，破碎带宽数米至数十米不等；卫片影像特征和断层地貌标志明显，各断裂的主要特征见表 5－2。断层普遍切割了先期断裂或不同时代的地质体，并使其产生左行（北东向）或右行（北西向）位错。部分断裂还具有包容性，如年谷断裂带中就包含有早期韧-脆性断层活动形成的糜棱岩化类岩石。这些断裂明显控制了北西向第四纪沉积盆地和湖泊的形成和发育。图区内的白弱错、麻米错、基步查卡错、查尔康错等湖泊（沉积盆地）的形成与北西向右行走滑断裂具有密切的联系。

上述四组断裂协调处于南北向挤压的统一应力场中，表明区内新构造活动源于南北向的持续挤压。

（三）地震、地热特征

区内地震活动不甚强烈，历史地震仅在麻米错和拉布错两地有所表现，地震裂度为 5～5.9 级，从地震震中的分布特征看，可能与北西向或北东向走滑性活动断裂有关。关于地震活动的特点，图区资料几乎没有，不便深入探讨，但从区域上历史地震震中的分布规律看，除受控于近东西活动断裂外，还受控于近南北向、北西向和北东向活动断裂及其它们的交接部位。尤其是具有相当规模切穿近东西向活动断裂的近南北向断陷区（带）是地震最强烈的地带。而图区这种构造虽有发育，但规模小，未切穿近东西向活动断裂，这也许是地震活动不频繁和不强烈的原因。

地热表现不明显，区内未见地热的天然露头，几乎所有的地下水均以冷泉的形式出露，从泉眼的分布特征看它们多分布于各坳陷区内，泉眼或泉群近东西向或北西、北东向分布，显然与近东西向、北西、北东向活动断裂有关。

二、新构造活动与高原隆升

测区属青藏高原不可分割的一部分，其新构造活动特征自然与整个青藏高原的新构造活动有着密不可分的联系。尽管不同作者对青藏高原急剧隆升的时间认识尚不完全一致，但近期研究动向趋向于第四纪以来。韩同林在《西藏活动构造》一书中，从地貌学、沉积学、古生态学、构造学等方面对青藏高原隆起的时代有过详细的论述，认为青藏高原的隆起时代为上新世末至更新世初，其隆起幅度各个时期是不相同的，具有整体性、差异性和阶段性的特点。

（一）高原隆升的整体性

青藏高原隆起的同时，测区亦随时隆起，形成一系列低缓的丘陵山地和星罗棋布的湖泊、宽缓的谷地等，构成典型的缓坡地貌（或高原平原-丘陵地貌）。李吉均等根据构造、地貌、地层、古脊椎动物、孢粉、古土壤和古雪线等方面资料，将高原隆升划分为早更新世、中更新世、晚更新世以来三个阶段，每阶段的隆升幅度分别为 1 000m、1 000m、1 700m，自第四纪以来整体隆升幅度达 3 700m。区内存在二级夷平面，高一级夷平面为山顶面，海拔 5 700～6 200m。主夷平面表现为平缓的山原面，海拔高度 5 000～5 500m。与夷平面形成时期相关的沉积，测区未见出露，但在区域上，前人发现有上新世早期产森林型三趾马及孢粉化石的湖相沉积，推测当时的海拔高度在 1 000m 左右，以此为基础，如果将测区分布的海拔在 4 588～4 953m的康托组河湖相沉积与之类比，不难得出自新近纪以来，测区的隆升幅度为 3 588～4 000m，将这两组数据进行算术平均，可得出测区的平均隆升幅度大于 4 000m。显然与前人推算的隆升幅度基本一致，其间存在的 200～300m 高差，可能恰好说明高原内部不同地区，其隆升幅度是不尽相同的，这正是高原隆升的整体性和差异性的具体体现。区内部分第四纪盆地或湖泊（查尔康错）周边有新近系康托组分布，说明该盆地可能是在继承第三纪盆地的基础上发展而成的继承性第四纪盆地，海拔高度为 4 450～4 850m，虽然盆地的原始海拔高度难以考证，但根据原始高原面的海拔高度概算，其隆升幅度亦在3 450～3 750m；河流水系形态表现为"U"或"V"型谷地，河流侵蚀以底浸和塑源侵蚀为特征，它们从另一个角度反映了测区高原隆升的整体性特点。

综上所述，测区作为青藏高原不可分割的一部分，和整个青藏高原一样，具有隆升幅度大、范围广的整体性特点。

（二）高原隆升的差异性

高原隆升的差异性主要表现在不同的地区（域）高原隆升的幅度是不完全相同的，就是在图区内的表现也是明显的。当然，这种差异性是相对的、从属的。

从测区古夷平面的分布高度看，同级夷平面在测区的海拔高度是不相同的，主夷平面为 5 000～5 500m，高一级夷平面为 5 700～6 200m，同级夷平面的分布高度相差最大达 500m 左右。现代湖泊的海拔高度也不相同，隆起区的湖泊高度一般在 4 672～4 866m 之间，坳陷区的湖泊高度在 4 300～4 500m 之间，相差 300m 左右。断块隆起区的海拔高度一般在 5 000m 以上，而坳陷区的海拔高度在 4 300～4 800m 之间，即使是同一隆起区或坳陷区不同的地域，它们的海拔高度也不尽相同，这些都是差异性隆升在图区的具体表现。

另外，在各大湖泊的周围，湖蚀地貌极为发育，主要有湖蚀平顶山、湖蚀平台、湖蚀礼貌石及古湖崖线，它们在测区分布的海拔高度为 4 800～5 000m，同样反映出差异性隆升的幅度可达 200m 左右。这一海拔高度可能代表了古泛湖期图区的湖面高度。关于古泛湖期的时代因资料不多，难以深入探讨。据韩同林的研究应为中更新晚期。图区还发育一至五级阶地，同级阶地在图区不同的地方的海拔高度亦不相同，揭示了差异性隆升更细微的佐证。

综上所述，测区的差异性隆升极为明显，但不同的地域隆升的强度是不一样的，它与新构造断裂活动有着密切的联系。差异性隆升的结果，导致了区内同期的夷平面、古泛湖面等的裂解，同时被抬升至不同的海拔高度。

（三）高原隆升的阶段性

高原隆升除了空间上的整体性和差异性外，在时间上还具有明显的阶段性，不同的阶段其隆升的速率和幅度是不相同的。李吉均等曾根据构造、地貌、地层、古生物、孢粉、古土壤和古雪线等方面的资料，推算出第四纪各时期的上升量分别为：早更新世，1 000m；中更新世，1 000m；晚更新世以来 1 700m，且隆升的速率和幅度与新构造活动的强度呈正相关。

有关阶段性隆升方面的资料不多，现据仅有资料结合区域资料作简要探讨。区域上新近纪末以来各不同时期的角度不整合反映了高原隆升的阶段性，区内湖积阶地的发育、湖堤环的疏密不等，乃是图区阶段性隆升更细微的佐证。区内存在 4 800～5 000m 的古大湖面，据前人研究，古泛湖期为中更新世晚期，当时的海拔高度在 3 000m 左右，按此计算，晚更新世以来，图区隆升 1 800～2 000m，这与李吉均的估算结果（1 700m）接近，高出的 100～300m 可能是差异性隆升所致。

（四）高原隆升的时代和幅度

高原隆升的幅度在不同的地域及不同时期是不尽相同的，李吉均等根据有关资料，估算出各时期的上升幅度分别为：早更新世，1 000m；中更新世，1 000m；晚更新世以来 1 700m；以各时期的隆升幅度除以各时期的时间跨度，可得出早更新世、中更新世及晚更新世以来的隆升速率分别为：0.40mm/a；18.18mm/a；113.33mm/a；整体隆升幅度3 700m，隆升速率1.423mm/a。图区晚更新世以来，古大湖面隆升1 800～2 000m，可以推算出更新世以来的隆升速率为120～133.33mm/a，新近纪末以来，总体隆升3 800～4 000m，除以2.6Ma得出的整体隆升速率为1.462～1.538mm/a。这些计算结果分别与李吉均的推算结果是接近的。由此可见，自第四纪初以来，高原隆升具有急剧加速隆升的特征。

总之，图区与整个青藏高原一样，具有隆升幅度大、范围广的整体性，断块差异升降、掀斜的普遍性和分阶段、跳跃式、加速隆升的特点。作为地球上最年轻的高原，新构造活动尚未停息，隆升仍在继续进行。

第五节　地质发展史

测区跨及三个一级构造单元——冈底斯—念青唐古拉板片北部、班公错—怒江结合带、羌塘—昌都板片南缘，其地质发展、演化历史主要反映了中特提斯洋和新特提斯洋形成、发展、消亡及其碰撞造山和碰撞期后的高原隆升的历史。根据图区沉积建造、岩浆建造、变形变质等多方面的宏观和微观资料，结合区域资料进行了深入的综合分析与研究，重塑了图区的地质发展历史（图5-29）。总的来讲，它与青藏高原特提斯的构造演化有着密不可分的联系，曾经经历了稳定陆壳形成阶段、裂解拉张阶段、挤压汇聚阶段、碰撞造山阶段和高原隆升阶段等漫长复杂的大地构造演化过程，形成现在构造格局。

一、稳定陆壳形成阶段（Pz）

石炭—二叠纪，图区处于冈瓦纳古陆北缘、劳亚古陆南缘，主要为稳定一次稳定陆壳的形成，区内石炭—二叠系各组的浅海碎屑岩和台地碳酸盐岩沉积（包括永珠组、拉嘎组、下拉组、曲地组、展金组、龙格组）就是该时期的陆表海沉积。由于二叠纪末的华力西构造运动，整体抬升成陆，成为中生代沉积盆地的基底。从岩性组合特征看，测区不同构造单元中的古生代地层具有极大的相似性，区域上与相应层位的地层亦可类比，说明这些古生代陆壳残片（碎片）在三叠纪之前是连为一体的，从化石组合看，既有冷水型分子，也有暖水型分子，具有冷、暖型共存的过渡型化石组合特征。说明在三叠纪之前，羌塘—昌都板片和冈底斯—念青唐古拉板片并没有分离，其间为陆表海相连，要想在区内找到两大陆的具体分界线，似乎是不可能的，也是不客观的。

二、裂解拉张阶段（T_3—J_2）

晚三叠世至中侏罗世，测区处于裂陷拉张阶段，由于裂解拉张导致陆壳分离，测区“三分天下”的构造格局形成，古生界陆壳演变为晚三叠世—侏罗纪盆地的陆缘基底。早—中三叠世随着古特提斯洋壳的剪切俯冲，并最终于晚三叠世消亡，羌塘—昌都板片与欧亚大陆板块碰撞拼贴为一体，结束了古特提斯的形成、演化历史，同时揭开了中特提斯的演化序幕。图区亭贡错组（T_3t）河流相红色磨拉石沉积与下伏古生界地层的角度不整合既标志着古特提斯洋的彻底消亡，又代表了图区裂解初期的沉积。晚三叠世至中侏罗世，随着中特提斯洋盆的不断扩张，先后于盆地北缘沉积了具被动陆缘性质的陆棚浅海相碎屑岩、碳酸盐岩（T_3R）和次深海环境的斜坡-盆地相的类复理石沉积（J_1q、J_2s）；在深海区内（铁杂—日雍和姐尼索拉—拉嘎拉）则形成木嘎岗日岩群（JM）深海相含硅质岩复理石沉积，扩张轴部伴有基性、超基性岩浆活动（蛇绿岩的形成）。隐含于造山带中的早期正断层遗迹顺层掩卧褶皱可能为该裂解拉张阶段的构造表现形式。此时，图区发育两条裂解扩张带——铁杂—日雍蛇绿岩带和姐尼索拉—拉嘎拉（古昌）蛇绿岩带。从蛇绿岩的岩石组合、发育程度、岩石学、岩石化学和地球化学特征分析，它们不具有世界典型的洋脊蛇绿岩特征，而显示出洋脊—洋岛环境，表明班—怒带的扩张是有限的，是有限扩张背景下发育而成的局限洋盆。两条蛇绿岩带的空间展布特征、蛇绿岩组合及蛇绿岩赖以存在的基质木嘎岗日岩群等方面都反映出明显的差别，其中姐尼索拉—拉嘎拉蛇绿岩带横向延伸极不稳定，基质不发育甚至具有明显的脱基现象，其规模也远不及铁杂—日雍蛇绿构造混杂岩带，该带是班公错—怒江洋盆的一个分支或是冈底斯—念青唐古拉板片北缘的一个弧后次级扩张带？因资料有限尚难定夺。但它们具有相同或相似的蛇绿岩组合和

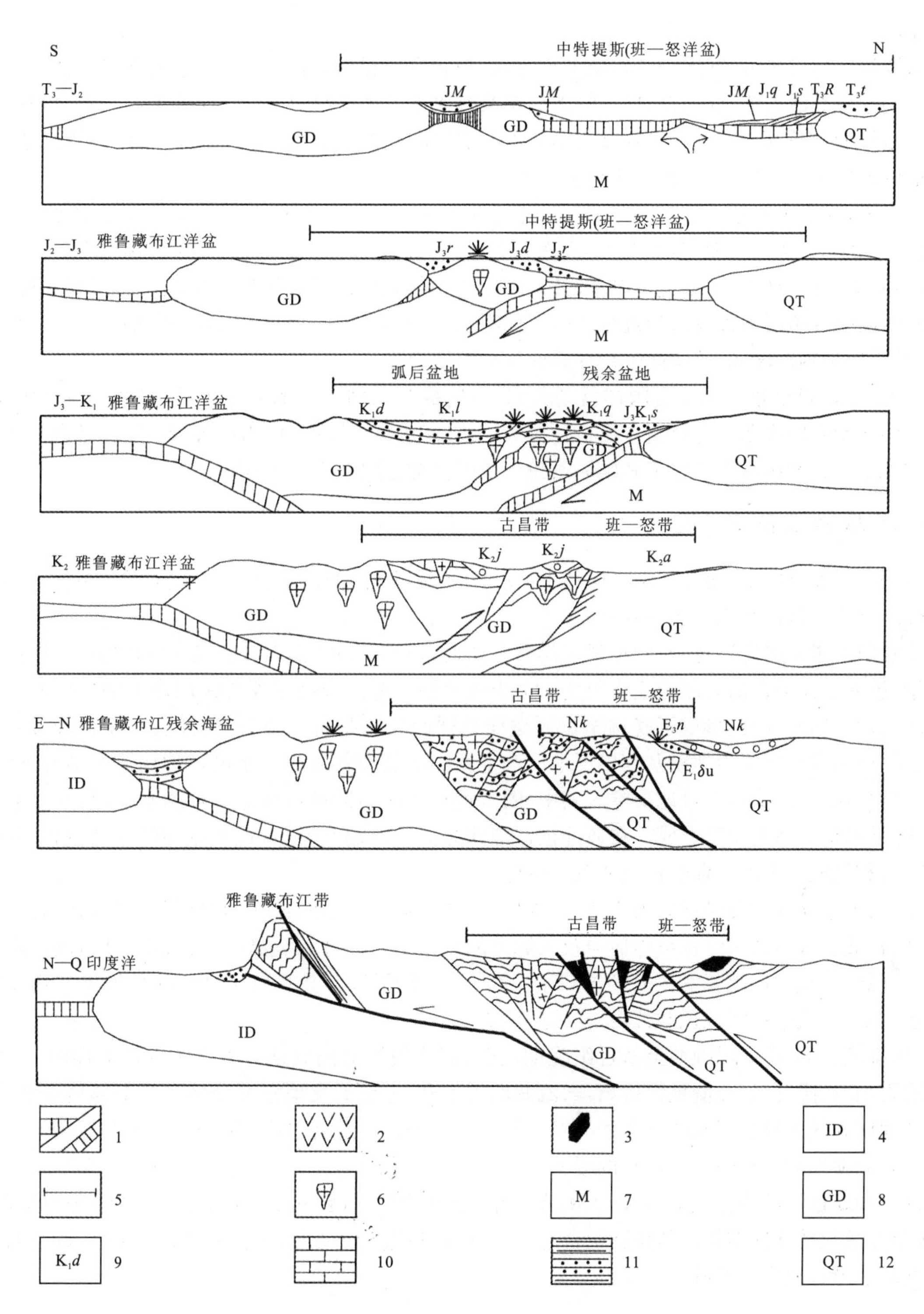

图 5－29　测区构造演化模式图

1. 洋壳或准洋壳；2. 钙碱性火山岩；3. 蛇绿岩残片；4. 印度板块；5. 图区位置；6. 中酸性侵入岩；
7. 上地幔；8. 冈底斯板片；9. 地层代号；10. 碳酸盐岩建造；11. 碎屑岩建造；12. 羌塘板片

$^{39}Ar-^{40}Ar$同位素年龄，表明蛇绿岩的形成环境、形成就位时限是相同和基本同步的。

三、挤压汇聚阶段(J_3—K_1)

晚侏罗世测区的构造体制开始由拉张向挤压体制转化，揭开了洋陆转换的序幕，这一洋—陆转换作用过程大致于晚侏罗世至早白垩世完成。多仁组(J_3d)及日松组(J_3r)中钙碱性系列火山岩就是南向俯冲汇聚早期的岩浆活动的表现形式；沙木罗组(J_3K_1s)与下伏地层的角度不整合标志着各块体间的拼贴聚合作用基本完成。

晚侏罗世—早白垩世，图区处于挤压汇聚背景，随着班公错—怒江洋壳（中特提斯）南向剪切俯冲，首先在其南侧形成具活动陆缘（岛弧）性质的多仁组及日松组含钙碱性中基性火山岩的碎屑岩。至晚侏罗晚期—早白垩早期，中特提斯洋盆明显萎缩，形成沙木罗组滨浅海相碎屑岩残余盆地沉积，同时在麻米错西侧局部地段形成则弄群（J_3K_1Z）酸性火山岩—碎屑岩沉积。

早白垩世，随着班公错—怒江洋壳对冈—念板片南向俯冲加剧，岛弧岩浆活动十分强烈，去申拉组（K_1q）岛弧型钙碱性火山岩及早白垩世岛弧系列闪长岩（$K_1\delta$）、石英闪长岩（$K_1\delta o$）、花岗闪长岩（$K_1\gamma\delta$）形成，并在岩浆弧的南侧（弧后）形成了以多尼组、郎山组为代表的浅海碎屑岩和碳酸盐岩沉积。这一时期，早期近东西向张性断层系被改造为近东西向压性断层系，形成近东西向、北向逆冲断层系。区内蛇绿岩构造侵位，并受后期构造破坏、肢解而呈残片状或构造移置岩片。

早白垩世末，班公错—怒江有限洋盆消失殆尽，完成“三分归一”的演化历程，羌塘—昌都板片、班公错—怒江结合带和冈底斯—念青唐古拉板片拼为一体，海水撤出图区，作为班公错—怒江结合带在图区的遗迹——铁杂—日雍构造混杂岩带和姐尼索拉—拉嘎拉构造混杂岩带形成。

四、碰撞造山阶段（K_2—N）

晚白垩世至新近纪末，图区处于碰撞造山阶段，上白垩统陆相红色磨拉石沉积地层与下伏地层的角度不整合标志着测区碰撞造山作用的开始。

随着晚白垩世末的构造运动，中特提斯洋彻底消亡，开始了新特提斯洋的聚合演化历史。图区自晚白垩世开始，进入了碰撞造山阶段的演化历史。由于班公错—怒江残余洋壳继续向南下插于冈底斯—念青唐古拉之下，在结合带南侧形成了晚白垩世同碰撞系列的二长花岗岩（$K_2\eta\gamma$）、钾长花岗岩（$K_2\xi\gamma$）。早白垩世末的构造运动使图下白垩统及其以下地层产生强烈褶皱、断裂，晚白垩世末的构造运动使这些褶皱、断裂进一步强化，并使晚白垩世地层卷入其中，图区近东西向逆冲推覆构造组合基本形成，并改造了前期构造，测区基本构造格架业已形成。在逆冲推覆带前缘形成前陆盆地，发育河流相红色磨拉石-复陆屑建造。阿布组和竟柱山组就是前陆盆地的沉积响应。

古近纪，由于逆冲推覆晚期应力松弛，陆内伸展调整，形成了第四世代的伸展裂陷构造组合。在区内江巴组（E_1j）酸性火山岩夹红色粗碎屑岩及区域上的牛堡组（$E_{1-2}j$）红色碎屑岩沉积之后，局部还有纳丁错组（E_3n）碱性火山岩的喷发和闪长玢岩（$E_3\delta\mu$）侵入。新近纪，上叠晚白垩世前陆盆地进一步发展形成山间断陷盆地，形成康托组红色磨拉石-复陆屑建造。

陆-陆碰撞后期，古近纪晚期至新近纪晚期，随着印度板块对冈底斯—念青唐古拉板片的 A 型楔入，使高原地壳加厚、隆升、岩石圈地幔拆离，软流圈地幔上升，导致富集地幔部分熔融和上部地壳裂陷，导致区域上富钾质和区内碱性岩浆的侵入和喷发。与这一时期有关的沉积，区内未曾见及，但局部有纳丁错组碱性火山岩的喷发和小规模闪长玢岩的侵入。

古近纪和新近纪的构造运动，使图区阿布山组、竟柱山组、江巴组、纳丁错组、康托组等地层褶皱、断裂，形成第五世代的逆冲推覆调整构造组合，并对先期构造进一步改造或重新活动，从而为近东西向第四纪压陷盆地的形成奠定了基础。

五、高原隆升阶段（N—Q）

新近纪末以来，随着印度板块向北 A 型楔入的加剧，测区乃至整个青藏高原进入了急剧隆升时期——高原隆升阶段。

据图区有限的资料结合区域分析，高原隆升的时间大约在新近纪末—更新世初。实际资料表明，图区自晚白垩世以来就已上升成陆，遭受了长期的剥蚀和夷平，但并没有大幅度的隆升。众多研究成果表明，真正大幅度隆升的时间是早更新世末至中更新世初，区域上中更新统与下伏地层的角度不整合及区内活动断裂、第四纪沉积盆地和断陷湖盆的发育似乎提供了佐证。中晚更新世处于相对稳定时期，气候变暖，冰雪融化，湖水高涨，犹如浩瀚大海，这就是藏北的泛湖期。晚更新世，区域上又有一次强烈的构造运动，表现为全新统与下伏各地层的不整合，古大湖解体，并快速萎缩。

如前所述，新构造活动是造成青藏高原大幅度隆升的主要原因。根据主夷平面时间（3.6Ma B P）、黄土开始堆积（2.6Ma B P）以及青藏高原进入冰冻圈（0.8Ma B P），李吉均等推算出高原分别在上述时间的隆升幅度达到1 000m、1 500m和3 000m。图区现代高原面的海拔高度4 400～4 800m，据此推算，自更新世初以来隆升的幅度就达到了3 400～3 800m。当然，不同时期、不同地域其隆升幅度是不同的，既具有整体性又具有差异性和阶段性的特点。

第六章　结　语

一、取得主要地质成果

1. 对图区岩石地层系统进行了重新划分厘定

查明了图区各构造地层区(分区)的地层系统,建立了相应的填图单元。共分为 3 个地层区,分别为冈底斯—腾冲地层区、班公湖—怒江地层区、南羌塘地层区。前者可进一步划分为班戈—八宿地层分区、物玛分区。共厘定正式填图单元 33 个,非正式填图单元 13 个,其中新建地层单位 1 个(亭贡错组),恢复使用江巴组(E_1jb),对接奴群进行了解体,解体为多仁组($J_{2-3}d$)和日松组($J_{2-3}r$)。

(1)在南羌塘陆块内首次发现晚三叠世磨拉石建造,并新建岩石地层单位——亭贡错组(T_3t)。

亭贡错组(T_3t)分布于峡峡藏布—亭共错一带,西延入 1∶25 万物玛幅,地层出露宽度 3～6km,产状较陡,岩层倾角 50°～70°,稳定延伸 40km 以上。地层角度不整合于早三叠世欧拉组(T_1ol)变质砂岩之上,并被中白垩世阿布山组(K_2a)紫色砾岩角度不整合覆盖,厚大于 1 000m。岩性以浅灰—紫灰色杂色砾岩为主,夹少量灰色细—粗砂岩。岩石略显粒序层理。砾石成分以砂岩、灰岩、硅质岩、脉石英为主。砾径 5～15cm。次棱角—浑圆状,略显定向。砾石明显被后期剪切作用切断、错位。在粉砂岩夹层中获植物化石 *Neocalamites carcinoides*,*Neocalamites rugosus*,*Neocalamites* sp.,时代为 T_3。总体为一套河床-边滩相沉积。

亭贡错组(T_3t)的发现,对进一步完善羌塘地层区的地层系统、构造演化史将起到十分重要的作用。亭共错组(T_3t)的岩石组合面貌可与藏东地区甲丕拉组(T_3j)相对比,可能为印支造山运动(有可能包括龙木错—双湖结合带关闭造山在内)的产物;亭共错组(T_3t)与下覆地层角度不整合关系的发现,为羌塘陆块向羌塘盆地的转化提供了时代依据。

(2)对分布于班公湖—怒江结合带南侧的接奴群进行了解体,解体为日松组(J_3r)和多仁组(T_3d)。

多仁组(J_3d)以灰、浅灰、深灰色页岩、细砂岩、粉砂岩夹中酸性岛弧型火山岩(玄武安山岩、英安岩等)为特征,厚约 500m,与上覆日松组(J_3r)呈整合接触。

日松组(J_3r)以灰、浅灰、深灰色页岩、凝灰质细砂岩、粉砂岩为特征,厚约 400m,与上覆去申拉组(k_1q)呈整合接触。

(3)证实竟柱山组(K_2j)与江巴组(E_1jb)应为不同的岩石地层单位。江巴组应恢复其岩石地层单位,其位置应在竟柱山组之上。

竟柱山组(K_2j)在区内表现为典型红色磨拉石建造。且不含火山岩,下伏层为古生代、中生代地层。多为断裂盆地性质。

江巴组(E_1jb)在区内表现为一套酸性陆相火山岩组合,出露于物玛区一带,角度不整合于日松组($J_{2-3}r$)、去申拉组(K_1q)等层位之上。二者岩石组合面貌差异太大,不存在相变迹象。

(4)发现木嘎岗日岩群(JM)复理石-硅质岩建造被沙木罗组(J_3K_1s)陆源碎屑岩角度不整合覆盖,从而揭示班公湖—怒江结合带的关闭上限为 J_3—K_1。

(5)证实郎山组(K_1l)与下伏岩层存在一大型超覆接触界面。

在图区内,郎山组(K_1l)与下伏岩层多尼组(K_1d)间呈整合接触,与则弄群(J_3K_1Z)间呈平行不整合接触,与日松组(J_3r)间呈角度不整合接触,与古昌蛇绿岩群(JG)间呈角度整合接触,从而证实郎山组(K_1l)与下伏岩层间存在一大型超覆接触界面。

2. 对测区主构造带研究认为，测区构造单元表现为“一带二片”的构造格局

即羌塘—昌都陆块、班公错—怒江结合带和冈底斯—念青唐古拉陆块；班公湖—怒江结合带构造极性为向南消减。

（1）从测区沉积盆地性质及分布特征看，在班公湖—怒江结合带北侧的南羌塘陆块，自侏罗纪以来主要为被动陆源沉积，而在班公湖—怒江结合带南侧的冈底斯—念青唐古拉陆块，自侏罗纪以来主要为活动陆源沉积，见岛弧型中酸性火山岩分布。

（2）从侵入岩分布特征看，在班公湖—怒江结合带南侧的冈底斯—念青唐古拉陆块，主要分布以革吉复式花岗岩体为代表的岩浆弧系列（I 型）和造山系列岩石（S 型），而在班公湖—怒江结合带北侧的南羌塘陆块，主要分布后造山系列岩石。

3. 对图区分布的蛇绿岩进行了重点调查研究

（1）班公湖—怒江结合带。

班公湖—怒江结合带南北分别以日玛东—虾嘎错断裂和钻谷拉—萨古弄巴断裂为界。由以木嘎岗日岩群（*JM*）为代表的深水环境下形成的复理石-硅质岩建造、蛇绿岩建造所组成的木嘎岗日混杂构造岩相带和由古生代台地相碳酸盐岩下拉组（P_1x）、浅海相碎屑岩拉嘎组（C_2l）所组成的古生代残块构造岩相带共同构成班公湖—怒江结合带的构造格局。

该带蛇绿岩组成仅见有枕状和块状玄武岩、含放射虫硅质岩等，未见超镁铁质岩组合。枕状和块状玄武岩多呈构造块体出现，含放射虫硅质岩多覆于玄武岩之上或呈夹层赋存于复理石中。

发现木嘎岗日岩群（*JM*）复理石-硅质岩建造被沙木罗组（J_3K_1s）陆源碎屑岩角度不整合覆盖，从而揭示班公湖—怒江结合带的关闭上限为 J_3—K_1。

（2）在古昌蛇绿混杂岩带内首次发现斜长花岗岩，获 128Ma（Ar－Ar 法）年龄。

古昌蛇绿混杂岩带分布于古昌断隆带内，并被古生代地层岩块围限断续延伸。蛇绿岩组成部分有硅质岩、斜长花岗岩（首次发现）、变玄武岩、辉绿（长）岩墙（脉）、蚀变超基性岩、辉长岩等，在斜长花岗岩内获 128Ma（Ar－Ar 法）年龄；混杂岩主要由复理石岩块、火山岩块（变玄武岩）、碳酸盐岩及碎屑岩等组成，以中深层次构造变形为主。边界断裂由糜棱岩带、麻糜棱岩化带、片理化带构成，南北边界呈对冲形式。

（3）证实拉布错一带有蛇绿岩块存在，在辉绿岩中获 141Ma（Ar－Ar 法）年龄。

拉布错一带有一条蛇绿岩带呈近东西方向延伸，宽 0～1.5km，见变质橄榄岩、堆积杂岩、斜长花岗岩、岩墙群、变玄武岩、硅质岩组合，未见有连续剖面。蛇绿岩呈断块产出于侏罗系及二叠系地层中，并被早白垩世阿布山组角度不整合覆盖。在辉绿岩中获 141Ma（Ar－Ar 法）年龄，表明其构造侵位时期为侏罗系。

拉布错一带蛇绿岩块与围岩呈断层接触、各岩块独立存在，将其与南侧班公湖—怒江结合带、古昌蛇绿混杂岩带中存在的蛇绿岩进行岩石学、岩石化学、地球化学及同位素年代学的对比，发现各方面相似性极强，同位素年龄值基本一致，从而推测布错一带分布的蛇绿岩块为南侧班公湖—怒江结合带或古昌蛇绿混杂岩带中蛇绿岩块北向推覆的构造移植体（班公湖—怒江结合带可能性偏大）。

4. 图区火山岩、侵入岩的研究

（1）对测区火山岩划分出 5 个构造火山岩带，分别代表不同的大地构造背景。

①铁格隆—查尔康错曲色组（J_1q）、色哇组（J_2s）基性火山岩带，分布于铁格隆—查尔康错一带曲色组（J_1q）、色哇组（J_2s）深水—半深水环境类复理石-硅质岩-基性火山岩建造内，呈岩片或夹层形式产出。其构造环境判别为大洋环境。

②亭共错—打不让纳丁错组（E_3d）碱性火山岩带，分布于班公湖—怒江结合带以北，断续产出，岩石类型主要有紫红色安山质火山角砾岩、粗玄岩、玄武质火山角砾岩。厚度大于 100m。同位素测年为 31Ma。

③达塞错—虾嘎错大洋型基性火山岩带，分布于木嘎岗日岩群深水—半深水环类复理石—硅质岩—

基性火山岩建造内，呈岩片或夹层形式产出。

④物玛岛弧型火山岩带，主要分布于班公湖—怒江结合带及以南地区，包括去申拉组、日松组，主要岩石类型有安山玄武岩、安山岩、英安岩、中—基性火山碎屑岩等，构造环境为岛弧，同冈底斯—念青唐古拉陆块内燕山期中酸性侵入岩一道构成了班—怒带的岩浆弧。

⑤古近纪陆相火山岩带，主要分布于班公湖—怒江结合带以南的冈底斯—念青唐古拉陆块内，包括江巴组(E_1jb)火山岩，岩石类型以陆相酸性、碱性火山岩为主，为陆内汇聚阶段的产物。

(2)对测区侵入岩划分出三个岩浆系列、九个岩石类型，即：岩浆弧序列、碰撞序列、后造山序列。岩浆弧序列包括细粒英云闪长岩、细粒石英闪长岩、中细粒石英二长闪长岩、细粒黑云母花岗闪长岩，碰撞序列包括中细粒黑云母二长花岗岩、中细粒黑云母正长花岗岩，后造山序列包括辉石闪长玢岩、闪长玢岩、石英闪长玢岩。

(3)对侵入岩、火山岩组合研究认为，构造背景相似的岩石类型呈区域性分布，与区内大地构造划分方案有良好的配套性。

①代表洋脊环境的基性火山岩、基性—超基性岩呈带分布，主要见于班公湖—怒江结合带和古昌蛇绿混杂岩带中。

②代表岛弧环境的中酸性火山岩、花岗岩密切共生并呈带分布，主要见于冈底斯—念青唐古拉陆块，反映出班公湖—怒江结合带向南消减的构造极性。

③陆内造山时间火山岩、侵入岩呈片分布，呈零星状态分布于整个图区。

二、存在的主要地质问题

(1)由于测区第四系覆盖严重，主边界断裂多从第四系覆盖区的负地貌通过，其主边界断裂特征不易观察，断裂带特征收集不够。

(2)亭共错组(T_3t)中生物化石较少，靠现有的植物化石还不能充分说明其时代依据和生物组合面貌。

(3)班公错—怒江结合带在测区分布虽广，但蛇绿岩保存较少，未见完整的蛇绿岩剖面，专题研究工作程度深入不够。

(4)少数测试成果的提供不够及时，给综合研究带来诸多不便。

综上所述，1∶25万物玛幅区调工作已按任务书和设计要求全面完成任务，获取了系统丰富的基础地质资料，并形成了一批中间性地质成果。但由于自然条件和其他条件限制，加之工作者水平有限，难免有遗漏、重复乃至谬误，敬请指正。

主要参考文献

薛纪渝,王华东.环境学概论[M].北京:高等教育出版社,1995.

曹圣华,廖六根,邓世权,等.西藏班公湖蛇绿岩组合层序、地球化学及其成因研究[J].沉积与特提斯地质,2005,25(3):34-38,42-47.

陈玉禄,江元生.藏班戈—切里错地区早白垩世火山岩的时代确定及意义[J].地质力学学报,2002,8(1):43-49.

陈玉禄,张宽忠.班公错—怒江结合带中段上三叠统确哈拉群与下伏岩系呈角度不整合接触的发现及意义[J].地质通报,2005,24(7):45-50.

地质矿产部.变质岩石1:5万区域地质填图方法指南[M].武汉:中国地质大学出版社,1991.

地质矿产部青藏高原地质文集.青藏高原地质文集(1)-(17)册[C].北京:地质出版社,1983-1985.

地质矿产部直属单位管理局.变质岩区1:5万区域地质填图方法指南[M].武汉:中国地质大学出版社,1991.

地质矿产部直属单位管理局.花岗岩类区1:5万区域地质填图方法指南[M].武汉:中国地质大学出版社,1991.

方洪宾,赵福岳.1:25万遥感地质填图方法和技术[M].北京:地质出版社,2002.

傅昭仁,蔡学林.变质岩区构造地质学[M].北京:地质出版社,1996.

顾知微,杨遵义.中国标准化石(1—5分册)[M].北京:地质出版社,1957.

何强,井文涌,王翊亭.环境学导论[J].北京:清华大学出版社,1994.

和钟铧,杨德明,王天武,等.冈底斯带扎雪石英二长斑岩体的地质特征及构造环境[J].沉积地质与特提斯,2004,24(4):34-38.

贺同兴,卢良,李树勋,等.变质岩石学[M].北京:地质出版社,1980.

黄成敏,王成善.古土壤发育与青藏高原隆升研究综述[J].地质科技情报,2001,20(4):45-49.

黄春长.环境变迁[M].北京:科学出版社,2000.

黄立言,卢德源,李小鹏,等.藏北色林错—蓬错—雅安多地带的深部地震测深[C]//西藏地球物理文集.北京:地质出版社,1990.

李本亮,夏邦栋,孙岩.青藏高原比如地体与措勤地体相对古构造位置判别[J].大地构造与成矿学,2000,24(1):32-38.

李才,程立人,等.西藏龙木错—双湖古特提斯缝合带研究[M].北京:地质出版社,1995.

李昌年.火成岩微量元素岩石学[M].武汉:中国地质大学出版社,1992.

李春昱,郭令智,朱夏,等.板块构造基本问题[M].北京:地震出版社,1986.

李德威.大陆构造样式及大陆动力学模式初探[J].地球科学进展,1993,8(5):88-93.

李德威.大陆构造与动力学研究的若干重要方向[J].地学前缘,1995,2(1-2):141-146.

李德威.再论大陆动力学[J].地球科学,1995,20(1):45-52.

李光明,冯孝良,黄志英,等.西藏冈底斯中段中生代多岛弧—盆系及其大地构造演化.沉积与特提斯地质[J].2000,21(4):38-46.

李继亮.滇西三江带的大地构造演化[J].地质科学,1988(4):337-345.

李继亮.碰撞造山带的大地构造相[M].南京:南京大学出版社,1992.

李继亮.碰撞造山带的大地构造相[M].南京:南京大学出版社,1992.

李建兵.西藏麦嘎生态旅游资料及可持续开发探讨[J].西藏地质,2002(2):21-28.

李小平,夏应菲,杨浩.安徽宣城第四纪红土剖面的全氧化铁含量及其古环境意义[J].江苏地质,1998(3):34-42.

梁斌,王全伟,冯庆来,等.川西鲜水河断裂带三叠系如上各组放射虫硅质岩的地球化学特征[J].地质科技情报,2004(1):47-51.

刘宝珺,李思田.盆地分析、全球沉积地质学、沉积学[M].北京:地质出版社,1999.

刘宝珺,李文汉.层序地层学研究与应用[M].成都:四川科学技术出版社,1994.

刘宝珺,曾允孚.岩相古地理基础和工作方法[M].北京:地质出版社,1985.

刘宝珺.沉积岩石学[M].北京:地质出版社,1980.

刘波,李光明,李胜荣.西藏冲江铜矿含矿岩体与非含矿岩体区分讨论[J].沉积地质与特提斯,2004,24(4):56-64.

刘和甫.伸展构造及其反转作用[J].地学前缘,1995,2(1):57－62.
刘鸿飞等.藏南晚白垩世滑塌堆积特征及形成机制[J].西藏地质,2001,19(1):57－63.
刘鸿雁.第四纪生态学与全球变化[M].北京:科学出版社,2002.
罗建宁,王小龙,李永铁,等.青藏特提斯沉积地质演化[J].沉积与特提斯地质,2002,22(1):7－15.
罗建宁.大陆造山带沉积地质学研究的几个问题[J].地学前缘,1994,1(1－2):38－44.
罗建宁.论特提斯形成与演化的基本特征[J].特提斯地质,1995(19):67－72.
罗照华,柯珊,谌宏伟.埃达克岩的特征、成因及构造意义[J].地质通报,2002,21(7):38－43.
马蔼乃.遥感信息模型[M].北京:北京大学出版社,1997.
马昌前,杨坤光.花岗岩类岩浆动力学——理论方法及鄂东花岗岩类例析[M].武汉:中国地质大学出版社,1994.
梅安新,彭望录,秦其明,等.遥感导论[M].北京:高等教育出版社,2002.
孟祥化等.沉积盆地与建造层序[M].北京:地质出版社,1993.
穆元皋,陈玉禄.班公错—怒江结合带中段早白垩世火山岩的时代确定及意义[J].西藏地质,2001(1):38－42.
欧阳克贵,谢国刚,肖志坚,等.西藏西部日松地区多仁组、日松组的建立及其地质意义[J].地质通报,2005,24(7):67－72.
潘桂棠,李兴振,王立全,等.青藏高原及邻区大地构造单元初步划分[J].地质通报,2002,21(11):21－26.
潘桂棠,王立全.青藏高原区域构造格局及其多岛盆系的空间配置[J].沉积与特提斯地质,2001,21(3):46－57.
潘桂棠,王培生.青藏高原新生代构造演化[M].北京:地质出版社,1990.
潘裕生.班公湖—怒江中段构造性质探讨[J].地质科学,1984(2):22－27.
潘裕生.青藏高原的形成与隆升[J].地学前缘,1999(3):49－58.
邱家骧,林景仟.岩石化学[M].北京:地质出版社,1991.
邱家骧.应用岩浆岩石学[M].武汉:中国地质大学出版社,1991.
全国地层委员会.中国区域年代地层(地质年代)表说明书[M].北京:地质出版社,2002.
沈启明,纪有亮.青藏高原大地构造特征及盆地演化[M].北京:科学出版社,2001.
陶奎元.火山岩相构造学[M].南京:江苏科学技术出版社,1994.
王根厚,周详.西藏他念他翁山链构造变形及其演化[M].北京:地质出版社,1996.
王建平,刘彦明,李秋生,等.西藏班公湖—丁青蛇绿岩带东段侏罗纪盖层沉积的地层划分[J].地质通报,2002,21(7):22－28.
王涛.花岗岩研究与大陆动力学[J].地学前缘,2000,7(增刊):162－175.
王希斌,鲍佩声.西藏蛇绿岩[M].北京:地质出版社,1987.
魏家庸,卢重明.沉积岩区1∶5万区域地质填图方法指南[M].武汉:中国地质大学出版社,1991.
文世宣,章炳高.西藏地层[M].北京:科学出版社,1984.
吴珍汉,江万,吴中海,等.青藏高原腹地典型盆-山构造形成时代[J].地球学报,2002,23(4):50－56.
西藏自治区地质矿产局.西藏自治区区域地质志[M].北京:地质出版社,1993.
西藏自治区地质矿产局.西藏自治区岩石地层[M].武汉:中国地质大学出版社,1997.
喜马拉雅地质文集编辑委员会.喜马拉雅地质(2)[M].北京:地质出版社,1984.
夏斌.喜马拉雅及邻区蛇绿岩和地体构造图说明书[M].兰州:甘肃科学技术出版社,1993.
熊家镛,张志斌,胡建军,等.陆内造山带1∶50000区域地质填图方法研究——以衷牢山造山带为例[M].武汉:中国地质大学出版社,1998.
熊盛青,周伏洪,姚正煦,等.青藏高原中西部航磁调查[M].北京:地质出版社,2001.
熊盛青,周伏洪,姚正煦,等.青藏高原中西部航磁调查[M].北京:地质出版社,2001.
许靖华.弧后碰撞造山带的大地构造相[J].南京大学学报,1994,6(1):57－64.
许志琴,杨经绥,姜枚,等.大陆俯冲作用及青藏高原周缘造山带的崛起[J].地学前缘,1999,1(2):105－113.
杨巍然,继源.大陆裂谷研究中几个前沿课题[J].地学前缘,1995,2(1):45－49.
杨元根,刘丛强,袁可能,等.南方红土形成过程及其稀土元素地球化学[J].第四纪研究,2000,20(5):46－50.
殷鸿福,黄定华.早古生代镇浙陆块与秦岭多岛小洋盆的演化[J].地质学报.1995,69(3):193－204.
殷鸿福,张克信.非威尔逊旋回与非史密斯方法——中国造山带研究的理论与方法.中国区域地质,1998,17(增刊):1－9.
游振东,王方正.变质岩岩石学教程[M].武汉:中国地质大学出版社,1988.
张德全,孙桂英.中国东部花岗岩[M].武汉:中国地质大学出版社,1988.
张克信,殷鸿福,朱云海,等.造山带混杂区地质填图理论,方法与实践[M].武汉:中国地质大学出版社,2001.
张旗等.蛇绿岩与地球动力学研究[M].北京:地质出版社,1996.

张树明,王方正.玄武岩在研究岩石圈深部过程及构造背景中的应用[J].地球科学进展,2002,17(5):685-692.
张双全等.西冈底斯中段中、新生代火山岩的大地构造意义[J].地学前缘,1998,5(3):85.
赵文津,赵逊,史大年,等.喜马拉雅和青藏高原深剖面(INDEPTH)研究进展[J].地质通报,2002,21(11):38-42.
赵希涛,朱大岗,吴中海,等.西藏纳木错晚更新世以来的湖泊沉积[J].地球学报,2002,23(4):34-39.
赵政璋,李永铁.青藏高原地层[M].北京:科学出版社,2001.
赵政璋,李永铁.青藏高原中生界沉积相层,油气储盖层特征[M].北京:科学出版社,2001.
中国地质调查局,成都地质矿产研究所.青藏高原及邻区地质图说明书(1:5000000)[M].成都:成都地图出版社,2004.
中国科学院青藏高原综合考查队.西藏第四纪地质[M].北京:科学出版社,1983.
周伏洪,姚正,薛典早.航磁概查对青藏高原一些地质问题的新认识[J].物探与化探,2001,25(2):57-68.
周详,曹佑功,朱明玉,等.1:1500000西藏板块构造-建造图及说明书[M].北京:地震出版社,1986.
朱大岗,赵希涛,吴中海,等.念青唐古拉山中段第四纪冰期划分[J].地球学报,2002,23(4):22-27.
(西德)H G F,温克勒.变质岩成因[M].北京:科学出版社,1980.
科尔曼 R G.蛇绿岩[M].北京:地质出版社,1977.
WILLIAM R DICKSINON.板块构造与沉积作用[M].北京:地质出版社,1982.

图版说明及图版

图版Ⅰ

1. 达克斯虫(未定种)*Daxia* sp.
   样品号:20,CP18H1,×50,Aptian 期
2. 小中圆笠虫 *Mesorbitolina parva* (Douglass)
   样品号:56,CCP28H1,×50, Albian 期
3. 西藏中圆笠虫 *Mesorbitolina tibetica* (Cotter)
   样品号:20,CP18H1,×50,Aptian 期
4. 楔形虫(未定种)*Cuneolina* sp.
   样品号:29,D3212H1,×50,Albian 期
5. 混乱中圆笠虫 *Mesorbitolina confusa* (Pasic)
   样品号:21,CP21H1,×20,Aptian 期
6. 混乱中圆笠虫 *Mesorbitolina confusa* (Pasic)
   样品号:16,CP2H1,×20,Albian 期
7. 小胚壳古圆笠虫 *Palorbitolina nannembryona* Zhang
   样品号:20,CP18H1,×50,Aptian 期
8. 得克萨斯中圆笠虫 *Mesorbitolina texana*(Roemer)
   样品号:8,D4169H1,×50,Albian 期
9. 缅甸中圆笠虫 *Mesorbitolina birmanica* (Sahni)
   样品号:48,D4209H1,×50,胚壳垂直切面,Albian 期
10. 透镜古圆笠虫 *Palorbitolina lenticularis*(Blumenbach)
    样品号:30,D3220H1,×50,Aptian 期
11. 缅甸中圆笠虫 *Mesorbitolina birmanica*(Sahni)
    样品号:39,XP1H1,×50,通过胚壳的水平切面,Albian 期
12. 缅甸中圆笠虫 *Mesorbitolina birmantica*(Sahni)
    样品号:39,XP1H1,×50,Albian 期
13. 缅甸中圆笠虫 *Mesorbitolina birmantica*(Sahni)
    样品号:29,D3212H1,×20, Albian 期

图版Ⅱ

1. C_2l 砂岩中的球状风化
2. C_2l 砂纹交错层理
3. J_3d 岩屑砂岩底层面的重荷模
4. J_3d 粉砂岩底层面的生物遗迹化石
5. K_1l 灰岩的生物碎屑
6. K_1l 灰岩的生物碎屑
7. K_2j 岩石中的斜层理
8. K_2j 砂岩底部重荷模构造

图版Ⅲ

1. 班公错—怒江结合带中的枕状熔岩
2. 枕状熔岩的细晶边
3. 班公错—怒江结合带的硅质岩
4. 花岗闪长岩中的镁铁质包体

5. 石英二长闪长岩中的残留体
6. 岩体周围密集的岩脉
7. 岩体(右)极缓的侵入接触界面
8. 辉绿岩脉边部的围岩变形及捕虏体

图版Ⅳ

1. 下白垩统平行不整合于则弄群火山岩之上
2. 多仁组中玄武岩与砂页岩韵律间互
3. 扎弄朗当日火山机构地貌
4. 扎弄朗当日火山机构周边的闪长玢岩脉
5. 去申拉组中的球颗状玄武岩
6. 去申拉组的火山碎屑流相堆积物
7. 去申拉组火山—沉积岩相露头
8. 江巴组的火山碎屑流相

图版Ⅴ

1. 木嘎岗日岩群中的褶皱特征
2. 色哇组中的短轴直立褶皱
3. 木嘎岗日岩群中的褶皱特征
4. 木嘎岗日岩群中的倾竖褶皱
5. 永珠组中的二次褶皱
6. 木嘎岗日岩群中的灰岩块
7. 木嘎岗日岩群中的板劈理
8. 断裂带中的断层擦痕面

图版Ⅵ

1. 断裂带内的构造岩特征
2. 断裂带中的断层擦痕面
3. 姐尼索拉—拉嘎拉构造混杂带中的强片理化蚀变辉长岩
4. 龙格组中褶皱窗棂构造,示近南北向拉伸
5. 断层地貌
6. 断层地貌
7. 断裂带特征
8. 断裂带内的构造岩石特征

图版Ⅰ

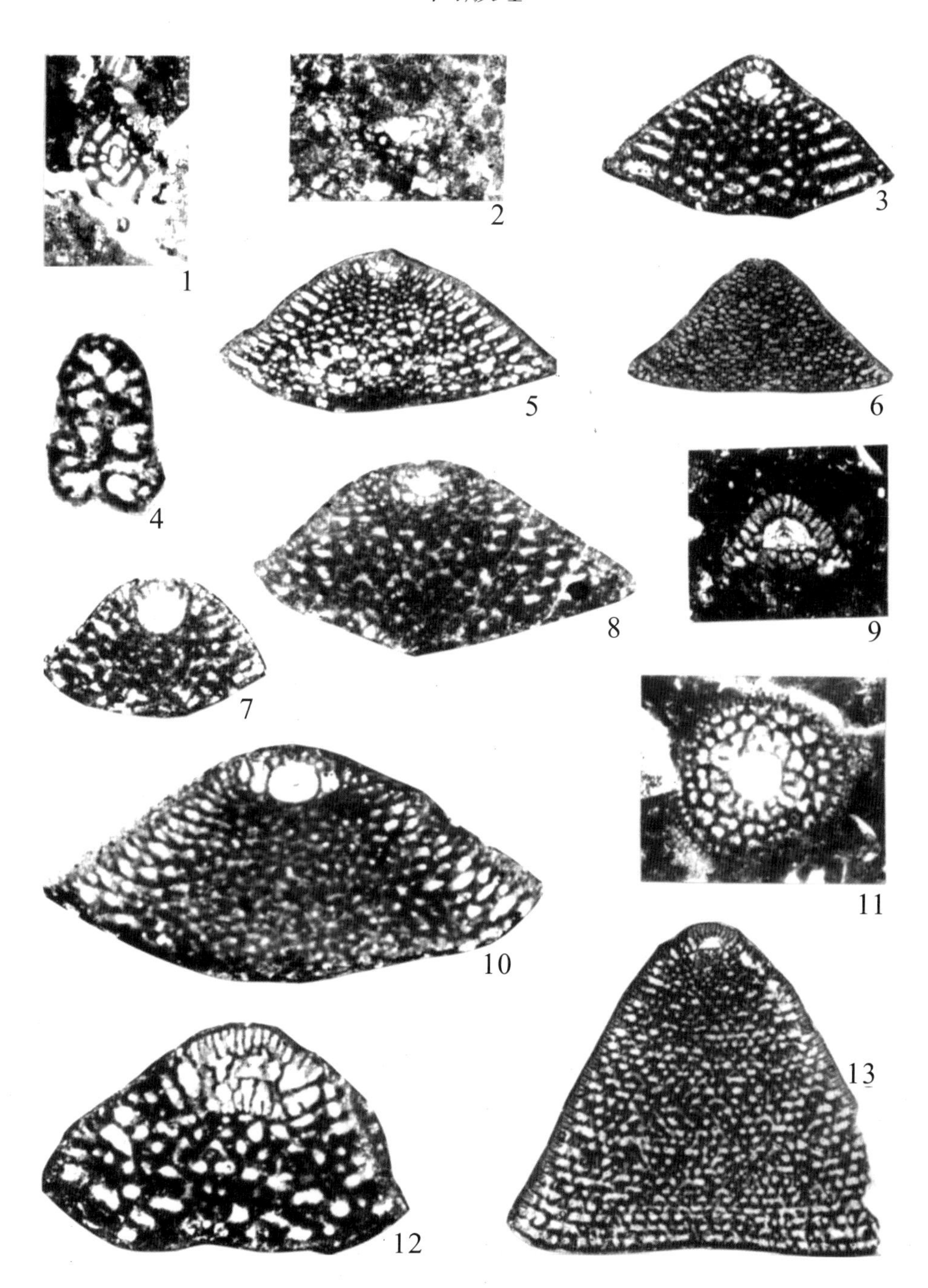

图版Ⅱ

图版Ⅲ

图版Ⅳ

图版Ⅴ

图版Ⅵ